Heinz-Dieter Fröse Elektrofachkraft für festgelegte Tätigkeiten
Band 1

de-FACHWISSEN

Die Fachbuchreihe
für Elektro- und Gebäudetechniker
in Handwerk und Industrie

Heinz-Dieter Fröse

Elektrofachkraft für festgelegte Tätigkeiten

Band 1
Grundlagen – Regeln – Betriebsmittel

Hüthig · München/Heidelberg

Produktbezeichnungen sowie Firmennamen und Firmenlogos werden in diesem Buch ohne Gewährleistung der freien Verwendbarkeit benutzt.

Von den im Buch zitierten Vorschriften, Richtlinien und Gesetzen haben stets nur die jeweils letzten Ausgaben verbindliche Gültigkeit.

Autor und Verlag haben alle Texte, Abbildungen und Softwarebeilagen mit großer Sorgfalt erarbeitet bzw. überprüft. Dennoch können Fehler nicht ausgeschlossen werden. Deshalb übernehmen weder Autor noch Verlag irgendwelche Garantien für die in diesem Buch gegebenen Informationen. In keinem Fall haften Autoren oder Verlag für irgendwelche direkten oder indirekten Schäden, die aus der Anwendung dieser Informationen folgen.

Bibliografische Information der Deutschen Nationalbibliothek
Die Deutsche Nationalbibliothek verzeichnet diese Publikation in der Deutschen Nationalbibliografie; detaillierte bibliografische Daten sind im Internet über http://dnb.ddb.de abrufbar.

Möchten Sie Ihre Meinung zu diesem Buch abgeben?
Dann schicken Sie eine E-Mail an das Lektorat im Hüthig Verlag:
buchservice@huethig.de
Autor und Verlag freuen sich über Ihre Rückmeldung.

ISSN 1438-8707
ISBN 978-3-8101-0499-1

4., neu bearbeitete Auflage
© 2019 Hüthig GmbH, München/Heidelberg
Printed in Germany
Titelbild, Layout, Satz: Schwesinger, galeo:design
Titelfotos:
– Rechts: Steckdose Schuko mit Überspannungsschutz der Firma Berker GmbH & Co.KG
– Links oben: fotolia 231675337 © HarisArt
– Links unten: fotolia 57102474 © ra2 studio
Druck: Westermann Druck Zwickau GmbH

Inhaltsverzeichnis

1 Wie werde ich Elektrofachkraft für festgelegte Tätigkeiten? 13
   1.1 Ausbildungsrichtlinie DGUV Grundsatz 303-001 15
   1.2 Ausbildungsinhalte 17
   1.3 Aufgaben der Elektrofachkraft für festgelegte Tätigkeiten 19
   1.4 Abgrenzung zu elektrotechnischen Installationen 19
   1.5 Übungsaufgaben 20

2 Arbeitsschutz 21
   2.1 Arbeitsschutzgesetz (ArbSchG) 21
      2.1.1 Allgemeine Grundsätze 21
      2.1.2 Beurteilung der Arbeitsbedingungen (§ 4 ArbSchG)....22
   2.2 Betriebssicherheitsverordnung 22
      2.2.1 Auszug aus der BetrSichV 23
   2.3 Technische Regeln für Betriebssicherheit 27
      2.3.1 TRBS 1111 Gefährdungsbeurteilung und
           sicherheitstechnische Bewertung 28
      2.3.2 TRBS 1201 Prüfungen von Arbeitsmitteln und
           überwachungsbedürftigen Anlagen 29
      2.3.2.1 Prüfen 29
      2.3.2.2 Prüfarten nach TRBS 1201 29
      2.3.3 TRBS 1203 Befähigte Person 31
      2.3.3.1 Anforderungen an befähigte Personen 31
      2.3.4 TRBS 1203 – Befähigte Person bei elektrischen
           Gefährdungen 32
      2.3.5 Anforderungsprofil an Prüfer 33
   2.4 Gesetzliche Unfallversicherung 34
      2.4.1 Struktur der Unfallverhütungsvorschriften 35
      2.4.2 DGUV Vorschrift 1 – Grundsätze der Prävention 36
      2.4.3 DGUV Vorschrift 3 – Elektrische Anlagen und
           Betriebsmittel 37
      2.4.3.1 Prüffristen für elektrische Anlagen 37
      2.4.3.2 Prüffristen für elektrische Betriebsmittel 38
      2.4.3.3 Fachliche Qualifikation 38
      2.4.4 Zitate aus DGUV Vorschrift 3 Elektrische Anlagen
           und Betriebsmittel Ausgabe 2005-01 40

2.4.5 DGUV Information 203-006 – Auswahl und Betrieb elektrischer Anlagen und Betriebsmittel auf Bau- und Montagestellen (Letzte Änderung: Mai 2012) 41
2.4.6 DGUV Grundsatz 303-001 – Ausbildungskriterien für festgelegte Tätigkeiten im Sinne der Durchführungsanweisungen zur Unfallverhütungsvorschrift „Elektrische Anlagen und Betriebsmittel" (BGV A2, bisherige VBG 4) 42
2.5 Fünf Sicherheitsregeln 43
    2.5.1 Freischalten 43
    2.5.2 Gegen Wiedereinschalten sichern 44
    2.5.3 Spannungsfreiheit feststellen 44
    2.5.4 Erden und Kurzschließen 44
    2.5.5 Benachbarte, spannungsführende Teile abdecken oder abschranken 45
    2.5.6 Arbeiten in der Nähe spannungsführender Teile 45
    2.5.7 Arbeiten unter Spannung 45
2.6 Technische Regeln 46
2.7 Verfahrensanweisung 46
2.8 Betriebsanweisung 47
2.9 Arbeitsanweisung 48
    2.9.1 Prinzipieller Aufbau einer Arbeitsanweisung 49
    2.9.2 Sicherheit bei der Ausführung 50
2.10 Fach- und Führungsverantwortung 50
    2.10.1 Arbeitsorganisation 50
    2.10.2 Anlagenverantwortlicher 51
    2.10.3 Arbeitsverantwortlicher 51
    2.10.4 Überprüfung der Qualifikation 52
2.11 Personen in der Elektrotechnik 52
    2.11.1 Elektrotechnischer Laie 52
    2.11.2 Elektrotechnisch unterwiesene Person (EUP) 52
    2.11.3 Elektrofachkraft für festgelegte Tätigkeiten (EFKffT) .. 52
    2.11.4 Elektrofachkraft (EFK) 53
    2.11.5 Verantwortliche Elektrofachkraft (vEFK) 53
2.12 Arbeitsverantwortung 54
    2.12.1 Organisationsverantwortung 54
    2.12.2 Garantenverantwortung 54
    2.12.3 Arbeitsverantwortlicher 54
    2.12.4 Arbeitsverantwortlicher vor Ort – AVO 55
    2.12.5 Verantwortlichkeiten 55

2.12.6 Anforderungen an die Arbeitsstelle 57
2.12.7 Arbeiten an elektrischen Anlagen und Betriebsmitteln 57
2.13 Übungsaufgaben 58

3 Grundlagen der Elektrotechnik 59
3.1 Potentiale 59
3.2 Elektrisches Feld 61
3.3 Magnetisches Feld 62
3.4 Der Stromkreis 62
    3.4.1 Die Spannung 63
    3.4.2 Spannungsquellen 64
    3.4.2.1 Normspannungen und häufig vorkommende Spannungen 64
    3.4.3 Der Strom 65
    3.4.4 Der Leitwert 65
    3.4.5 Der Widerstand 65
    3.4.6 Kennzeichnung von Spannungen und Strömen 66
    3.4.7 Berechnungen im einfachen Stromkreis 66
    3.4.8 Der Widerstand von Leitungen 69
3.5 Reihen- und Parallelschaltung von Widerständen 70
    3.5.1 Die Reihenschaltung 71
    3.5.2 Die Parallelschaltung 73
    3.5.3 Widerstandsnetzwerke 75
3.6 Wechselspannung 75
    3.6.1 Erzeugung von Wechselspannungen 75
    3.6.2 Wichtige Kenngrößen einer Wechselspannung 76
    3.6.2.1 Periodendauer 76
    3.6.2.2 Frequenz 76
    3.6.2.3 Scheitelwert 76
    3.6.2.4 Effektivwert 77
3.7 Drehstrom 77
    3.7.1 Erzeugung von Drehstrom 77
    3.7.2 Kennzeichnungen im Drehstromsystem 79
    3.7.3 Drehfeld 80
    3.7.4 Verkettungsfaktor 80
    3.7.5 Schaltungen im Drehstromsystem 81
    3.7.5.1 Sternschaltung 81
    3.7.5.2 Dreieckschaltung 82
    3.7.5.3 Zusammenfassung 83

3.8 Elektrische Leistung und Wirkungsgrad 83
   3.8.1 Leistung im Gleichstromkreis 83
   3.8.2 Leistung im Wechselstromkreis 84
   3.8.3 Leistung im Drehstromkreis 85
3.9 Wirkungsgrad 86
3.10 Elektrische Arbeit 87
3.11 Übungsaufgaben 88

4 Gefahren und Wirkungen des elektrischen Stromes auf Mensch und Tier sowie Sachen 91
4.1 Allgemeine Wirkung des elektrischen Stromes 91
4.2 Wirkung auf den Menschen 91
   4.2.1 Ersatzschaltbild des Menschen 92
   4.2.2 Einwirkungsdauer des Stromes auf den Körper 93
   4.2.3 Gefährliche Körperströme 94
   4.2.4 Maximale Berührungsspannung 95
   4.2.5 Lichtbogeneinwirkung 96
4.3 Warum fließt ein Strom zur Erde? 97
4.4 Erste Hilfe bei Stromunfällen 98
   4.4.1 Die Rettungskette 98
   4.4.2 Vorgehen bei Unfällen mit elektrischem Strom 99
4.5 Übungsaufgaben 102

5 Schutz gegen elektrischen Schlag 103
5.1 Fehler in Anlagen und Betriebsmitteln 103
   5.1.1 Aktive Teile 103
   5.1.2 Gefährliche Situation für den Menschen 104
5.2 Maßnahmen zum Schutz gegen elektrischen Schlag 104
5.3 Einteilung der Schutzmaßnahmen 106
5.4 Schutz durch Abschaltung 106
   5.4.1 Basisschutz 106
   5.4.2 Schutz durch Isolierung aktiver Teile 107
   5.4.3 Schutz durch Abdeckung oder Umhüllung 107
   5.4.3.1 Berührungsschutz 108
   5.4.4 Schutz durch Abschaltung der Stromversorgung 108
   5.4.4.1 Netzsysteme 109
   5.4.4.2 Schutzmaßnahmen im TN-System 111
   5.4.4.3 Schutzmaßnahmen im TT-System 114
5.5 Schutz im IT-System 116

5.6	Doppelte oder verstärkte Isolierung (Schutzisolierung)	117
5.7	Schutztrennung	117
5.8	Schutz durch Schutzkleinspannung	119
5.9	Zusätzlicher Schutz	120
5.9.1	Zusätzlicher Schutz in besonderen Fällen	121
5.10	Potentialausgleich	122
5.10.1	Zusätzlicher Schutzpotentialausgleich	123
5.10.2	Blitzschutzpotentialausgleich	124
5.11	Schutz von Betriebsmitteln und deren Benutzer	125
5.11.1	Schutzarten (IP-Code)	125
5.11.2	Schutzklassen	127
5.12	Übungsaufgaben	128

6 Betriebsmittel der Elektrotechnik ... 131

- 6.1 Schutzgeräte ... 131
  - 6.1.1 Schmelzsicherungen ... 131
  - 6.1.2 Funktions- und Betriebsklassen von Sicherungen ... 132
    - 6.1.2.1 D-Sicherungssystem ... 132
    - 6.1.2.2 D0-Sicherungssystem ... 133
    - 6.1.2.3 NH-Sicherungssystem ... 133
    - 6.1.2.4 Auslösekennlinie von Sicherungen ... 135
  - 6.1.3 Leitungsschutzschalter ... 135
  - 6.1.4 Fehlerstrom-Schutzeinrichtung (RCD) ... 138
  - 6.1.5 Fehlerstrom-Schutzschalter ... 141
  - 6.1.6 Motorschutz ... 143
    - 6.1.6.1 Kurzschlussfeste Motoren ... 143
    - 6.1.6.2 Motorschutzschalter ... 143
    - 6.1.6.3 Motorschutzrelais ... 146
    - 6.1.6.4 Motorvollschutz ... 146
- 6.2 Kabel und Leitungen ... 147
  - 6.2.1 Harmonisierte Leitungen ... 148
  - 6.2.2 Nationale Kennzeichnung von Leitungen ... 151
  - 6.2.3 Belastbarkeit von Leitungen ... 154
    - 6.2.3.1 Strombelastbarkeit von Leitungen ... 156
    - 6.2.3.2 Geänderte Umgebungsbedingungen ... 157
    - 6.2.3.3 Häufung von Leitungen ... 158
    - 6.2.3.4 Anzahl der belasteten Adern ... 158
  - 6.2.4 Festes Verlegen von Leitungen ... 158

	6.2.5	Biegeradien	159
	6.2.5.1	Kabel NYY oder NYCWY	159
	6.2.5.2	Leitungen	159
	6.2.6	Befestigungsabstände	159
	6.2.6.1	Befestigungsabstände für Kabel	160
	6.2.6.2	Befestigungsabstände für Leitungen	160
	6.2.6.3	Verdeckte Leitungsführung	161
	6.2.6.4	Mantelleitungen (NYM)	161
6.3	Steckverbindungen		161
	6.3.1	Schutzkontakt-Steckverbindungen	161
	6.3.2	Eurostecker	163
	6.3.3	Gerätesteckverbindungen	164
	6.3.4	CEE-Steckverbindungen	165
	6.3.5	Geräteanschlussdosen	167
6.4	Schalt- und Steuergeräte		167
	6.4.1	Schalter	168
	6.4.1.1	Reparaturschalter	168
	6.4.1.2	Not-Aus-Schalter	168
	6.4.2	Schütze und Relais	169
	6.4.2.1	Hauptkontakte	169
	6.4.2.2	Hilfskontakte	170
	6.4.2.3	Schützspule	170
6.5	Widerstände		170
	6.5.1	Heizwiderstände	170
	6.5.2	Heißleiter (NTC-Widerstände)	171
	6.5.3	Kaltleiter (PTC-Widerstände)	172
6.6	Leuchten		173
	6.6.1	Leuchtenklemmen	173
	6.6.2	Sicherheitskennzeichnung von Leuchten	173
	6.6.3	Leuchten in besonderen Räumen	175
6.7	Elektrische Maschinen		176
	6.7.1	Transformatoren	176
	6.7.2	Einsatz von Transformatoren in Steuerungen von Maschinen	179
	6.7.3	Motoren	180
	6.7.3.1	Allgemeines zu Motoren	180
	6.7.3.2	Betriebsarten von Motoren	182
	6.7.3.3	Kurzschlussläufer	183
	6.7.3.4	Anschlussbilder von Motoren	184
	6.7.3.5	Einphasen-Wechselstrommotoren	185

Inhaltsverzeichnis

      6.7.3.6 Kondensatormotor 186
      6.7.3.7 Spaltpolmotor 186
      6.7.3.8 Universalmotor 187
  6.8 Übungsaufgaben 188

7 Prüfen der fertigen Arbeiten 191
  7.1 Gesetze und Verordnungen 191
  7.2 Technische Regeln zum Prüfen 192
  7.3 Prüfen und Messen 193
  7.4 Übungsaufgaben 193

8 Prüfung elektrischer Anlagen nach DIN VDE 0100-600 195
  8.1 Allgemeines, Prinzip der Prüfung 195
      8.1.1   Grundsätzliches 195
      8.1.1.1 Notwendige Unterlagen 196
  8.2 Besichtigung 196
      8.2.1   Allgemeine Besichtigung 197
      8.2.2   Schutzmaßnahme gegen direktes Berühren 197
      8.2.3   Schutzmaßnahmen mit Schutzleiter 197
      8.2.4   Schutzmaßnahmen ohne Schutzleiter 198
  8.3 Erproben und Messen 199
      8.3.1   Eigenschaften der Messgeräte 199
      8.3.2   Schutzleiterdurchgang 200
      8.3.3   Isolationswiderstand der elektrischen Anlage 201
      8.3.4   Messung des Anlagenerdungswiderstandes 204
      8.3.5   Abschaltbedingung im TN-System 204
      8.3.6   Abschaltbedingung im TT-System 207
      8.3.6.1 Prüfverfahren von Fehlerstromschutzeinrichtungen 207
      8.3.6.2 Mögliche gefährliche Situationen 208
      8.3.7   Drehfeldmessung 208
      8.3.8   Auswertung 209
      8.3.9   Dokumentation 209
  8.4 Übungsaufgaben 209

9 Prüfen von Maschinen nach Errichtung und Änderung 211
  9.1 Abgrenzung zur Anlage 211
  9.2 Erforderliche Prüfungen 212
      9.2.1   Überprüfung der technischen Dokumentation 212
      9.2.2   Prüfung des Schutzes durch automatische
                  Abschaltung der Versorgungsspannung 213
      9.2.2.1 Prüfung 1 – Überprüfung der Durchgängigkeit
                  des Schutzleitersystems 213

9.2.2.2 Prüfung 2 – Überprüfung der Impedanz der Fehlerschleife und der Eignung der zugeordneten Überstrom-Schutzeinrichtung... 213
9.2.3 Isolationswiderstandsprüfungen... 214
9.2.4 Spannungsprüfungen... 214
9.2.5 Schutz gegen Restspannungen... 214
9.2.6 Funktionsprüfungen... 215
9.2.7 Dokumentation... 215

10 Prüfung von Betriebsmitteln nach Instandsetzung oder als Wiederholungsprüfung (DIN VDE 0701-0702)... 217
10.1 Allgemeines, Prinzip der Prüfung... 217
    10.1.1 Grundsätzliches... 217
    10.1.2 Besichtigung... 217
    10.1.3 Schutzleiterdurchgang... 218
    10.1.4 Isolationsfähigkeit... 219
    10.1.5 Berührungsstrommessung... 222
    10.1.6 Prüfung der Aufschriften... 222
    10.1.7 Funktionsprüfung... 222
    10.1.8 Auswertung... 223
    10.1.9 Dokumentation... 223
10.2 Grenzwerte... 224
    10.2.1 Klassifizierung von Betriebsmitteln und die möglichen Prüfverfahren... 224
    10.2.2 Prüfmatrix... 225
10.3 Übungsaufgaben... 227

Literaturverzeichnis... 229

Normen und Gesetze... 229

Formelsammlung... 231

Lösungshinweise zu den Aufgaben... 233
Kapitel 1... 233
Kapitel 2... 233
Kapitel 3... 234
Kapitel 4... 236
Kapitel 5... 237
Kapitel 6... 238
Kapitel 7... 239
Kapitel 8... 239
Kapitel 10... 241

Stichwortverzeichnis... 243

1 Wie werde ich Elektrofachkraft für festgelegte Tätigkeiten?

Die Definition der Elektrofachkraft für festgelegte Tätigkeiten (EFKffT) folgt den Vorschriften der Berufsgenossenschaften (DGUV Vorschrift 3). *Festgelegte Tätigkeiten sind darin definiert als „gleichartige, sich wiederholende elektrotechnische Arbeiten an Betriebsmitteln, die vom Unternehmer in einer Arbeitsanweisung festgelegt sind."* [1]

Der Begriff *Elektrofachkraft für festgelegte Tätigkeiten* wird aufgrund einer Änderung der Handwerksordnung in den Durchführungsanweisungen zu § 2 Abs. 3 der Unfallverhütungsvorschrift „Elektrische Anlagen und Betriebsmittel" DGUV Vorschrift 3 (Nachfolger der VBG 4) eingefügt. Der Unternehmer kann danach für spezielle Tätigkeiten einen Elektrolaien ausbilden lassen, so dass z. B. ein Küchenmonteur auch den Elektroherd anschließen darf.

→ **Grundsätzlich gilt:** Elektrische Anlagen und Betriebsmittel dürfen nur von einer Elektrofachkraft oder unter Leitung und Aufsicht einer Elektrofachkraft errichtet, geändert und instandgehalten werden.

Die Elektrofachkraft wird in den Unfallverhütungsvorschriften und in den VDE-Vorschriftenwerk einheitlich definiert. Als Elektrofachkraft im Sinne der Unfallverhütungsvorschrift „Elektrische Anlagen und Betriebsmittel" (DGUV Vorschrift 3, früher VBG 4) gilt, wer aufgrund seiner *„fachlichen Ausbildung, Kenntnisse und Erfahrungen sowie der Kenntnis der einschlägigen Bestimmungen, die ihm übertragenen Arbeiten beurteilen und mögliche Gefahren erkennen kann."*

→ Elektrofachkraft für festgelegte Tätigkeiten (EFKffT) ist nach DGUV Grundsatz 303-001, wer aufgrund seiner fachlichen Ausbildung in Theorie und Praxis, seiner Kenntnisse und Erfahrungen sowie der Kenntnis der bei diesen Tätigkeiten zu beachtenden Bestimmungen die ihm übertragenen Arbeiten beurteilen und mögliche Gefahren erkennen kann.

„Die fachliche Qualifikation als Elektrofachkraft wird im Regelfall durch den erfolgreichen Abschluss einer Ausbildung, z. B. als Elektroingenieur, Elektrotechniker, Elektromeister oder Elektrogeselle nachgewiesen. Sie kann auch durch eine mehrjährige Tätigkeit mit Ausbildung in Theorie und Praxis nach Überprüfung durch eine Elektrofachkraft nachgewiesen werden. Der Nachweis ist zu dokumentieren."

→ *Festgelegte Tätigkeiten sind gleichartige, sich wiederholende Arbeiten an Betriebsmitteln, die vom Unternehmer in einer Arbeitsanweisung beschrieben sind. In eigener Fachverantwortung dürfen nur festgelegte Tätigkeiten ausgeführt werden, für die die Ausbildung nachgewiesen ist."* [1]

Diese Formulierung schließt allerdings die in der TRBS 1203 geforderte Qualifikation für die befähigte Person nicht ein. Diese Person, die eigenverantwortlich prüfen darf, muss zusätzlich eine zeitnahe berufliche Tätigkeit und eine regelmäßige Weiterbildung nachweisen können.

Diese festgelegten Tätigkeiten dürfen nur in Anlagen mit Nennspannungen bis 1.000 V AC bzw. 1.500 V DC und grundsätzlich nur im freigeschalteten Zustand durchgeführt werden. Unter Spannung sind die Fehlersuche und das Feststellen der Spannungsfreiheit erlaubt.

Die Ausbildung zur Elektrofachkraft für festgelegte Tätigkeiten muss Theorie und Praxis umfassen. Die theoretische Ausbildung kann innerbetrieblich oder außerbetrieblich in Absprache mit dem Unternehmer erfolgen. In der theoretischen Ausbildung müssen, zugeschnitten auf die festgelegten Tätigkeiten, die Kenntnisse der Elektrotechnik, die für das sichere und fachgerechte Durchführen dieser Tätigkeiten erforderlich sind, vermittelt werden.

Die praktische Ausbildung muss an den in Frage kommenden Betriebsmitteln durchgeführt werden. Sie muss die Fertigkeiten vermitteln, mit denen die in der theoretischen Ausbildung erworbenen Kenntnisse für die festgelegten Tätigkeiten sicher angewendet werden können. [1]

Vor der Bestellung ist eine Prüfung durch eine verantwortliche Elektrofachkraft erforderlich, die die Einhaltung der in der Arbeitsanweisung beschriebene Tätigkeiten prüft und feststellt, ob die Arbeiten nach den einschlägigen Regeln der Technik und den Unfallverhütungsvorschriften ausgeführt werden können. Die verantwortliche Elektrofachkraft ist eine Elektrofachkraft, die vom Unternehmer für diese Aufgabe bestellt worden ist. Bei der Bestellung muss der Unternehmer die Grundsätze der gewissenhaften Auswahl walten lassen. Das bedeutet, dass diese verantwortliche Elektrofachkraft hinreichend qualifiziert sein muss und zusätzlich nicht weisungsgebunden sein darf, die Entscheidung über die Qualifikation also ausschließlich auf Basis der zu erfüllenden Anforderungen nach der Ausbildungsvorschrift getroffen werden darf.

Auf Basis dieser Prüfung und der schriftlichen Arbeitsanweisung kann der Unternehmer den Mitarbeiter zur Elektrofachkraft für festgelegte Tätigkeiten bestellen.

Inhalt der Bestellung:
In der Ausbildungsrichtlinie ist eine Musterbestellung abgedruckt. Die wesentlichen Inhalte sind:
- Name des Bestellten und Name des Betriebs, der bestellt;
- Liste der Arbeiten, für die eine Arbeitsanweisung vorliegt, nach der bestellt wird;
- bei Bedarf Abgrenzung der Arbeiten;
- Datum der Prüfung, die als Grundlage der Bestellung dient;
- Unterschrift des für die Bestellung Verantwortlichen.

Von der Elektrofachkraft für festgelegte Tätigkeiten dürfen nur die Arbeiten in eigener Fachverantwortung ausgeführt werden, für die sie *ausgebildet* und vom Unternehmer *bestellt* wurde.

Grundsätzlich darf eine Elektrofachkraft für festgelegte Tätigkeiten aber alle elektrotechnischen Arbeiten ausführen, wenn sie vorher unterwiesen wurde (elektrotechnisch unterwiesene Person) und unter Leitung und Aufsicht einer Elektrofachkraft arbeitet.

Die Ausbildung und Prüfung entbindet den Unternehmer nicht von seiner Führungsverantwortung. In jedem Fall hat *der Unternehmer zu prüfen, ob die in der vorstehend genannten Ausbildung erworbenen Kenntnisse* und Fertigkeiten für die festgelegten Tätigkeiten in der Praxis *ausreichend sind.* Dies wiederum kann er an eine verantwortliche Elektrofachkraft delegieren.

Um die Qualifikation auch in Zukunft zu erhalten, muss sich die Elektrofachkraft für festgelegte Tätigkeiten weiterbilden. Dies kann durch Schulungen der Hersteller der Betriebsmittel geschehen, mit denen er arbeitet. Vorausgesetzt wird aber, dass es sich um technische Schulungen und nicht um Verkaufsfördermaßnahmen handelt. Neutrale Weiterbildungsmaßnahmen sind nach Ansicht des Autors ergänzend zu den Herstellerveranstaltungen sinnvoll.

1.1 Ausbildungsrichtlinie DGUV Grundsatz 303-001

Der DGUV Grundsatz 303-001 stellt die Anforderungen an die Ausbildung. **Bild 1.1** zeigt das Deckblatt des DGUV Grundsatzes 303-001.

Voraussetzung für die Ausbildung zur Elektrofachkraft für festgelegte Tätigkeiten ist eine abgeschlossene Berufsausbildung oder eine gleichwertige berufliche Tätigkeit. Diese Ausbildung bzw. Tätigkeit muss für die festgeleg-

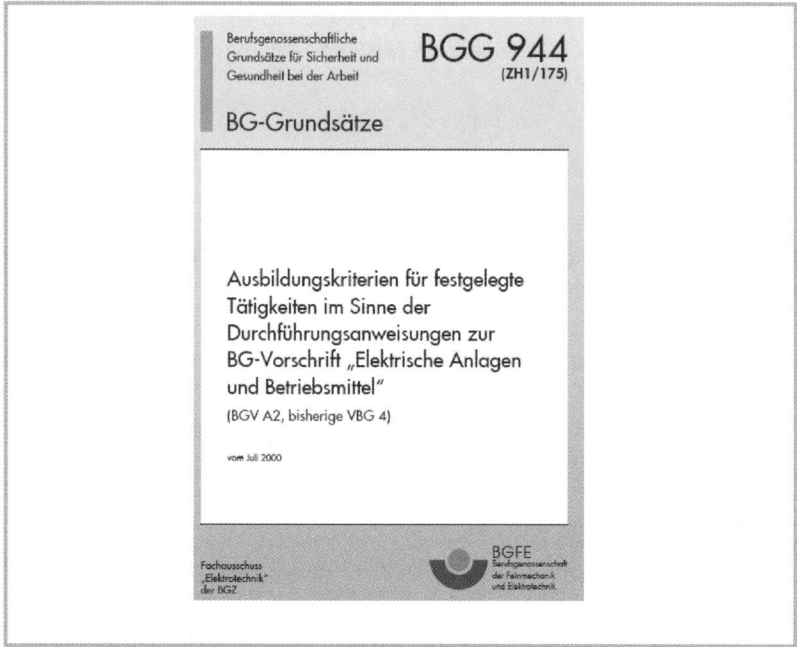

Bild 1.1   *DGUV Grundsatz 303-001, früher BGG 944*

ten Tätigkeiten durch eine zusätzliche Ausbildung im elektrotechnischen Bereich ergänzbar sein.

Die Dauer der theoretischen Ausbildung ist ausreichend zu bemessen. Die praktische Ausbildung muss an den in Frage kommenden Betriebsmitteln durchgeführt werden und die Fertigkeiten vermitteln, mit denen die in der theoretischen Ausbildung erworbenen Kenntnisse für die festgelegten Tätigkeiten sicher angewendet werden können.

Die Ausbildung ist mit einer Prüfung abzuschließen, in der der Teilnehmer die erforderlichen Kenntnisse in Theorie und Praxis nachweisen muss. Nach erfolgreicher Prüfung wird ein Zertifikat ausgestellt, in dem bescheinigt wird, mit welchen Tätigkeiten der Teilnehmer künftig vom Unternehmer beauftragt werden darf.

Die Ausbildung muss durch fachlich qualifizierte Personen (z. B. Meister in einem elektrotechnischen Beruf) durchgeführt werden. Einschlägige Erfahrung in der Berufsausbildung ist wünschenswert. Die einzelnen Stufen der Ausbildung zur Elektrofachkraft für festgelegte Tätigkeiten zeigt **Bild 1.2**.

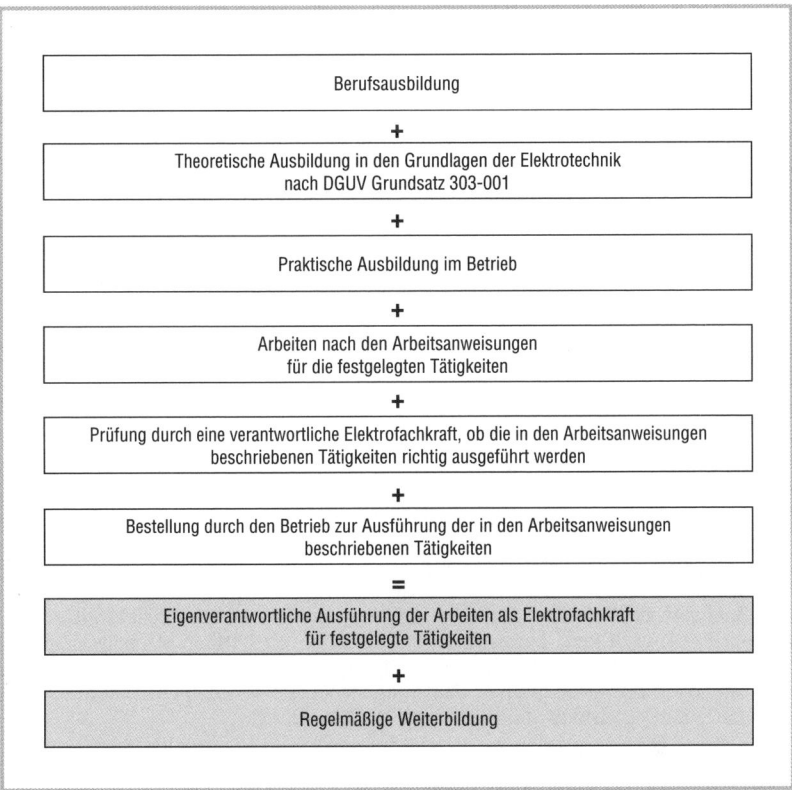

Bild 1.2 *Ausbildungsweg zur Elektrofachkraft für festgelegte Tätigkeiten*

1.2 Ausbildungsinhalte

1 Grundlagen der Elektrotechnik
Elektrische Spannung, elektrischer Strom, Wechselspannung, Drehstrom, Rechnen mit Zehnerpotenzen, Ohmsches Gesetz, Spannungsquelle, Reihenschaltung, Parallelschaltung, elektrische Leistung.

**2 Gefahren und Wirkungen des elektrischen Stromes
auf den Menschen, auf Tiere und Sachen**
Auswirkungen auf den Menschen und auf Tiere, Reizschwelle, Loslassschwelle, Herzkammerflimmern, Verbrennungen, Einwirkungsdauer des Stromes auf den Körper, Widerstand des menschlichen Körpers, gefährliche Körperströme, maximale Berührungsspannung.

3 Schutzmaßnahmen gegen direktes Berühren und bei indirektem Berühren
Einteilung der Schutzmaßnahmen und wichtige Begriffe, Schutz gegen direktes Berühren, Schutz durch Isolierung aktiver Teile, Schutz durch Abdeckung oder Umhüllung, Schutzart nach DIN VDE 0470 Teil 1, Schutz gegen direktes Berühren und bei indirektem Berühren (Schutz gegen gefährliche Körperströme im Normalbetrieb und im Fehlerfall), Schutz durch Schutzkleinspannung, Schutz bei indirektem Berühren (Schutz gegen gefährliche Körperströme im Fehlerfall), Schutzisolierung, Schutztrennung, Schutz durch Abschaltung, Schutzeinrichtung, Netzsysteme, Schutzmaßnahmen im TN-System, Schutzmaßnahmen im TT-System, Schutzleiter, Potentialausgleich, Aufgabe des Potentialausgleichs, Hauptpotentialausgleich.

4 Prüfung der Schutzmaßnahmen
Anforderungen und entsprechende Maßnahmen, Messungen netzformunabhängiger Schutzmaßnahmen – Schutzleiterwiderstandsmessung, Isolationswiderstandsmessung – Messung netzformabhängiger Schutzmaßnahmen, TN-System mit Überstromschutzeinrichtungen, TN-System und TT-System mit Fehlerstrom-Schutzeinrichtung, Messung des Potentialausgleichs.

5 Prüfung von Betriebsmitteln
Optische Kontrolle, Durchgängigkeit der Schutzleiter, Isolationswiderstandsmessungen, Schutzleiterstrommessung, Ersatzableitstrommessung, Berührungsstrommessung, Prüfung der Aufschrift, Funktionsprüfung, Rückgabe geprüfter Geräte an den Benutzer.

6 Maßnahmen zur Unfallverhütung bei Arbeiten an elektrischen Betriebsmitteln
Allgemeine Vorschriften, berufsgenossenschaftliche Vorschriften (Unfallverhütungsvorschriften), Maßnahmen zur Unfallverhütung, die fünf Sicherheitsregeln, Maßnahmen bei der Fehlersuche an unter Spannung stehenden Teilen, Sicherheit durch persönliche Schutzausrüstung und Hilfsmittel, Unfallmeldung.

7 Grundlagen „Erste Hilfe"
Allgemeines, Unfälle durch elektrischen Strom, Maßnahmen bei Verletzungen, Erste Hilfe bei Unfällen durch elektrischen Strom, Aufzeichnung der Erste-Hilfe-Leistungen, Unfallmeldung.

8 Verantwortung (Fach- und Führungsverantwortung)
Wer darf Arbeiten an der elektrischen Anlage ausführen? Was gilt als „Regel der Technik"? Verwendung von Materialien für die elektrische Anlage und Haftung, Einsatz von Arbeitskräften, Prüfungen, mögliche Konsequenzen, Arbeitsschutzsystem.

9 Betriebsspezifische, elektrotechnische Anforderungen
Leitungen und Kabel, VDE-Kennzeichnung, Aderaufbau, Ader- und Mantelisolierung, Aderkennzeichnung nach DIN VDE 0293, früher verwendete Aderkennzeichen, Kurzzeichen für Leitungen und Kabel nach DIN VDE 0250 und 0265, Kurzzeichen für harmonisierte Leitungen und Kabel nach DIN VDE 0281 und 0282, Aufbau und Auswahl von Starkstromleitungen und Kabeln, Absicherung und Zuordnung der Leitungsquerschnitte, fachgerechte elektrische Verbindungen, Zurichten von fein- und feinstdrähtigen Leitungen.

Nach abgeschlossener Ausbildung ist die Elektrofachkraft für festgelegte Tätigkeiten in den Aufgaben zu prüfen, für die sie bestellt werden soll. Diese Prüfung erfolgt durch eine *verantwortliche Elektrofachkraft* nach DIN VDE 1000-10. *Verantwortliche Elektrofachkraft* ist eine Elektrofachkraft, die einen Betrieb leiten kann, also mindestens Elektrotechniker-Meister ist. Die Prüfung erfolgt auf Basis der Arbeitsanweisung, die von der EFKffT auszuführen ist.

1.3 Aufgaben der Elektrofachkraft für festgelegte Tätigkeiten

Die EFKffT hat vielfältige Aufgaben. Diese reichen von der Instandhaltung über die klassischen Handwerke, die eine enge Bindung zur Elektrotechnik haben, wie z. B. das SHK-Handwerk, bis hin zum Schreinerhandwerk.

Auch im Maschinenbauhandwerk ist ein breites Feld für die Betätigung gegeben, wenn es darum geht, Arbeiten auszuführen, die gleichzeitig eine Fachleistung und eine elektrotechnische Leistung benötigen. Dabei ist die elektrotechnische Arbeit meist die weniger aufwändige, wie z. B. das Auswechseln oder die Neueinstellung von Sensoren, Motoren oder sonstigen Betriebsmitteln.

Die nachfolgende Liste gibt den groben Rahmen der Tätigkeiten wieder:
- Anschließen von Betriebsmitteln an elektrotechnische Installationen eines Gebäudes,
- Auswechseln defekter Betriebsmittel,
- Installieren elektrotechnischer Komponenten an Maschinen,
- Einstellen von Sensoren,
- Prüfen von eigenen Betriebsmitteln und Arbeitsmitteln und
- Prüfen nach Fertigstellung elektrotechnischer Arbeiten.

1.4 Abgrenzung zu elektrotechnischen Installationen

Die Abgrenzung zu elektrotechnischen Installationen ist dabei meist etwas problematisch. Grundsätzlich sind Installationsarbeiten zur Erstellung der elektrotechnischen Versorgung in Gebäuden ausschließlicher Arbeitsbereich der in ein Installateurverzeichnis eines Verteilungsnetzbetreibers (VNB) eingetragenen Elektrofachkraft. Diese ist entweder ein Elektrotechniker-

Meister oder ein Meister beispielsweise aus dem SHK-Handwerk mit erfolgreich abgelegtem TREI-Lehrgang.

1.5 Übungsaufgaben
(Die Lösungen zu den Aufgaben finden Sie im Anhang.)

Aufgabe 1.1
Wer darf Arbeiten an elektrischen Anlagen ausführen?

Aufgabe 1.2
Welche Arbeiten darf eine Elektrofachkraft für festgelegte Tätigkeiten ausführen?

Aufgabe 1.3
Welche Arbeiten darf eine Elektrofachkraft für festgelegte Tätigkeiten eigenverantwortlich ausführen?

Aufgabe 1.4
Welchen Inhalt hat eine Bestellung einer Elektrofachkraft für festgelegte Tätigkeiten?

Aufgabe 1.5
Nennen Sie einige Beispiele für elektrotechnische Arbeiten, für die eine EFKffT bestellt werden könnte.

Aufgabe 1.6
Welche Qualifikation muss eine Elektrofachkraft besitzen, die eigenverantwortlich an einer elektrotechnischen Anlage Erweiterungen ausführen möchte?

2 Arbeitsschutz

Gesetzliche Regelungen zum Arbeitsschutz (**Bild 2.1**) sind in Deutschland in verschiedenen Bereichen zu finden. Die *Unfallverhütungsvorschriften* sind dabei die bekanntesten Regeln. Darüber hinaus finden sich aber auch Regeln zum Arbeitsschutz im *Arbeitsschutzgesetz* und in den technischen Regeln, die auf dem *Energiewirtschaftsgesetz* basieren.

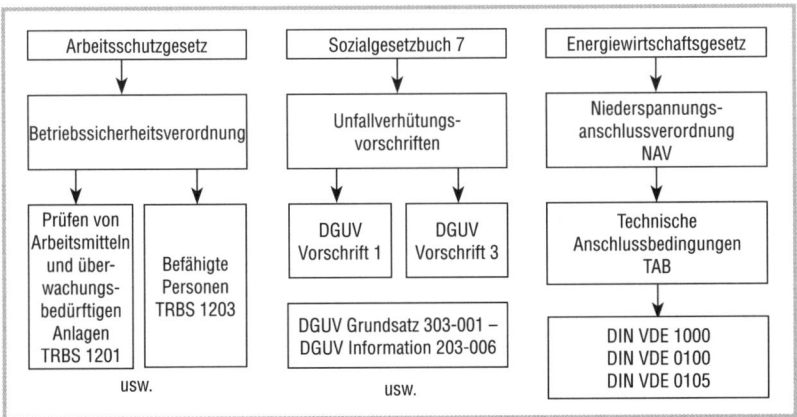

Bild 2.1 *Gesetzliche Regelungen zum Arbeitsschutz*

2.1 Arbeitsschutzgesetz (ArbSchG)

2.1.1 Allgemeine Grundsätze

In § 4 des ArbSchG sind Grundsätze genannt, die der Arbeitgeber bei den Maßnahmen des Arbeitsschutzes zu berücksichtigen hat:
„*1 Die Arbeit ist so zu gestalten, dass eine Gefährdung für Leben und Gesundheit möglichst vermieden und die verbleibende Gefährdung möglichst gering gehalten wird;*
3 bei den Maßnahmen sind der Stand der Technik, Arbeitsmedizin und Hygiene sowie sonstige, gesicherte arbeitswissenschaftliche Erkenntnisse zu berücksichtigen;
7 den Beschäftigten sind geeignete Anweisungen zu erteilen." [2]

Die Dokumentation der Unterweisungen geschieht in verschiedener Form. Üblich sind externe Schulungen oder betriebsinternen Unterweisungen der Mitarbeiter. Die Inhalte der Unterweisungen und die Teilnehmer sollten aktenkundig gemacht werden. Das kann zum Beispiel durch eine unterschriebene Teilnehmerliste mit der Liste der behandelten Themen geschehen oder dadurch, dass die Teilnehmerbestätigung des Lehrgangsausrichters bei externe Lehrgängen zu den Akten genommen wird.

2.1.2 Beurteilung der Arbeitsbedingungen (§ 4 ArbSchG)

Der Arbeitgeber hat durch eine Beurteilung der für die Beschäftigten mit ihrer Arbeit verbundenen Gefährdung zu ermitteln, welche Maßnahmen des Arbeitsschutzes erforderlich sind. Eine Gefährdung kann sich insbesondere ergeben durch unzureichende Qualifikation und Unterweisung der Beschäftigten.

„(1) Der Arbeitgeber hat die Beschäftigten über Sicherheit und Gesundheitsschutz bei der Arbeit während ihrer Arbeitszeit ausreichend und angemessen zu unterweisen.

Die Unterweisung muss an die Gefährdungsentwicklung angepasst sein und erforderlichenfalls regelmäßig wiederholt werden."

2.2 Betriebssicherheitsverordnung

Der Arbeitgeber hat bei der Gefährdungsbeurteilung nach § 5 des *Arbeitsschutzgesetzes* unter Berücksichtigung der Anhänge 1 bis 5, des § 7 der Gefahrstoffverordnung und der allgemeinen Grundsätze des § 4 des Arbeitsschutzgesetzes die notwendigen Maßnahmen für die sichere Bereitstellung und Benutzung der Arbeitsmittel zu ermitteln.

→ Dabei hat er insbesondere die Gefährdungen zu berücksichtigen, die mit der Benutzung des Arbeitsmittels selbst verbunden sind und die am Arbeitsplatz durch Wechselwirkungen der Arbeitsmittel untereinander oder mit Arbeitsstoffen oder der Arbeitsumgebung hervorgerufen werden. [3]

Die *Betriebssicherheitsverordnung* (BetrSichV) stellt die Rechtsgrundlage für die Benutzung von Betriebsmitteln, hier allgemein Arbeitsmittel genannt, in einem Gewerbebetrieb dar. Sie fordert zunächst eine Gefähdungsbeurteilung. Diese definiert den Zeitraum, in dem ein Betriebsmittel unter der üblichen Belastung durch die Nutzung und Umgebung keinen Fehler aufweist. Der Arbeitgeber hat nun sicherzustellen, dass die Arbeitsmittel für die vorgesehene Verwendung geeignet sind. Das bedeutet, sie müssen in Ordnung sein. Unterliegen die Arbeitsmittel Schäden verursachenden Einflüssen, was beim Einsatz eines Arbeitsmittels nie auszuschließen ist, sind die Arbeitsmittel zu prüfen. Diese Prüfung ist entsprechend den in der Gefährdungsbeurteilung festgelegten Zeiten durchzuführen. Bei außergewöhnlichen Ereignissen sind unverzüglich Prüfungen der Sicherheit des Arbeitsmittels durchzuführen. Zu den außergewöhnlichen Ereignissen zählt auch eine längere Nichtbenutzung der Arbeitsmittel. Zur Konkretisierung der Betriebssicherheitsverordnung ist derzeit die DGUV Vorschrift 3 heranzuziehen, welche regelmäßige Prüfung von Anlagen und Betriebsmitteln verlangt.

Die Prüfung muss von einer befähigten Person durchgeführt werden. Diese ist im Gesetz nicht genau bezeichnet. Sie lässt sich aber aus verschiedenen Aussagen ableiten.

Der Prüfer hat dabei das Anforderungsprofil nach der TRBS 1203 – Befähigte Person – zu erfüllen. Zusätzlich muss er die speziellen Anforderungen aus TRBS 1203 – Besondere Anforderungen an Personen –, die mit der Prüfung von Arbeitsmitteln im Hinblick auf die elektrischer Gefährdung gefordert sind, erfüllen.

Die Prüfaufgabe folgt aus der TRBS 1201 Prüfungen von Arbeitsmitteln und überwachungsbedürftigen Anlagen. In dieser Regel sind die Verfahren beschrieben, die bei der Prüfung anzuwenden sind.

2.2.1 Auszug aus der BetrSichV

Der vollständige Name der BetrSichV lautet: Verordnung über Sicherheit und Gesundheitsschutz bei der Bereitstellung von Arbeitsmitteln und deren Benutzung bei der Arbeit, über Sicherheit beim Betrieb überwachungsbedürftiger Anlagen und über die Organisation des betrieblichen Arbeitsschutzes (Betriebssicherheitsverordnung – BetrSichV) vom 27. September 2002 (BGBl. I S. 3777), zuletzt geändert am 29. März 2017 durch Art. 147 G; (BGBl. I S. 626, 648) – Inkrafttreten der letzten Änderung: 5. April 2017; (Art. 183 G vom 29. März 2017).

§ 1 Anwendungsbereich und Zielsetzung
(1) Diese Verordnung gilt für die Verwendung von Arbeitsmitteln. Ziel dieser Verordnung ist es, die Sicherheit und den Schutz der Gesundheit von

Beschäftigten bei der Verwendung von Arbeitsmitteln zu gewährleisten. Dies soll insbesondere erreicht werden durch
1. die Auswahl geeigneter Arbeitsmittel und deren sichere Verwendung,
2. die für den vorgesehenen Verwendungszweck geeignete Gestaltung von Arbeits- und Fertigungsverfahren sowie
3. die Qualifikation und Unterweisung der Beschäftigten.

Diese Verordnung regelt hinsichtlich der in § 18 und in Anhang 2 genannten überwachungsbedürftigen Anlagen zugleich Maßnahmen zum Schutz anderer Personen im Gefahrenbereich, soweit diese aufgrund der Verwendung dieser Anlagen durch Arbeitgeber im Sinne des § 2 Absatz 3 gefährdet werden können.

§ 2 Begriffsbestimmungen

(1) Arbeitsmittel sind Werkzeuge, Geräte, Maschinen oder Anlagen, die für die Arbeit verwendet werden, sowie überwachungsbedürftige Anlagen.

(6) Zur Prüfung befähigte Person ist eine Person, die durch ihre Berufsausbildung, ihre Berufserfahrung und ihre zeitnahe berufliche Tätigkeit über die erforderlichen Kenntnisse zur Prüfung von Arbeitsmitteln verfügt; soweit hinsichtlich der Prüfung von Arbeitsmitteln in den Anhängen 2 und 3 weitergehende Anforderungen festgelegt sind, sind diese zu erfüllen.

§ 3 Gefährdungsbeurteilung

(1) Der Arbeitgeber hat vor der Verwendung von Arbeitsmitteln die auftretenden Gefährdungen zu beurteilen (Gefährdungsbeurteilung) und daraus notwendige und geeignete Schutzmaßnahmen abzuleiten. Das Vorhandensein einer CE-Kennzeichnung am Arbeitsmittel entbindet nicht von der Pflicht zur Durchführung einer Gefährdungsbeurteilung. Für Aufzugsanlagen gilt Satz 1 nur, wenn sie von einem Arbeitgeber im Sinne des § 2 Absatz 3 Satz 1 verwendet werden.

(2) In die Beurteilung sind alle Gefährdungen einzubeziehen, die bei der Verwendung von Arbeitsmitteln ausgehen, und zwar von
1. den Arbeitsmitteln selbst,
2. der Arbeitsumgebung und
3. den Arbeitsgegenständen, an denen Tätigkeiten mit Arbeitsmitteln durchgeführt werden.

Bei der Gefährdungsbeurteilung ist insbesondere Folgendes zu berücksichtigen:

1. die Gebrauchstauglichkeit von Arbeitsmitteln einschließlich der ergonomischen, alters- und alternsgerechten Gestaltung,
2. die sicherheitsrelevanten einschließlich der ergonomischen Zusammenhänge zwischen Arbeitsplatz, Arbeitsmittel, Arbeitsverfahren, Arbeitsorganisation, Arbeitsablauf, Arbeitszeit und Arbeitsaufgabe,
3. die physischen und psychischen Belastungen der Beschäftigten, die bei der Verwendung von Arbeitsmitteln auftreten,
4. vorhersehbare Betriebsstörungen und die Gefährdung bei Maßnahmen zu deren Beseitigung.

(3) Die Gefährdungsbeurteilung soll bereits vor der Auswahl und der Beschaffung der Arbeitsmittel begonnen werden. Dabei sind insbesondere die Eignung des Arbeitsmittels für die geplante Verwendung, die Arbeitsabläufe und die Arbeitsorganisation zu berücksichtigen. Die Gefährdungsbeurteilung darf nur von fachkundigen Personen durchgeführt werden. Verfügt der Arbeitgeber nicht selbst über die entsprechenden Kenntnisse, so hat er sich fachkundig beraten zu lassen.

§ 5 Anforderungen an die zur Verfügung gestellten Arbeitsmittel

(1) Der Arbeitgeber darf nur solche Arbeitsmittel zur Verfügung stellen und verwenden lassen, die unter Berücksichtigung der vorgesehenen Einsatzbedingungen bei der Verwendung sicher sind. Die Arbeitsmittel müssen
1. für die Art der auszuführenden Arbeiten geeignet sein,
2. den gegebenen Einsatzbedingungen und den vorhersehbaren Beanspruchungen angepasst sein und
3. über die erforderlichen sicherheitsrelevanten Ausrüstungen verfügen, sodass eine Gefährdung durch ihre Verwendung so gering wie möglich gehalten wird. Kann durch Maßnahmen nach den Sätzen 1 und 2 die Sicherheit und Gesundheit nicht gewährleistet werden, so hat der Arbeitgeber andere geeignete Schutzmaßnahmen zu treffen, um die Gefährdung so weit wie möglich zu reduzieren.

(4) Der Arbeitgeber hat dafür zu sorgen, dass Beschäftigte nur die Arbeitsmittel verwenden, die er ihnen zur Verfügung gestellt hat oder deren Verwendung er ihnen ausdrücklich gestattet hat.

§ 6 Grundlegende Schutzmaßnahmen bei der Verwendung von Arbeitsmitteln

(1) Der Arbeitgeber hat dafür zu sorgen, dass die Arbeitsmittel sicher verwendet und dabei die Grundsätze der Ergonomie beachtet werden [...].

§ 14 Prüfung von Arbeitsmitteln

(1) Der Arbeitgeber hat Arbeitsmittel, deren Sicherheit von den Montagebedingungen abhängt, vor der erstmaligen Verwendung von einer zur Prüfung befähigten Person prüfen zu lassen. Die Prüfung umfasst Folgendes:
1. die Kontrolle der vorschriftsmäßigen Montage oder Installation und der sicheren Funktion dieser Arbeitsmittel,
2. die rechtzeitige Feststellung von Schäden,
3. die Feststellung, ob die getroffenen sicherheitstechnischen Maßnahmen wirksam sind.

Prüfinhalte, die im Rahmen eines Konformitätsbewertungsverfahrens geprüft und dokumentiert wurden, müssen nicht erneut geprüft werden. Die Prüfung muss vor jeder Inbetriebnahme nach einer Montage stattfinden.

(2) Arbeitsmittel, die Schäden verursachenden Einflüssen ausgesetzt sind, die zu Gefährdungen der Beschäftigten führen können, hat der Arbeitgeber wiederkehrend von einer zur Prüfung befähigten Person prüfen zu lassen. Die Prüfung muss entsprechend den nach § 3 Absatz 6 ermittelten Fristen stattfinden. Ergibt die Prüfung, dass ein Arbeitsmittel nicht bis zu der nach § 3 Absatz 6 ermittelten nächsten wiederkehrenden Prüfung sicher betrieben werden kann, ist die Prüffrist neu festzulegen.

(3) Arbeitsmittel sind nach prüfpflichtigen Änderungen vor ihrer nächsten Verwendung durch eine zur Prüfung befähigte Person prüfen zu lassen. Arbeitsmittel, die von außergewöhnlichen Ereignissen betroffen sind, die schädigende Auswirkungen auf ihre Sicherheit haben können, durch die Beschäftigte gefährdet werden können, sind vor ihrer weiteren Verwendung einer außerordentlichen Prüfung durch eine zur Prüfung befähigte Person unterziehen zu lassen. Außergewöhnliche Ereignisse können insbesondere Unfälle, längere Zeiträume der Nichtverwendung der Arbeitsmittel oder Naturereignisse sein.

(4) Bei der Prüfung der in Anhang 3 genannten Arbeitsmittel gelten die dort genannten Vorgaben zusätzlich zu den Vorgaben der Absätze 1 bis 3.

(5) Der Fälligkeitstermin von wiederkehrenden Prüfungen wird jeweils mit dem Monat und dem Jahr angegeben. Die Frist für die nächste wiederkehrende Prüfung beginnt mit dem Fälligkeitstermin der letzten Prüfung. Wird eine Prüfung vor dem Fälligkeitstermin durchgeführt, beginnt die Frist für die nächste Prüfung mit dem Monat und Jahr der Durchführung. Für Arbeitsmittel mit einer Prüffrist von mehr als zwei Jahren gilt Satz 3 nur, wenn die Prüfung mehr als zwei Monate vor dem Fälligkeitstermin durch-

geführt wird. Ist ein Arbeitsmittel zum Fälligkeitstermin der wiederkehrenden Prüfung außer Betrieb gesetzt, so darf es erst wieder in Betrieb genommen werden, nachdem diese Prüfung durchgeführt worden ist; in diesem Fall beginnt die Frist für die nächste wiederkehrende Prüfung mit dem Termin der Prüfung. Eine wiederkehrende Prüfung gilt als fristgerecht durchgeführt, wenn sie spätestens zwei Monate nach dem Fälligkeitstermin durchgeführt wurde. Dieser Absatz ist nur anzuwenden, soweit es sich um Arbeitsmittel nach Anhang 2 Abschnitt 2 bis 4 und Anhang 3 handelt.

(6) Zur Prüfung befähigte Personen nach § 2 Absatz 6 unterliegen bei der Durchführung der nach dieser Verordnung vorgeschriebenen Prüfungen keinen fachlichen Weisungen durch den Arbeitgeber. Zur Prüfung befähigte Personen dürfen vom Arbeitgeber wegen ihrer Prüftätigkeit nicht benachteiligt werden.

(7) Der Arbeitgeber hat dafür zu sorgen, dass das Ergebnis der Prüfung nach den Absätzen 1 bis 4 aufgezeichnet und mindestens bis zur nächsten Prüfung aufbewahrt wird. Dabei hat er dafür zu sorgen, dass die Aufzeichnungen nach Satz 1 mindestens Auskunft geben über:
1. Art der Prüfung,
2. Prüfumfang,
3. Ergebnis der Prüfung und
4. Name und Unterschrift der zur Prüfung befähigten Person; bei ausschließlich elektronisch übermittelten Dokumenten elektronische Signatur.

Aufzeichnungen können auch in elektronischer Form aufbewahrt werden. Werden Arbeitsmittel nach den Absätzen 1 und 2 sowie Anhang 3 an unterschiedlichen Betriebsorten verwendet, ist am Einsatzort ein Nachweis über die Durchführung der letzten Prüfung vorzuhalten.

(8) Die Absätze 1 bis 3 gelten nicht für überwachungsbedürftige Anlagen, soweit entsprechende Prüfungen in den §§ 15 und 16 vorgeschrieben sind. Absatz 7 gilt nicht für überwachungsbedürftige Anlagen, soweit entsprechende Aufzeichnungen in § 17 vorgeschrieben sind.

2.3 Technische Regeln für Betriebssicherheit

„Die TRBS stellen die anerkannten Regeln der Sicherheitstechnik dar. Diese Technische Regel für Betriebssicherheit (TRBS) gibt die, dem Stand der Technik, Arbeitsmedizin und Hygiene entsprechenden Regeln und sonstige

gesicherte arbeitswissenschaftliche Erkenntnisse für die Bereitstellung und Benutzung von Arbeitsmitteln sowie für den Betrieb überwachungsbedürftiger Anlagen wieder." [4]

Sie wird vom Ausschuss für Betriebssicherheit ermittelt und vom Bundesministerium für Arbeit und Soziales im Bundesarbeitsblatt bekannt gemacht. Die Technische Regel konkretisiert die Betriebssicherheitsverordnung (BetrSichV) hinsichtlich der Ermittlung und Bewertung von Gefährdungen sowie der Ableitung von geeigneten Maßnahmen. Bei Anwendung der beispielhaft genannten Maßnahmen kann der Arbeitgeber insoweit die Vermutung der Einhaltung der Vorschriften der Betriebssicherheitsverordnung für sich geltend machen. Wählt der Arbeitgeber eine andere Lösung, hat er die gleichwertige Erfüllung der Verordnung schriftlich nachzuweisen.

Für die Elektrofachkraft sind drei Regeln wichtig:
- TRBS 1111 Gefährdungsbeurteilung und sicherheitstechnische Bewertung,
- TRBS 1201 Prüfungen von Arbeitsmitteln und überwachungsbedürftigen Anlagen und
- TRBS 1203 Befähigte Person.

2.3.1 TRBS 1111 Gefährdungsbeurteilung und sicherheitstechnische Bewertung

In dieser Regel wird beschrieben, wie eine sicherheitstechnische Bewertung durchgeführt werden kann.

Dabei geht es um die sicherheitstechnische Bewertung
- bei der Bereitstellung von Arbeitsmitteln,
- bei der Benutzung von Arbeitsmitteln und
- beim Betreiben von Arbeitsmitteln.

Der Unternehmer hat die bei der Benutzung von Arbeitsmitteln entstehenden Gefahren zu ermitteln. Dazu werden in der TRBS Hinweise gegeben, wie die Gefahren ermittelt werden können.

Das beginnt mit der Beschaffung von Informationen über das Arbeitsmittel. Dazu werden gesetzliche Anforderungen in gleicher Weise zusammengetragen wie die Informationen des Herstellers des Arbeitsmittels. Die Art der Gefährdung ist zu ermitteln und zu bewerten. Dabei finden unter anderen Betriebsanleitungen des Herstellers und Regelwerke der Unfallversicherungsträger Anwendung. Die Maßnahmen sind festzulegen und zu dokumentieren. In der Anwendung sind die getroffenen Maßnahmen auf ihre Wirksamkeit zu überprüfen.

2.3.2 TRBS 1201 Prüfungen von Arbeitsmitteln und überwachungsbedürftigen Anlagen

In der TRBS 1201 werden folgende Regelungen getroffen:
- die Ermittlung und Festlegung von Art, Umfang und Fristen erforderlicher Prüfungen,
- die Verfahrensweise zur Bestimmung der mit der Prüfung zu beauftragenden Person,
- die Durchführung der Prüfungen und
- die Erstellung der gegebenenfalls erforderlichen Aufzeichnungen.

2.3.2.1 Prüfen

Prüfen ist der Vergleich des Ist-Zustandes mit dem Soll-Zustand sowie die Bewertung der Abweichung des Ist-Zustandes vom Soll-Zustand. Dabei ist der Soll-Zustand der sichere Zustand, den das Arbeitsmittel oder die Anlage nach der Gefährdungsbeurteilung besitzen muss. Der Ist-Zustand umfasst den durch die Prüfung festgestellten Zustand des Prüfgegenstandes. [4]

2.3.2.2 Prüfarten nach TRBS 1201

Prüfarten werden unterschieden nach der Methode und dem Verfahren der Durchführung.
Prüfarten sind z. B.
- Ordnungsprüfungen und
- technische Prüfungen.

Bei der Ordnungsprüfung wird insbesondere festgestellt, ob
- die erforderlichen Unterlagen vorhanden und schlüssig sind,
- der Prüfgegenstand dem gemäß Ergebnis der Gefährdungsbeurteilung/ sicherheitstechnischen Bewertung eingesetzt und verwendet wird,
- die von der Behörde gegebenenfalls geforderten Auflagen im Erlaubnis- oder Genehmigungsbescheid eingehalten sind,
- die erforderlichen Prüfparameter definiert sind (Prüfumfang, Prüffrist),
- die technischen Unterlagen mit der Ausführung übereinstimmen und
- die Beschaffenheit oder die Betriebsbedingungen seit der letzten Prüfung geändert worden sind.

Bei der technischen Prüfung werden die sicherheitstechnisch relevanten Merkmale eines Prüfgegenstandes auf Zustand, Vorhandensein und gegebenenfalls Funktion am Objekt selbst mit geeigneten Verfahren geprüft. Hierzu gehören z. B.

- äußere oder innere Sichtprüfung,
- Funktions- und Wirksamkeitsprüfung,
- Prüfung mit Mess- und Prüfmitteln,
- labortechnische Untersuchung,
- zerstörungsfreie Prüfung und
- Prüfung mit datentechnisch verknüpften Messsystemen (z. B. Online-Überwachung).

Im Rahmen der Gefährdungsbeurteilung ist neben der Auswahl der Prüfobjekte auch die Prüftiefe festzulegen. Für die Prüfung elektrotechnischer Anlagen gilt die Festlegung der Prüftiefe grundsätzlich nur bei der Wiederholungsprüfung. Bei der Erstprüfung ist entsprechend den Prüfnormen eine vollständige Prüfung durchzuführen.

Zur Festlegung des Soll-Zustands dienen folgende Informationen:
- Informationen des Herstellers,
- standardisierte oder vereinbarte Betriebsbedingungen (z. B. Herstellerspezifikationen, Sicherheitsabstände, Umgebungsbedingungen wie Klima und Beleuchtung, Schallleistungspegel, Leistungsaufnahme, zulässige Abnutzungsraten),
- Bedingungen mit definierter Überlast und sonstigen Grenzbedingungen (z. B. Drehzahl, Geschwindigkeiten, Lasten, Bearbeitungsräume) und
- Betriebsabläufe.

Die Prüfungen sind in Abhängigkeit von der Schwierigkeit und dem Prüfumfang durch
- unterwiesene Personen oder durch
- befähigte Personen

durchzuführen.

Dabei gilt die Prüfung durch unterwiesene Personen nur für den Bereich, der als einfach einzustufen ist. Einfache Prüfungen sind Prüfungen auf Gefährdungen, die vom Prüfgegenstand ausgehen, ohne oder mit einfachen Hilfsmitteln offensichtlich feststellbar sind und bei denen
- der Soll-Zustand jedem nach § 9 BetrSichV unterwiesenen Beschäftigten einfach vermittelbar ist sowie
- der Ist-Zustand von jedem nach § 9 BetrSichV unterwiesenen Beschäftigten leicht erkennbar ist,

- der Prüfumfang nur wenige Prüfschritte umfasst und
- die Abweichung zwischen Ist- und Soll-Zustand durch nach § 9 BetrSichV unterwiesene Personen einfach bewertbar ist.

Beispiele hierzu sind die Sichtprüfung vor Benutzung eines Arbeitsmittels auf Schäden im Gehäuse, an den Anschlussleitungen oder sichtbare Schäden an den Sicherheitseinrichtungen, die durch eine einfache Ausbildung zu erkennen sind.

2.3.3 TRBS 1203 Befähigte Person

Die TRBS 1203 stellt allgemeine Anforderungen an die Person zum Prüfen von Anlagen und Betriebsmitteln.

Befähigte Person im Sinne dieser Verordnung ist eine Person, die durch ihre Berufsausbildung, ihre Berufserfahrung und ihre zeitnahe berufliche Tätigkeit über die erforderlichen Fachkenntnisse zur Prüfung der Arbeitsmittel verfügt. [4]

2.3.3.1 Anforderungen an befähigte Personen

Bild 2.2 zeigt die Anforderungen an eine befähigte Person. Die einzelnen Schritte haben dabei folgende Bedeutung:

Berufsausbildung

Die befähigte Person muss eine Berufsausbildung abgeschlossen haben, die es Außenstehenden ermöglicht, ihre beruflichen Kenntnisse nachvollziehbar festzustellen. Die Feststellung soll auf Berufsabschlüssen oder vergleichbaren Nachweisen beruhen.

Berufserfahrung

Berufserfahrung setzt voraus, dass die befähigte Person eine nachgewiesene Zeit im Berufsleben praktisch mit Arbeitsmitteln umgegangen ist. Dabei hat sie genügend Anlässe kennengelernt, die Prüfungen auslösen, z. B. im Ergebnis der Gefährdungsbeurteilung oder aus arbeitstäglicher Beobachtung.

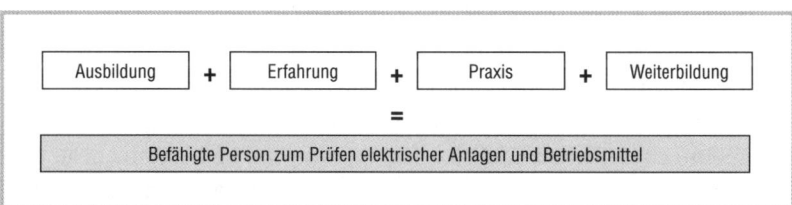

Bild 2.2 *Befähigte Personen*

Zeitnahe berufliche Tätigkeit
Eine zeitnahe berufliche Tätigkeit im Umfeld der anstehenden Prüfung des Prüfgegenstandes und eine angemessene Weiterbildung sind unabdingbar. Die befähigte Person muss Erfahrungen zur Durchführung der anstehenden Prüfung oder vergleichbarer Prüfungen gesammelt haben. Die befähigte Person muss über Kenntnisse zum Stand der Technik hinsichtlich des zu prüfenden Arbeitsmittels und der zu betrachtenden Gefährdungen verfügen.

Weiterbildung
Darüber hinaus muss die befähigte Person sich weiterbilden. Das geschieht mindestens einmal pro Jahr in einer Schulung oder in einem qualifizierten Erfahrungsaustausch.

In diesem Zusammenhang bietet es sich an, bei dem Hersteller der verwendeten Prüfgeräte Seminare zu besuchen, damit die Bedienung der Geräte perfektioniert werden kann. Qualifizierte Fortbildung kann auch durch die Teilnahme an Weiterbildungsmaßnahmen eines Bildungsträgers erfolgen. Grundsätzlich besteht aber auch die Möglichkeit einer betriebsinternen Qualifizierung durch Austausch der im Betrieb tätigen Prüfer untereinander, eventuell unter Leitung eines externen Trägers oder der qualifizierten verantwortlichen Elektrofachkraft.

2.3.4 TRBS 1203 – Befähigte Person bei elektrischen Gefährdungen

In dieser Regel werden die besonderen Anforderungen formuliert, die eine Person erfüllen muss, wenn sie mit der Prüfung elektrotechnischer Anlagen und Betriebsmittel betraut werden soll. Diese Anforderungen gelten praktisch für alle Personen, die eigenverantwortlich tätig sind. Grundsätzlich werden auch in diesem Fall Verknüpfungen zu den Technischen Regeln sichtbar.

- Elektrotechnische Berufsausbildung,
- DIN VDE 1000-10 Geselle/Facharbeiter usw.
- Vergleichbare elektrotechnische Qualifikation,
- mehrjährige Tätigkeit mit entsprechender Qualifizierung in dem betreffenden Arbeitsgebiet (DIN VDE 1000-10),
- mindestens einjährige Erfahrung im Arbeitsgebiet im Zusammenbau und der Errichtung oder Instandhaltung elektrischer Anlagen bzw. Betriebsmittel,

- Erfahrungen mit der Durchführung von Prüfungen,
- notwendige elektrotechnische Kenntnisse für die Prüfaufgabe,
- Kenntnisse relevanter technischer Regeln,
- Aktuelle Kenntnisse durch Schulungen und einschlägigen Erfahrungsaustausch.

Die Beurteilung der Qualifikation muss durch eine verantwortliche Elektrofachkraft erfolgen (DIN VDE 1000-10). Dazu besitzt die Elektrofachkraft verschiedene Qualifikationen, die sie auch zu besonderen Aufgaben befähigt.

Der Dipl.-Ing. Elektrotechnik ist befähigt zur Prüfung nach den baurechtlich vorgeschriebenen Prüfverordnungen der Länder. In NRW gilt dafür zum Beispiel die PrüfVO NRW. In anderen Bundesländern zum Beispiel die TPrüfVO. Der Elektrotechniker-Meister prüft die elektrische Anlage eines Wohn- und Geschäftshauses.

Der Elektrotechniker (Geselle oder Facharbeiter) prüft unter der Verantwortung der verantwortlichen Elektrofachkraft die Installation einer Wohnung und die Betriebsmittel nach einer Instandsetzung. Die Elektrofachkraft für festgelegte Tätigkeiten prüft selbstständig die Betriebsmittel und Arbeiten, für die sie bestellt ist. Die EUP prüft unter Leitung und Aufsicht einer Elektrofachkraft, die unter Aufsicht einer verantwortlichen Elektrofachkraft steht, mit geeigneten Prüfgeräten.

2.3.5 Anforderungsprofil an Prüfer

Nach diesen Regeln erfüllt eine befähigte Person, die elektrotechnische Anlagen und Betriebsmittel prüft, folgendes Anforderungsprofil:

Fachlich
- Elektrofachkraft, d.h. Berufsabschluss als Elektrogeselle, Elektrotechniker-Meister oder Dipl.-Ing. Elektrotechnik, sowie gleichwertige Abschlüsse,
- umfassende Erfahrung auf dem Gebiet der Prüfung elektrischer Betriebsmittel,
- Erfahrungen beim Einsatz der zu prüfenden Betriebsmittel und verantwortungsbewusster Umgang mit der Weisungsfreiheit,
- gründliche Kenntnisse der Gesetze und technischen Regeln zur Sicherheit elektrischer Anlagen und Betriebsmittel.

Anzuwendendes Wissen
- Ziele und Inhalte der Betriebssicherheitsverordnung, des Arbeitsschutzgesetzes, der Unfallverhütungsvorschriften,
- Schutzziele der Niederspannungsrichtlinie,
- Bedeutung der Begriffe der Sicherheitstechnik, z. B. Schutzklasse, Schutzart, Schutzmaßnahmen,
- Bedeutung der Kennzeichnungen CE, GS, VDE usw.,
- in elektrischen Anlagen einsetzbare Schutzmaßnahme gegen elektrischen Schlag,
- Regeln für die Prüfung von Betriebsmitteln DIN VDE 0100-610 usw.,
- Regeln und Funktion der Prüfgeräte nach DIN VDE 0411, DIN VDE 0413,
- Ursachen für die Gefährdung durch Elektrizität und daraus resultierendes sicherheitsgerechtes Verhalten,
- Beurteilungsvermögen über die Notwendigkeit und Art der Prüfung und die Anwendung der Prüfverfahren.

Auszuführende Arbeiten
- Selbstständige Weiterbildung auf dem Gebiet der Prüfung hinsichtlich des Standes der Technik und der anzuwendenden Regeln,
- Erarbeiten und Anwenden von Prüfvorschriften auch für neu errichtete Anlagen und Erweiterungen,
- Durchführen von Gefährdungsbeurteilungen im Hinblick auf die verwendeten Betriebsmittel.

Die Prüfaufgaben sind im Hinblick auf die Unterschiede in den Prüfanforderungen für die einzelnen Fachkräfte zu formulieren. Die befähigte Person führt diese Prüfungen grundsätzlich nach den Arbeitsanweisungen aus. Insofern steht die Prüfaufgabe in einem direkten Zusammenhang zu der Bestellung.

2.4 Gesetzliche Unfallversicherung

Die gesetzliche Unfallversicherung ist ein Zweig der Sozialversicherung. Diese umfasst auch die gesetzliche Kranken-, Renten-, Pflege- und Arbeitslosenversicherung.

Die gesetzliche Unfallversicherung ist – ebenso wie die anderen Versicherungszweige – eine Pflichtversicherung. Gesetzliche Grundlage der Unfallversicherung ist das Sozialgesetzbuch, insbesondere dessen Siebtes Buch (SGB VII).

Der Abschluss privater Unfall- oder Haftpflichtversicherungsverträge beeinflusst und ersetzt nicht die Versicherung in der gesetzlichen Unfallversicherung.

Träger der gesetzlichen Unfallversicherung sind die gewerblichen Berufsgenossenschaften, die landwirtschaftlichen Berufsgenossenschaften sowie die Unfallversicherungsträger der öffentlichen Hand. Die gewerblichen Berufsgenossenschaften sind fachlich, d. h. nach Gewerbezweigen gegliedert.

Die Berufsgenossenschaften und, von Ausnahmen abgesehen, die Unfallversicherungsträger der öffentlichen Hand sind Körperschaften des öffentlichen Rechts. Sie haben das Recht, sich selbst zu verwalten, d. h. sie führen die ihnen per Gesetz übertragenen Aufgaben in eigener Verantwortung ihrer ehrenamtlichen Selbstverwaltungsorgane – jedoch unter staatlicher Aufsicht – durch. Selbstverwaltungsorgane sind Vertreterversammlung und Vorstand.

Die Vertreterversammlung beschließt die Satzung und sonstiges autonomes Recht des Versicherungsträgers (z. B. die Unfallverhütungsvorschriften). Dem Vorstand obliegt die Verwaltung des Versicherungsträgers, soweit es sich nicht um laufende Verwaltungsgeschäfte handelt. Die laufenden Verwaltungsgeschäfte führt hauptamtlich der Geschäftsführer.

Alle Beschäftigten sind ohne Rücksicht auf Alter, Geschlecht, Höhe ihres Einkommens und unabhängig davon, ob es sich um eine ständige oder nur eine vorübergehende Tätigkeit handelt, per Gesetz gegen die Folgen von Arbeitsunfällen und Berufskrankheiten versichert.

Die Unfallverhütungsvorschriften gelten für Unternehmer und Versicherte.

2.4.1 Struktur der Unfallverhütungsvorschriften

Das Werk der Unfallverhütungsvorschriften gliedert sich in folgende Bereiche:

1. DGUV Vorschriften

Die Berufsgenossenschaften erlassen DGUV Vorschriften, die für die Betriebe verbindlich sind. Sie definieren Sicherheitsanforderungen an die betrieblichen Einrichtungen und Arbeitsverfahren sowie an Verhaltensweisen und an die Arbeitsschutzorganisation. Grundlage ist § 15 des SGB VII. Begründungen und Erläuterungen zu den DGUV Vorschriften in den DGUV Regeln und DGUV Informationen erleichtern die Anwendung der Vorschriften.

2. DGUV Regeln

Die DGUV Regeln enthalten beispielhafte Lösungsmöglichkeiten zu Unfallverhütungsvorschriften sowie Bezüge zu sonstigen Arbeitsschutzvorschriften und -regeln sowie zu Normen. Es sind Zusammenstellungen bzw. Konkretisierungen von Inhalten aus staatlichen Arbeitsschutzvorschriften (Gesetze, Verordnungen), den berufsgenossenschaftlichen Vorschriften (Unfallverhütungsvorschriften), den technischen Spezifikationen oder den Erfahrungen der berufsgenossenschaftlicher Präventionsarbeit. Sie können zu Hilfe genommen werden, wenn die DGUV Vorschriften interpretiert werden soll, um sie praktisch anzuwenden.

3. DGUV Informationen

Die DGUV Informationen enthalten Hinweise und Empfehlungen, die die praktische Anwendung von Regelungen zu einem bestimmten Sachverhalt erleichtern sollen. Diese stellen in Form von Merkblättern und Checklisten spezielle Informationen bereit.

4. DGUV Grundsätze

DGUV Grundsätze sind bestimmte Verfahrensregeln, die zum Beispiel die Durchführung von berufsgenossenschaftlichen Vorschriften, Regeln und Informationen erklären.

2.4.2 DGUV Vorschrift 1 – Grundsätze der Prävention

Wie im Arbeitsschutzgesetz werden den Unternehmern und Versicherten auch nach den berufsgenossenschaftlichen Vorschriften Pflichten auferlegt.

Der Unternehmer und die Mitarbeiter müssen sich an die Unfallverhütungsvorschriften halten. Darüber hinaus sind die Mitarbeiter regelmäßig über die Gefahren am Arbeitsplatz und die dazu geltenden Unfallverhütungsvorschriften zu unterrichten.

Diese Unterweisung muss jährlich und zusätzlich bei Bedarf, zum Beispiel wenn sich Änderungen in der Arbeitsaufgabe oder andere Gefährdungen ergeben, erfolgen.

2.4.3 DGUV Vorschrift 3 – Elektrische Anlagen und Betriebsmittel

Diese Unfallverhütungsvorschrift heißt korrekt: DGUV Vorschrift 3 (bisher BGV A 3) Unfallverhütungsvorschrift elektrische Anlagen und Betriebsmittel, vom April 1979 in der Fassung von 1. Januar 1997. Die aktuelle Ausgabe ist vom Januar 2005.[5]

Die Vorschrift gab lange Zeit allein die Hinweise für sicheres Arbeiten an und in der Nähe von elektrischen Anlagen sowie auf die notwendigen Prüfungen von Betriebsmitteln. Auch heute sind die Unfallverhütungsvorschriften die einzige Quelle, aus der ein Anhaltspunkt für die Anwendung der wiederkehrenden Prüfung abgeleitet werden kann, wenn bisher keine Erfahrungen über den notwendigen Prüfzyklus aus der Gefährdungsbeurteilung vorhanden sind.

Wie auch in den schon zitierten Gesetzen und Verordnungen werden eindeutige Anweisungen für das sicherheitsgerechte Verhalten beschrieben. Für die Versicherungsträger ist die DGUV Vorschrift 3 auch heute noch die Leitlinie für die Beurteilung. Sie werden jedoch durch die Anforderungen des Arbeitsschutzgesetzes, der daraus resultierenden Betriebssicherheitsverordnung und anderen arbeitsschutzrechtlichen Vorschriften auf staatlicher Seite ergänzt.

Der Unternehmer hat dafür zu sorgen, dass elektrische Anlagen und Betriebsmittel nur von einer Elektrofachkraft oder unter Leitung und Aufsicht einer Elektrofachkraft den elektrotechnischen Regeln entsprechend errichtet, geändert und instandgehalten werden. [5]

Werden elektrische Anlagen nicht nach den anerkannten Regeln der Technik betrieben oder haben sich die anerkannten Regeln der Technik geändert, so sind diese Anlagen, wenn von ihnen eine Gefährdung ausgeht, auf den aktuellen Stand zu bringen. Zur Bewertung ist das jeweils geltende VDE-Vorschriftenwerk anzuwenden.

2.4.3.1 Prüffristen für elektrische Anlagen

Elektrische Anlagen und ortsfeste Betriebsmittel sind alle vier Jahre auf den ordnungsgemäßen Zustand durch eine Elektrofachkraft zu prüfen.

Elektrische Anlagen und ortsfeste elektrische Betriebsmittel in „Betriebsstätten, Räumen und Anlagen besonderer Art" (DIN VDE 0100 Gruppe 700) sind jährlich auf den ordnungsgemäßen Zustand durch eine Elektrofachkraft zu prüfen.

Die Wirksamkeit der Schutzmaßnahmen mit Fehlerstrom-Schutzeinrichtungen in nicht stationären Anlagen ist monatlich durch eine Elektrofachkraft oder eine elektrotechnisch unterwiesene Person bei Verwendung geeigneter Mess- und Prüfgeräte zu prüfen.

Fehlerstrom-, Differenzstrom- und Fehlerspannungs-Schutzschalter sind in stationären Anlagen alle sechs Monate auf einwandfreie Funktion durch Betätigen der Prüfeinrichtung durch den Benutzer zu prüfen.

In nicht stationären Anlagen sind Fehlerstrom-, Differenzstrom- und Fehlerspannungs-Schutzschalter täglich durch Betätigen der Prüfeinrichtung durch den Benutzer zu prüfen.

2.4.3.2 Prüffristen für elektrische Betriebsmittel

Ortsveränderliche elektrische Betriebsmittel sowie Verlängerungs- und Geräteanschlussleitungen mit Steckvorrichtungen sind, soweit diese benutzt werden, als Richtwert alle sechs Monate, auf Baustellen alle drei Monate, zu prüfen.

Anschlussleitungen mit Stecker und bewegliche Leitungen mit Stecker und Festanschluss auf Baustellen, in Fertigungsstätten und Werkstätten oder unter ähnlichen Bedingungen sind jährlich zu prüfen.

In Büros oder unter ähnlichen Bedingungen erfolgt die Prüfung alle zwei Jahre.

Wird bei den Prüfungen eine Fehlerquote < 2 % erreicht, kann die Prüffrist entsprechend verlängert werden.

Die Prüfungen erfolgen auf ordnungsgemäßen Zustand durch eine Elektrofachkraft. Nach der TRBS 1203 ist diese Prüfung von einer *Befähigten Person* oder *einer elektrotechnisch unterwiesene Person* auszuführen.

Prüfgrundlage sind die Herstelleranweisungen und die DIN VDE 0701-0702 für die Betriebsmittel, DIN VDE 0100-600 für die elektrotechnischen Anlagen.

2.4.3.3 Fachliche Qualifikation

Nach DGUV Vorschrift 3 ist Elektrofachkraft, wer aufgrund seiner fachlichen Ausbildung, Kenntnisse und Erfahrungen sowie der Kenntnis einschlägiger Bestimmungen die ihm übertragenen Arbeiten beurteilen und mögliche Gefahren erkennen kann. [5]

Um Arbeiten auch sicher ausführen zu können, wurden Arbeitsverfahren festgelegt. Diese sind
- Arbeiten im spannungsfreien Zustand,
- Arbeiten in der Nähe Spannung führender Teile,
- Arbeiten unter Spannung.

Grundsätzlich gilt für die Elektrofachkraft für festgelegte Tätigkeiten (EFKffT), dass außer der Fehlersuche und der Feststellung der Spannungsfreiheit keine Arbeiten unter Spannung ausgeführt werden dürfen. In diesem Falle ist nicht der in DGUV Vorschrift 3 beschriebene Sachverhalt des Arbeitens unter Spannung gemeint.

Die Einhaltung der fünf Sicherheitsregeln gewährt den Schutz gegen elektrischen Schlag bei der Ausführung von Arbeiten an und in der Nähe aktiver elektrischer Teile. Die Einhaltung ist für allgemeine Arbeiten zwingend. Ausnahmen bestehen für das Messen elektrischer Größen. Hierbei sind besondere Sorgfalt und spezielle Messgeräte mit entsprechendem Zubehör nötig.

Arbeiten unter Spannung (AuS) ist ausschließlich für entsprechend qualifizierte und erfahrene Elektrofachkräfte im Zusammenhang mit einer betrieblichen Notwendigkeit, speziellen Sicherheitsmaßnahmen und auf besondere Anweisung möglich. Um auch sicher in der Nähe elektrotechnischer Anlagen und aktiver Teile sicher arbeiten zu können, sind Mindestabstände einzuhalten. Die Abstände sind abhängig von der Art der Tätigkeit und der Höhe der Spannung.

Arbeiten in der Nähe unter Spannung stehender Teile sind Tätigkeiten aller Art, bei denen eine Person mit Körperteilen oder Gegenständen die Schutzabstände nach der **Tabelle 2.1** von unter Spannung stehenden Teilen, gegen deren direktes Berühren kein vollständiger Schutz besteht, unterschreiten kann, ohne unter Spannung stehende Teile zu berühren oder bei Nennspannungen über 1 kV die Gefahrenzone zu erreichen.

Effektivwert der Nennspannung U_N in kV	Äußere Grenze der Gefahrenzone (Schutzabstand in Luft) D_L in mm
bis 1	keine Berührung
über 1...3	Innenraumanlage 60 – Freiluftanlage 120
über 3...6	Innenraumanlage 90 – Freiluftanlage 120
über 6...10	Innenraumanlage 120 – Freiluftanlage 150
über 10...15	160
über 15...20	220

Tabelle 2.1 *Gefahrenzone D_L in Abhängigkeit von der Nennspannung (Tabelle 2 DGUV Vorschrift 3) [5]*

Bei bestimmten elektrotechnischen Arbeiten in der Nähe von ungeschützten, unter Spannung stehenden Teilen sind die Abstände aus **Tabelle 2.2** einzuhalten.

Bei nicht elektrotechnischen Arbeiten sind Abstände aus **Tabelle 2.3** von ungeschützten unter Spannung stehenden Teilen einzuhalten.

Effektivwert der Nennspannung U_N in kV	Schutzabstand in Luft D_v in m
bis 1	0,5
über 1...30	1,5
über 30...110	2,0
über 110...220	3,0
über 220...380	4,0

Tabelle 2.2 *Schutzabstände bei bestimmten elektrotechnischen Arbeiten in der Nähe aktiver Teile (Tabelle 3 DGUV Vorschrift 3) [5]*

Effektivwert der Nennspannung U_N in kV	Schutzabstand in Luft D_v in m
bis 1	1,0
über 1...110	3,0
über 110...220	4,0
über 220...380	5,0

Tabelle 2.3 *Schutzabstand in Luft in Abhängigkeit von der Spannungshöhe bei nicht elektrotechnischen Arbeiten (Tabelle 4 DGUV Vorschrift 3) [5]*

2.4.4 Zitate aus DGUV Vorschrift 3 Elektrische Anlagen und Betriebsmittel Ausgabe 2005-01

§ 1 Geltungsbereich

„(1) Diese Unfallverhütungsvorschrift gilt für elektrische Anlagen und Betriebsmittel.

(2) Diese Unfallverhütungsvorschrift gilt auch für nichtelektrotechnische Arbeiten in der Nähe elektrischer Anlagen und Betriebsmittel." [5]

§ 3 Grundsätze

„(1) Der Unternehmer hat dafür zu sorgen, dass elektrische Anlagen und Betriebsmittel nur von einer Elektrofachkraft oder unter Leitung und Aufsicht einer Elektrofachkraft den elektronischen Regeln entsprechend errichtet, geändert und instandgehalten werden. Der Unternehmer hat ferner dafür zu sorgen, dass die elektrischen Anlagen und Betriebsmittel den elektrotechnischen Regeln entsprechend betrieben werden.

(2) Ist bei einer elektrischen Anlage oder einem elektrischen Betriebsmittel ein Mangel festgestellt worden, d.h. entsprechen sie nicht oder nicht mehr

den elektrotechnischen Regeln, so hat der Unternehmer dafür zu sorgen, dass der Mangel unverzüglich behoben wird und, falls bis dahin eine dringende Gefahr besteht, dafür zu sorgen, dass die elektrische Anlage oder das elektrische Betriebsmittel im mangelhaften Zustand nicht verwendet werden."

§ 5 Prüfungen
„(1) Der Unternehmer hat dafür zu sorgen, dass die elektrischen Anlagen und Betriebsmittel auf ihren ordnungsgemäßen Zustand geprüft werden
1. vor der ersten Inbetriebnahme und nach einer Änderung oder Instandsetzung vor der Wiederinbetriebnahme durch eine Elektrofachkraft oder unter Leitung und Aufsicht einer Elektrofachkraft und
2. in bestimmten Zeitabständen.
Die Fristen sind so zu bemessen, dass entstehende Mängel, mit denen gerechnet werden muss, rechtzeitig festgestellt werden.

(2) Bei der Prüfung sind die sich hierauf beziehenden elektrotechnischen Regeln zu beachten.

(3) Auf Verlangen der Berufsgenossenschaft ist ein Prüfbuch mit bestimmten Eintragungen zu führen.

(4) Die Prüfung vor der ersten Inbetriebnahme nach Absatz 1 ist nicht erforderlich, wenn dem Unternehmer vom Hersteller oder Errichter bestätigt wird, dass die elektrischen Anlagen und Betriebsmittel den Bestimmungen dieser Unfallverhütungsvorschrift entsprechend beschaffen sind."

2.4.5 DGUV Information 203-006 – Auswahl und Betrieb elektrischer Anlagen und Betriebsmittel auf Bau- und Montagestellen (Letzte Änderung: Mai 2012)

„3.2.1 Speisepunkte
Die elektrische Versorgung von Anlagen und Betriebsmitteln auf Bau- und Montagestellen darf nur aus besonderen Speisepunkten erfolgen. Jeder Speisepunkt muss mindestens eine Einrichtung zum Trennen haben. Einrichtungen zum Trennen können auch Fehlerstrom-Schutzeinrichtungen (RCD) sein." [6]

Das Freischalten mittels Sicherungs-Lasttrennschalter (NH-System oder ähnliches) mit vollständigem Berührungsschutz ist eine Bedienung und darf auch von Laien ausgeführt werden. Die Zugänglichkeit von NH-Sicherungs-

Trennschaltern ohne vollständigen Berührungsschutz darf nur mittels Werkzeug möglich sein. Das bedeutet, dass sich innerhalb eines elektrischen Betriebsraumes die NH-Sicherungsleisten hinter einer Abdeckung (mindestens IP2X) befinden müssen.

Speisepunkte zur Versorgung von elektrischen Anlagen oder Betriebsmitteln sind:

- Baustromverteiler nach DIN VDE 0660-501,
- Baustromverteiler nach VDE 0612, wenn die Steckvorrichtungen bis AC 230V/16A und bis AC 400V/32A über eine Fehlerstromschutzeinrichtung (RCD) mit $I_{\Delta N} \leq 30\,mA$ geschützt sind,
- Ersatzstromerzeuger nach DIN VDE 0100-551,
- Transformatoren mit getrennten Wicklungen,
- besondere, der Baustellenanlage zugeordnete, geprüfte Abzweige ortsfester elektrischer Anlagen einschließlich zugehöriger, als Baustellenspeisepunkt dauerhaft gekennzeichneter Steckvorrichtungen.

Die Stromkreise mit Steckvorrichtungen müssen Abschnitt 3.2.3.4 der BGI 608 entsprechen.

Steckvorrichtungen in ortsfesten Verbraucheranlagen und in Hausinstallationen gelten nicht als Speisepunkt und dürfen nicht verwendet werden. Wenn sie verwendet werden sollen, müssen besondere Anforderungen erfüllt werden. Diese Einrichtungen dürfen an Steckvorrichtungen ortsfester Anlagen angeschlossen werden, soweit sie den nachfolgenden Bedingungen entsprechen, z.B. an Steckvorrichtungen privater Hausinstallationen.

2.4.6 DGUV Grundsatz 303-001– Ausbildungskriterien für festgelegte Tätigkeiten im Sinne der Durchführungsanweisungen zur Unfallverhütungsvorschrift „Elektrische Anlagen und Betriebsmittel" (BGV A2, bisherige VBG 4)

Der genannte DGUV Grundsatz legt den Rahmen für die Ausbildung zur Elektrofachkraft fest. Darüber hinaus sind die Verfahren beschrieben, die zur Bestellung einer Elektrofachkraft gelten. Die Regel ist in engem Zusammenhang mit der Norm DIN VDE 1000-10 zu sehen. Das gilt insbesondere für die Qualifikation der Ausbilder und der Prüfer, die die Qualifikation der Elektrofachkraft bestätigen müssen. Die wesentlichen Lerninhalte und die Verfahren zur Bestellung sind in der Einleitung des Buches vorgestellt.

Für das Arbeiten an elektrotechnischen Anlagen sind drei Arbeitsverfahren beschrieben:

- Arbeiten im spannungsfreien Zustand,
- Arbeiten in der Nähe spannungführender Teile und
- Arbeiten unter Spannung.

Für die Elektrofachkraft für festgelegte Tätigkeiten gilt dabei mit geringen Ausnahmen das „Arbeiten im spannungsfreien Zustand" als einziges zugelassenes Arbeitsverfahren. Ausnahmen dazu bilden ausschließlich die nach DGUV Vorschrift 3 für EUP und Laien zugelassenen Arbeiten. An aktive Teile, die unter Spannungen bis 1.000 V stehen, darf sich eine Person nur so weit nähern, dass diese Teile nicht berührt werden. Die Fehlersuche in unter Spannung stehenden elektrischen Systemen ist damit nur möglich, wenn die aktiven Teile berührungssicher abgedeckt sind und dieser Berührungsschutz nicht entfernt oder unterlaufen wird.

2.5 Fünf Sicherheitsregeln

Üblicherweise kommen für die EFKffT nur die ersten drei Maßnahmen in Frage. Bei Anlagen im 400/230 V-Netz, in denen die EFKffT arbeitet, ist ein Erden und Kurzschließen oft nicht möglich und das Abdecken und Abschranken meist nicht erforderlich, weil nicht in solchen Umgebungen der Energieversorgung gearbeitet wird.

Grundsätzlich dürfen elektrotechnische Arbeiten ausschließlich im spannungsfreien Zustand der Anlagen und Geräte durchgeführt werden. Die fünf Sicherheitsregeln in **Bild 2.3** sollen dies garantieren. Ihre Einhaltung ist zwingend vorgeschrieben.

1.	Freischalten
2.	gegen Wiedereinschalten sichern
3.	Spannungsfreiheit feststellen
4.	Erden und Kurzschließen
5.	benachbarte, spannungsführende Teile abdecken oder abschranken

Bild 2.3 *Fünf Sicherheitsregeln*

2.5.1 Freischalten

Das Freischalten geschieht allpolig an allen aktiven Leitern. Dabei sollte bereits bei der Auswahl der Freischaltstelle der zweite Schritt, gegen Wiedereinschalten sichern, Berücksichtigung finden.

Zum Freischalten eignen sich besonders abschließbare Hauptschalter, aber auch die Fehlerstromschutzeinrichtung kann verwendet werden. Diese Schalteinrichtungen müssen als Trennschalter gebaut sein. Trennvorrichtungen im Niederspannungsbereich benötigen einen Kontaktabstand von 3 mm.

Es ist wichtig, dass sich die Elektrofachkraft vor dem Freischalten davon überzeugt, dass keine Gefahr für die Betriebsmittel der Anlage besteht. Grundsätzlich darf nur nach einer Freigabe durch den Anlagenverantwortlichen geschaltet werden. Gleiches gilt auch für das spätere Wiedereinschalten der Anlage. Werden Sicherungen zum Freischalten verwendet, sind diese sicherheitshalber aus dem Sicherungshalter und aus der Schaltanlage zu entfernen, damit sie niemand irrtümlich einsetzt.

2.5.2 Gegen Wiedereinschalten sichern

Das Vorhängeschloss ist hier ein sicheres Mittel, aber auch die herausgeschraubten Sicherungen unterstützen das Sichern. Ein Hinweisschild allein ist sicher nicht ausreichend.

2.5.3 Spannungsfreiheit feststellen

Die Spannungsfreiheit ist mit einem zweipoligen Spannungsprüfer festzustellen. Dieser ist vor Gebrauch auf Funktion zu prüfen. Dabei ist zu beachten, dass der Spannungsprüfer im jeweiligen Anlagenteil zugelassen ist. Die Messung im Endstromkreis erfordert mindestens CAT III und im Versorgungsbereich mindestens CAT IV. Die Verwendung von Geräten mit der Kennzeichnung aus zwei Dreiecken und der entsprechenden Spannungsangabe, zum Beispiel bis 600 V ist auch möglich.

2.5.4 Erden und Kurzschließen

Erden und Kurzschließen wird nicht gefordert, wenn in Verbraucheranlagen gearbeitet wird, deren Spannung gegen Erde nicht größer als 1.000 V ist. Dies trifft auf die Wohnungen und kleineren und mittleren Gewerbebetriebe zu, die aus dem öffentlichen Netz versorgt werden.

Ausnahmen bilden nur besondere Versorgungsnetze mit Ringleitungen und Situationen, in denen das Wiedereinschalten nicht gesichert ist.

2.5.5 Benachbarte, spannungsführende Teile abdecken oder abschranken

Grundsätzlich besteht in größeren Anlagen die Gefahr, dass in unmittelbarer Nähe der Arbeitsstelle Anlagenteile unter Spannung bleiben. Das hat zur Folge, dass für die Elektrofachkraft, obwohl der Arbeitsbereich spannungsfrei ist, aus der Umgebung eine Gefährdung entstehen kann. Das ist immer dann der Fall, wenn in einer Schaltanlage gearbeitet wird, die ausschließlich im direkten Arbeitsbereich freischaltet. Die daneben installierten Anlagenteile sind noch unter Spannung. In neueren Anlagen wird die Berührungssicherheit gefordert. Das ist jedoch nicht immer der Fall. Deshalb ist für die unter Spannung stehenden Teile zu prüfen, ob sie hinreichend gegen direktes Berühren geschützt sind. Falls erforderlich ist ein zusätzlicher Schutz gegen direktes Berühren einzurichten.

Das kann zum Beispiel durch Isoliermatten oder spezielle Einschübe erreicht werden. Auch Abschranken kann eine Möglichkeit sein.

2.5.6 Arbeiten in der Nähe spannungsführender Teile

Sollte ein Freischalten der gesamten Anlage nicht möglich sein, müssen Arbeiten in der Nähe spannungführender Teile ausgeführt werden. Diese Arbeiten dürfen nur dann ausgeführt werden, wenn ein hinreichender Abstand zu den Teilen besteht oder ein Berühren der aktiven Teile verhindert werden kann. Sie sind auch möglich, wenn die zulässige Annährung durch geeignete Maßnahmen nicht unterschritten werden kann. Sind alle aktiven Teile mindestens mit der Schutzart IP2x-B fingersicher geschützt dürfen die Arbeiten von einer EfKffT ausgeführt werden.

2.5.7 Arbeiten unter Spannung

Elektrofachkräfte für festgelegte Tätigkeiten dürfen keine Arbeiten unter Spannung ausführen, die unter die Anwendung von dem DGUV-Grundsatz 103-011 fallen und als Arbeiten unter Spannung (AuS) bezeichnet werden. Arbeiten unter Spannung aus der Tabelle 5 „Randbedingungen für das Arbeiten an unter Spannung stehenden Teilen hinsichtlich der Auswahl des Personals in Abhängigkeit von der Nennspannung" der DGUV Vorschrift 3/4 sind nach entsprechender Ausbildung und Arbeitsanweisung grundsätzlich erlaubt.

2.6 Technische Regeln

Das VDE-Vorschriftenwerk enthält neben den Regeln für die praktische Ausführung der Anlagen auch Hinweise zur Arbeitssicherheit und Arbeitsorganisation im Zusammenhang mit Arbeiten an elektrotechnischen Anlagen und Betriebsmitteln.

In den VDE-Bestimmungen, insbesondere in DIN VDE 1000-10 (VDE 1000-10):2009-01: Anforderungen an die im Bereich der Elektrotechnik tätigen Personen und auch in DIN VDE 0105-100 Betrieb elektrischer Anlagen, werden Personen beschrieben, die in der Elektrotechnik Aufgaben übernehmen.

Elektrotechnisch unterwiesene Personen (EUP) führen nur die Arbeiten durch, für die sie eine Unterweisung erhalten haben.

EuP führen nur dann Arbeiten durch, wenn sie unter Leitung und Aufsicht einer Elektrofachkraft stehen. Für die verantwortliche fachliche Leitung eines elektrotechnischen Betriebes oder Betriebsteiles ist eine *verantwortliche Elektrofachkraft* nach 4.1 erforderlich und grundsätzlich eine Ausbildung nach 5.2 b) oder 5.2 c) oder 5.2 d) oder 5.2 e) Voraussetzung. (Meister, Techniker, Dipl.-Ingenieur). Welche Arbeiten durch Personen ausgeführt werden dürfen, die weder Elektrofachkraft noch elektrotechnisch unterwiesene Person sind, muss von einer verantwortlichen Elektrofachkraft entschieden werden. [7] *Befähigte Person* im Sinne des Arbeitsschutzgesetzes ist eine Person, die durch ihre Berufsausbildung, ihre Berufserfahrung und ihre zeitnahe berufliche Tätigkeit über die erforderlichen Fachkenntnisse zur Durchführung der Arbeiten verfügt. [4]

2.7 Verfahrensanweisung

Die Verfahrensanweisungen (**Bild 2.4**) sollen den Ablauf eines Fertigungsverfahrens oder einer anderen betrieblichen Situation darstellen. Sie sind Handlungsanweisungen für den Mitarbeiter. Verfahrensanweisungen dienen in vielen Betrieben dazu, die Mitarbeiter auf ein einheitliches Handeln zu

Verfahrensanweisung	
Betriebsanweisung	Arbeitsanweisung
Umgang mit gefährlichen Stoffen	Qualitätssicherung bei der Ausführung

Bild 2.4 *Betriebliche Anweisungen*

führen. Damit ist der Betrieb in der Lage, die Qualität der Leistungen zu sichern, egal von welchem Mitarbeiter die Leistung erbracht wird.

Innerbetriebliche Prozesse können in Verfahrensanweisungen dargestellt werden. Dies geschieht häufig in Form von Flussdiagrammen, beispielsweise für den Ablauf einer Auftragsbearbeitung oder einer Kundenanfrage im Betrieb. Verfahrensanweisungen sind aber auch bei sicherheitsrelevanten Prozessen angebracht, in denen der Mitarbeiter auf allgemeines sicherheitsrelevantes Verhalten hingewiesen wird.

Verfahrensanweisungen sind nicht zu verwechseln mit Betriebsanweisungen, wie sie nach der Gefahrstoffverordnung vorgeschrieben sind. Diese sind gesetzlich vorgeschrieben, wenn der Mitarbeiter mit chemischen oder biologischen Stoffen in Berührung kommt oder an Maschinen und technischen Anlagen tätig wird, von denen eine Gefährdung ausgehen kann.

2.8 Betriebsanweisung

Die *Betriebsanweisung (BA)* ist nicht mit einer Betriebsanleitung eines Herstellers zu verwechseln. Die *Betriebsanleitung* ist ein Dokument, das auf die Bedienung und die bei der Bedienung oder Verwendung eines Produkts oder Betriebsmittels (Arbeitsmittels) auftretenden Gefahren hinweist.

Betriebsanweisungen müssen in Deutschland zum Beispiel für biologische Arbeitsstoffe und Gefahrstoffe erstellt werden, um den Mitarbeiter auf die mit der Verwendung auftretenden Gefahren hinzuweisen. Darüber hinaus sind Verhaltensregeln für die Anwendung sowie bei Störungen enthalten.

Der folgende Inhalt für die Betriebsanweisungen wird z. B. von den Berufsgenossenschaften vorgeschlagen:
1. Anwendungsbereich
2. Gefahren für Mensch und Umwelt
3. Schutzmaßnahmen und Verhaltensregeln
4. Verhalten bei Störungen
5. Verhalten bei Unfällen, Erste Hilfe
6. sachgerechte Entsorgung/Instandhaltung (bei Maschinen/ technischen Anlagen)
7. Folgen der Nichtbeachtung.

Betriebsanweisungen können aus den für Gefahrstoffe vorgeschriebenen Sicherheitsdatenblättern abgeleitet werden. Wie das geht, beschreiben viele Berufsgenossenschaften in Merkblättern und Arbeitshilfen.

Die Notwendigkeit von Betriebsanweisungen ergibt sich aus verschiedenen Quellen:
- Unfallverhütungsvorschriften der Berufsgenossenschaften (DGUV Vorschrift 1 § 2)
- Arbeitsschutzgesetz (ArbSchutzG §§ 4, 9 Abs. 1 und 12 Abs. 1)
- Betriebssicherheitsverordnung (BetrSichV § 9)
- Biostoffverordnung (BioStoffV § 12)
- Gefahrstoffverordnung (GefStoffV § 14)
- Technische Regel Gefahrstoffe (TRGS 555)

Für Tätigkeiten mit geringer Gefährdung („Schutzstufe 1": geringe Menge) und geringer Exposition ist eine Betriebsanweisung nicht notwendig.

Nach der Betriebssicherheitsverordnung müssen auch für die bei der Arbeit benutzten Arbeitsmittel Betriebsanweisungen zur Verfügung stehen. Sie müssen in einer für die Beschäftigten verständlicher Form und Sprache geschrieben sein.

Diese Betriebsanweisungen müssen mindestens Angaben über die Einsatzbedingungen, über absehbare Betriebsstörungen und über die bezüglich der Benutzung des Arbeitsmittels vorliegenden Erfahrungen enthalten.

2.9 Arbeitsanweisung

Grundlage für eine Bestellung einer Elektrofachkraft für festgelegte Tätigkeiten ist eine Arbeitsanweisung. Sie wird im DGUV Grundsatz 303-001 gefordert. Auf Basis der Arbeitsanweisung ist die Elektrofachkraft für festgelegte Tätigkeiten von einer verantwortlichen Fachkraft zu prüfen und auf Grundlage der Prüfung zu bestellen.

Arbeitsanweisungen werden in der Arbeitsplanung verwendet. Betriebe mit einer ISO 9000-Zertifizierung besitzen Arbeitsanweisungen für alle relevanten Fertigungsprozesse. Dabei werden alle Arbeitsabläufe detailliert in einzelnen Schritten beschrieben, um zu gewährleisten, dass jeder Mitarbeiter diese Arbeit nach dem gleichen Schema ausführt und so das Ergebnis immer die gleiche Qualität besitzt. Arbeitsanweisungen sind somit Vorgaben an die Mitarbeiter, in welcher Reihenfolge die Tätigkeit zu erledigen ist. Darüber hinaus sind Hinweise zur Fehlervermeidung in einer Arbeitsanweisung sinnvoll. Arbeitsanweisungen werden als Formular meist in einer Checkliste oder einem Flussdiagramm erstellt.

Inhalt und Aufbau von Arbeitsanweisungen sind von der Art der Tätigkeit und den Kenntnissen der Mitarbeiter abhängig. In naher Verwandtschaft zur Arbeitsanweisung steht die Montageanleitung. Darin werden vom Hersteller exakte Vorgaben gemacht, wie mit einem Produkt zu verfahren ist. So kann eine Arbeitsanweisung zur Montage eines Betriebsmittels direkt aus der Montageanleitung des Herstellers sicher abgeleitet werden.

Ziel der Arbeitsanweisung ist es, dass die Elektrofachkraft für festgelegte Tätigkeiten eine Arbeit eigenverantwortlich nach den Regeln der Arbeitssicherheit und nach den Regeln der Technik sowie den Regeln der Handwerkskunst ausführen kann. Dazu gehören auch die Bedingungen der Arbeitsumgebung, wie die Anwendung der fünf Sicherheitsregeln und der sachgerechte Umgang mit den Werkzeugen.

Da die Leistungsfähigkeit der Elektrofachkräfte für festgelegte Tätigkeiten unterschiedlich ist, müssen auch die Arbeitsanweisungen individuell auf den jeweiligen Mitarbeiter zugeschnitten sein. Es kommt dabei darauf an, aus welchem Beruf der Mitarbeiter stammt und welche Tätigkeiten im Einzelnen ausgeführt werden sollen.

Grundlegende Fertigkeiten, wie sie in einem metallverarbeitenden Beruf notwendig sind, werden in diesem Buch vorausgesetzt. Dieser Themenbereich würde den Umfang des Werkes überfordern. Hierzu wird auf existierende Grundlagenwerke verwiesen.

2.9.1 Prinzipieller Aufbau einer Arbeitsanweisung

Eine Arbeitsanweisung kann einem Aufbauprinzip folgen. Dieses ist eng angelehnt an den Aufbau einer Betriebsanweisung:
- Auftrag,
- Werkzeuge,
- Material und Hilfsstoffe,
- Sicherheitsregeln,
- Arbeitsschritte – Bitte beachten,
- Prüfschritte (Prüfprotokoll mit Min/Max-Werten und Hinweisen auf Sachverhalte, die besonders zu beachten sind),
- Abnahme (wer ist für die Abnahme verantwortlich und kann sie durchführen?).

2.9.2 Sicherheit bei der Ausführung

Persönliche Sicherheit
Die persönliche Sicherheit ist durch konsequentes Anwenden der Unfallverhütungsvorschriften und der Technischen Regeln Betriebssicherheit weitestgehend gewährleistet.

Sicherheit des Nutzers des errichteten Werks
Die Sicherheit des Nutzers wird durch die Anwendung der Regeln der Technik gewährleistet.

Sicherheit der anderen an der Arbeit Beteiligten und der von der Maßnahme Betroffenen
Die Sicherheit der anderen an der Arbeit Beteiligten wird durch die Regeln des Arbeitsschutzes, insbesondere durch die *Regeln zum Arbeitsschutz auf Baustellen RAB* geregelt.

Arbeitsanweisungen für spezielle Arbeiten in der Elektrotechnik sind den jeweiligen Arbeiten zugeordnet und im Anhang aufgeführt.

2.10 Fach- und Führungsverantwortung

2.10.1 Arbeitsorganisation

Jede elektrische Anlage steht nach den anerkannten Regeln der Technik unter der Verantwortung einer Person. Dies können sowohl der Unternehmer selbst wie auch ein Beauftragter sein. Das ist notwendig, weil der Betrieb von elektrischen Anlagen ausschließlich nach den anerkannten Regeln der Technik erfolgen darf. Das hat der Unternehmer, der die Anlage betreibt, zu gewährleisten, um die Sicherheit der Mitarbeiter nicht zu gefährden.

Der Zugang zu allen Orten, an denen elektrische Gefährdungen für Laien bestehen, muss geregelt sein. Die Art der Zugangsregelung und -überwachung ist vom Anlagenbetreiber festzulegen.

Abgeschlossene elektrische Betriebsstätten müssen verschlossen gehalten werden. Die Schlüssel müssen so verwahrt werden, dass sie unbefugten Personen nicht zugänglich sind. Abgeschlossene elektrische Betriebsstätten dürfen nur von beauftragten Personen geöffnet werden. Der Zutritt ist Elektrofachkräften und EuP gestattet, Laien jedoch nur in Begleitung von Elektrofachkräften oder EuP.

2.10.2 Anlagenverantwortlicher

Jede elektrische Anlage, an der gearbeitet wird, muss unter der Verantwortung eines Anlagenverantwortlichen stehen. Der Anlagenverantwortliche, der weisungsbefugt ist, um den sicheren Betrieb zu gewährleisten, muss Elektrofachkraft sein.

2.10.3 Arbeitsverantwortlicher

Für jede Arbeit muss ein Arbeitsverantwortlicher festgelegt werden. Sofern die Arbeitsdurchführung unterteilt ist, kann es erforderlich sein, für jede Arbeitsgruppe eine für die Sicherheit verantwortliche Person und für alle eine koordinierende Person festzulegen.

Der Arbeitsverantwortliche und der Anlagenverantwortliche sind dafür zuständig, dass die Arbeitsstelle auch tatsächlich freigeschaltet ist und so die Sicherheit bei der Arbeit gewährleistet werden kann.

Der Anlagenverantwortliche übernimmt für seinen Zuständigkeitsbereich die Aufgaben nach Arbeitsschutzgesetz § 8 Abs. 2 an der Arbeitsstelle.

Der Arbeitsverantwortliche und der Anlagenverantwortliche können ein- und dieselbe Person sein. In großen Betrieben und komplexen Anlagen, wie zum Beispiel wenn informationstechnische Systeme mitbeeinflusst werden, kann der Unternehmer eine schriftliche Vorbereitung der Arbeiten verlangen.

Eine Elektrofachkraft kann festlegen, wie die Arbeit durchzuführen ist, damit die Sicherheit gewährleistet ist:
a) in übersichtlichen Anlagen oder Anlagenteilen unter eindeutigen oder übersichtlichen Begleitumständen; und
b) an Orten an denen überschaubare Arbeiten stattfinden; oder
c) bei Instandhaltungsarbeiten, die entsprechend vereinbarter Abläufe durchgeführt werden.

Von den an, mit oder in der Nähe von elektrischen Anlagen arbeitenden Personen muss eine ausreichende Anzahl so ausgebildet und unterwiesen sein, dass sie bei elektrischem Schlag und/oder Verbrennungen entsprechend Erste Hilfe leisten können. Es wird empfohlen, Anleitungen zur Ersten Hilfe je nach Erfordernis an der Arbeitsstelle auszuhängen oder als Merkblatt oder in anderer geeigneter Form an die arbeitenden Personen auszugeben.

Jeder Person, die aus Sicherheitsgründen Bedenken hat, eine Anweisung oder Arbeit auszuführen, muss die Möglichkeit gegeben werden, diese Bedenken unmittelbar dem Arbeitsverantwortlichen mitzuteilen. Das gilt insbesondere für die Elektrofachkraft für festgelegte Tätigkeiten, die ausschließlich Arbeiten ausführen darf, für die sie bestellt ist. Bei von der Bestellung abweichenden Tätigkeiten ist die Anmeldung von Bedenken unbedingt erforderlich. Der Arbeitsverantwortliche muss die Sachlage untersuchen und erforderlichenfalls die Entscheidung einer fachlich übergeordneten Stelle herbeiführen.

2.10.4 Überprüfung der Qualifikation

Vor Beginn der Arbeit müssen Art und Schwierigkeitsgrad beurteilt werden, um für die Durchführung der Arbeit je nach Erfordernis Elektrofachkräfte, Elektrofachkräfte für festgelegte Tätigkeiten, elektrotechnisch unterwiesene Personen oder Laien auszuwählen.

2.11 Personen in der Elektrotechnik

2.11.1 Elektrotechnischer Laie

Dieser besitzt keine elektrotechnischen Kenntnisse.

2.11.2 Elektrotechnisch unterwiesene Person (EUP)

Die EUP ist eine Person, die durch eine Elektrofachkraft über die ihr übertragenen Aufgaben und die möglichen Gefahren bei unsachgemäßem Verhalten unterrichtet und erforderlichenfalls angelernt sowie hinsichtlich der notwendigen Schutzeinrichtungen, persönlichen Schutzausrüstungen und Schutzmaßnahmen unterwiesen wurde. [8] Sie arbeitet unter Leitung und Aufsicht einer Elektrofachkraft.

2.11.3 Elektrofachkraft für festgelegte Tätigkeiten (EFKffT)

Für den Einsatz als Elektrofachkraft in einem begrenzten Teilgebiet der Elektrotechnik darf im Ausnahmefall an die Stelle der fachlichen Ausbildung auch eine mehrjährige Tätigkeit mit entsprechender Qualifizierung in dem betreffenden Arbeitsgebiet treten. Die Beurteilung der Qualifikation muss durch eine verantwortliche Elektrofachkraft erfolgen. [8]

Für die Elektrofachkraft für festgelegte Tätigkeiten gilt, dass sie nur im Bestellbereich und bei vorhandener Arbeitsanweisung eigenverantwortlich tätig ist. Werden darüber hinaus Tätigkeiten ausgeführt, ist die EFKffT wie eine EUP zu betrachten.

2.11.4 Elektrofachkraft (EFK)

Person, die aufgrund ihrer fachlichen Ausbildung, Kenntnisse und Erfahrungen sowie Kenntnis der einschlägigen Normen die ihr übertragenen Arbeiten beurteilen und mögliche Gefahren erkennen kann. Zur Beurteilung der fachlichen Ausbildung kann auch eine mehrjährige Tätigkeit auf dem betreffenden Arbeitsgebiet herangezogen werden. [8]

Einteilung der Elektrofachkräfte
Die Anforderung nach der fachlichen Ausbildung zur Elektrofachkraft für bestimmte Tätigkeiten auf dem Gebiet der Elektrotechnik ist in der Regel durch den Abschluss einer der nachstehend genannten Ausbildungsgänge des jeweiligen Arbeitsgebietes der Elektrotechnik erfüllt:

a) Ausbildung in einem anerkannten Ausbildungsberuf zum Gesellen/ zur Gesellin oder zum Facharbeiter/zur Facharbeiterin;
b) Ausbildung zum Staatlich geprüften Techniker/zur Staatlich geprüften Technikerin;
c) Ausbildung zum Industriemeister/zur Industriemeisterin;
d) Ausbildung zum Handwerksmeister/zur Handwerksmeisterin;
e) Ausbildung zum Diplomingenieur/zur Diplomingenieurin, Bachelor oder Master.

In Abhängigkeit vom Ausbildungsstand dürfen elektrotechnische Arbeiten ausgeführt werden. Das sind zum Beispiel:
- Planen,
- Installieren,
- Prüfen,
- Überwachen und
- Bedienen

elektrischer Anlagen. [7]

2.11.5 Verantwortliche Elektrofachkraft (vEFK)

Die Person, die als Elektrofachkraft Fach- und Aufsichtsverantwortung übernimmt und vom Unternehmer dafür beauftragt ist, ist *verantwortliche Elektrofachkraft*.

Für die verantwortliche fachliche Leitung eines elektrotechnischen Betriebes oder Betriebsteiles ist eine verantwortliche Elektrofachkraft erforderlich und grundsätzlich eine Ausbildung im Bereich Techniker, Meister, Ingenieur, Bachelor oder Master Voraussetzung.

Eine verantwortliche Elektrofachkraft ist auch für die Prüfung der Qualifikation von Elektrofachkräften zuständig. Bei der Auswahl der Qualifikation dieser Elektrofachkraft sind die Kriterien, wie sie unter Überprüfung der Organisation genannt sind, zu berücksichtigen. [7]

2.12 Arbeitsverantwortung

2.12.1 Organisationsverantwortung

Die Verantwortung für die Arbeitsorganisation liegt bei dem
- Anlagenbetreiber und dem
- Anlagenverantwortlichen.

Der für das Betreiben der Anlage Verantwortliche organisiert die Freigabe für Arbeiten. Er hat die Verkehrssicherungspflicht.

2.12.2 Garantenverantwortung

Der Garant ist eine Person, die aufgrund einer rechtlichen Pflicht (Garantenpflicht) zum Eingreifen, also einem aktiven Handeln verpflichtet ist.

Größte Bedeutung hat die Person des Garanten im deutschen Strafrecht. Nach § 13 Abs. 1 Strafgesetzbuch hat der Garant für sein Unterlassen, wie ein Begehungstäter, einzustehen. Unterlässt also beispielsweise der Garant eine Rettungshandlung und kommt die zu schützende Person zu Tode, so haftet jener bei entsprechendem Vorsatz nicht wie ein Außenstehender nur wegen unterlassener Hilfeleistung, sondern wegen Totschlags oder gar Mordes durch Unterlassen.

In der Arbeitswelt kennen wir zwei Garanten:
- verantwortliche Elektrofachkraft und
- Arbeitsverantwortlichen vor Ort.

Dabei fallen beiden unterschiedliche Aufgaben zu.

2.12.3 Arbeitsverantwortlicher

Der Arbeitsverantwortliche ist der, der unmittelbar für die Durchführung der Arbeit verantwortlich und für die korrekte Arbeit zuständig ist. Er ist
- technisch für die Einhaltung der anerkannten Regeln der Technik und

- arbeitssicherheitstechnisch für die Einhaltung eines niedrigen Unfallrisikos zuständig.

2.12.4 Arbeitsverantwortlicher vor Ort – AVO

Ihm ist das Überwachen der Arbeit vor Ort übertragen. Dazu hat er alle notwendigen Maßnahmen umzusetzen, die der Arbeitsverantwortliche angewiesen hat. Er ist ebenfalls für die Qualifikation der Mitarbeiter vor Ort verantwortlich und er hat die Einhaltung der Sicherheitsvorschriften durchzusetzen. Ihm obliegt die Organisation auf der Baustelle. Dazu muss er auch Sicherheitseinweisungen durchführen und die Einhaltung überwachen. Auch obliegt ihm die Auswahl der Mitarbeiter im Hinblick auf die Qualifikation zur Durchführung der Arbeiten. Dazu hat er sich mit dem Arbeitsverantwortlichen abzustimmen.

2.12.5 Verantwortlichkeiten

Anlagenbetreiber (AB)
Der Anlagenbetreiber plant und trägt die Gesamtverantwortung für den ordnungsgemäßen Betrieb der elektrischen Anlage. Die Rolle des Anlagenbetreibers liegt beim Unternehmer, der die notwendigen Tätigkeiten an andere fachkundige und zuverlässige Personen übertragen kann.

Der **Anlagenverantwortliche** (AV) organisiert die Arbeit der Person, die täglich vor Ort die Anlage betreut. Er ist zuständig für
- die Verkehrssicherungspflicht vor Ort,
- die anlagenseitige Sicherung der Arbeit,
- die Absprachen zur Arbeit und
- die Unterweisung/Einweisung (Anlage – Arbeitsort).

Ein Anlagenverantwortlicher
Ist Elektrofachkraft.
Kann die Gefahren der auszuführenden Arbeiten erkennen.
Muss alle Maßnahmen mit dem Arbeitsverantwortlichen (AV) absprechen und den AV sicherheitstechnisch in die anlagenseitigen Gefährdungen des Arbeitsplatzes unterweisen.

Zu den Aufgaben des Anlagenverantwortlichen gehört es auch
- Schaltungen zur Freischaltung auszuführen oder von Schaltberechtigten ausführen zu lassen,

- Sicherungsmaßnahmen anlagenseitig durchzuführen,
- die Umsetzung der angewiesenen Sicherheitsmaßnahmen zu überwachen sowie
- anlagenseitige Sicherungsmaßnahmen für EFK, EUP und Laien zu planen.

Der AV überwacht und trägt die Verantwortung für die Ausführung der Arbeit. Er ist zuständig für
- die arbeitsplatzseitige Sicherung der Arbeit,
- die Absprachen zur Arbeit und
- die Unterweisung/Einweisung vor Ort.

Ein Arbeitsverantwortlicher
Ist möglichst Elektrofachkraft.
Hat Kenntnis der Arbeit.
Kann Einzelheiten der
– Arbeit beurteilen,
– Gefahren erkennen und
– Sicherheitsmaßnahmen treffen.

Er wird von seinem Vorgesetzten, z. B. seiner vEFK bestimmt, und ist zuständig für:
- Ausführen,
- Sichern,
- Einweisen und
- Aufsichtführen/Beaufsichtigen.

Die an der Arbeit beteiligten Personen müssen bei der Durchführung ihrer Aufgaben diese koordinieren. Dazu sind Absprachen bei der Arbeitsvorbereitung zum Beispiel nach **Tabelle 2.4** und bei der Durchführung zum Beispiel nach **Tabelle 2.5** erforderlich.

Verantwortliche	AV – ANV
Durchführen der Arbeit	AV
Einsatz von Personal	AV und ANV
Unterweisung – Einweisung	ANV – AV – AVO
Systematische Unterweisung zur Erhaltung der Mitarbeiterqualifikation	AV und ANV

Tabelle 2.4 *Absprache der Verantwortlichen*

Absprache	AV – ANV
Maßnahmen	ANV
Informationen	ANV – AV

Tabelle 2.5 *Organisation der Arbeit durch Verantwortliche*

2.12.6 Anforderungen an die Arbeitsstelle

Die Arbeitsstelle, an der elektrotechnische Arbeiten ausgeführt werden, muss eindeutig festgelegt und gekennzeichnet sein. An allen Arbeitsstellen an, mit oder in der Nähe einer elektrischen Anlage, muss ausreichende Bewegungsfreiheit, ungehinderter Zugang und ausreichende Beleuchtung vorhanden sein. Falls erforderlich, muss der sichere Zugang zur Arbeitsstelle eindeutig gekennzeichnet sein.

Es müssen geeignete Vorkehrungen getroffen werden, Verletzungen von Personen auch durch nichtelektrotechnische Gefahrenquellen an der Arbeitsstelle und bei der Arbeit, wie mechanische oder Drucksysteme, oder durch Abstürze sind zu vermeiden.

Zugänge, Fluchtwege und der zum Bedienen und Arbeiten erforderliche Raum von Schaltanlagen und -geräten müssen von hinderlichen Gegenständen und/oder leicht entzündlichen Materialien freigehalten werden.

Leicht entzündliche Materialien, die in oder nahe bei der elektrischen Anlage gelagert werden, müssen von allen Zündquellen ferngehalten werden.

2.12.7 Arbeiten an elektrischen Anlagen und Betriebsmitteln

Für Arbeiten an und in der Nähe elektrotechnischer Anlagen gelten besondere Anforderungen hinsichtlich des Arbeitsschutzes. An unter Spannung stehenden aktiven Teilen elektrischer Anlagen und Betriebsmittel darf (bis auf Ausnahmen) nicht gearbeitet werden.

Vor Beginn der Arbeiten an aktiven Teilen muss der spannungsfreie Zustand hergestellt und während der Arbeit sichergestellt werden. Bei Arbeiten an elektrischen Anlagen und Betriebsmitteln muss vor Beginn der Arbeiten an aktiven Teilen der spannungsfreie Zustand hergestellt und während der Arbeiten sichergestellt werden. Die fünf Sicherheitsregeln sind bei Arbeiten an elektrischen Anlagen, Maschinen und Betriebsmitteln grundsätzlich immer einzuhalten!

Die Spannungsfreiheit von benachbarten aktiven Teilen muss hergestellt werden, wenn diese
- nicht gegen direktes Berühren geschützt sind,
- nicht für die Dauer der Arbeiten durch Abdecken oder Abschranken gegen direktes Berühren geschützt sind oder
- beim Bedienen von elektrischen Betriebsmitteln nicht abgedeckt sind.

Das Einhalten der Struktur der Arbeitsorganisation bei elektrotechnischen Arbeiten hilft Unfälle und Schäden zu vermeiden und kann bei bestimmten Arbeiten an elektrischen Anlagen lebenswichtig sein.

2.13 Übungsaufgaben

(Die Lösungen zu den Aufgaben finden Sie im Anhang.)

Aufgabe 2.1
In welcher Art und Weise können Unterweisungen aktenkundig gemacht werden? Nennen Sie Beispiele!

Aufgabe 2.2
Welche Anforderungen werden an eine befähigte Person gestellt, die Arbeitsmittel in einem Unternehmen prüfen soll?

Aufgabe 2.3
Erläutern Sie die notwendigen Maßnahmen bei der Zusammenarbeit zwischen dem Anlagenverantwortlichen und dem Arbeitsverantwortlichen.

Aufgabe 2.4
Wer ist im Betrieb für die Einhaltung der Unfallverhütungsvorschriften zuständig?

Aufgabe 2.5
Wie lauten die fünf Sicherheitsregeln in der richtigen Reihenfolge?

Aufgabe 2.6
Erläutern Sie die Maßnahmen zur Einhaltung der fünf Sicherheitsregeln bei Reparaturarbeiten an einer Anlage mit einer Spannung von 230/400 V.

Aufgabe 2.7
Erläutern Sie den Inhalt einer Arbeitsanweisung für eine Elektrofachkraft für festgelegte Tätigkeiten.

3 Grundlagen der Elektrotechnik

Im folgenden Abschnitt werden die Grundkenntnisse der Physik aufgezeigt, die zum Verständnis und zur Erklärung der wichtigsten Berechnungen in der Praxis notwendig sind.

3.1 Potentiale

Ein Atom ist von außen betrachtet elektrisch neutral. Die Ursachen für eine elektrische Spannung sind ein Ungleichgewicht zwischen den positiven und negativen Ladungsträgern im Atom. Hierzu ist es erforderlich, dass die Ladungsträger (**Bild 3.1**) getrennt werden. Dies kann nur durch Zuführung von Energie geschehen. Dabei werden den Atomen eines Körpers entweder Elektronen zugeführt oder abgezogen. Die Folge ist ein Ungleichgewicht der Ladungsträger. Bei einer Zufuhr von Elektronen überwiegen die negativen Ladungsträger. Der Körper wirkt elektrisch negativ geladen. Umgekehrt wirkt der Körper positiv geladen, wenn ihm Elektronen abgezogen werden. Elektronen sind negative Ladungsträger, Protonen sind positive Ladungsträger. Ein Teil, das positiv oder negativ geladen ist, wird als Ion bezeichnet.

Die Ladungsträger befinden sich zunächst in einem ungeordneten Zustand. Zwei gegenüberliegende Platten haben ein nach außen ausgegliche-

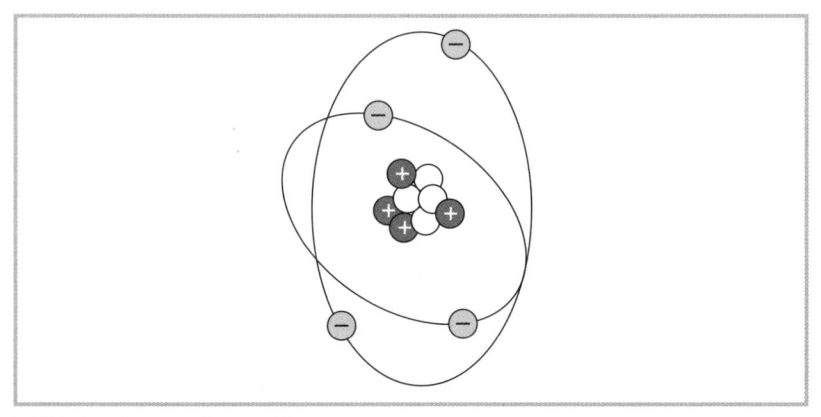

Bild 3.1 *Atom mit Ladungsträgern*

nes Verhältnis der positiven und negativen Ladungsträger. Es besteht zwischen den Platten kein Potential (**Bild 3.2**).

Werden die Ladungsträger geordnet, herrscht ein Übergewicht an positiven oder negativen Ladungsträgern. Die Platten haben ein positives oder ein negatives Potential. Zwischen beiden Platten herrscht eine Potentialdifferenz (**Bild 3.3**). Diese wird als elektrische Spannung bezeichnet.

Die Ladungstrennung erfolgt in der Technik auf verschiedene Art und Weise. Praktisch kann diese Trennung der Ladungsträger durch einen Versuch nachvollzogen werden.

Durch Reiben mit einem Wolltuch werden die Ladungsträger in einem Gummistab getrennt. Der Effekt wird auch als statische Aufladung bezeichnet. Eine Entladung findet statt, wenn die Spannung einen Lichtbogen hervorruft, der bei diesem Beispiel durch Knistern hörbar wird. Ein weiteres Beispiel sind die Aufladungen bei Gewittern oder das Laufen über manche Teppiche. Weitere Beispiele dazu fallen Ihnen bestimmt selbst ein.

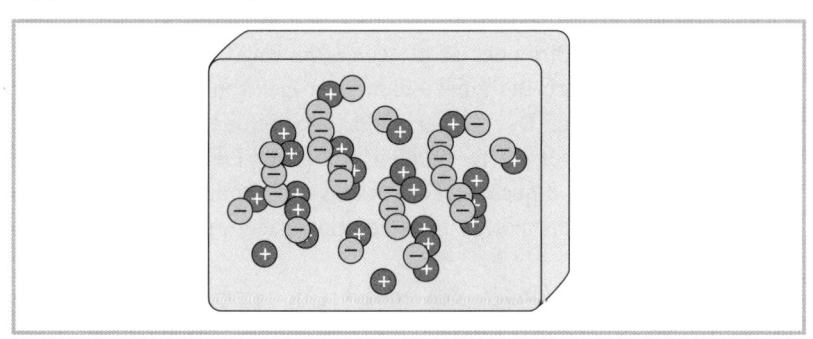

Bild 3.2   *Ungeordnete Ladungsträger in einem Werkstück*

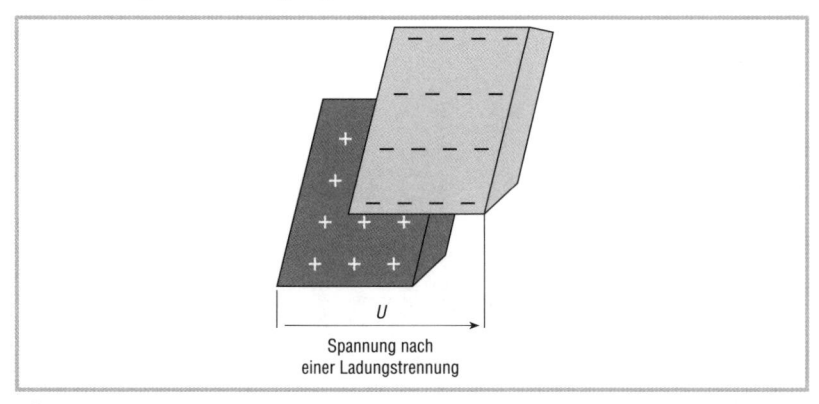

Bild 3.3   *Potentiale zwischen Werkstücken*

Elektrische Potentialunterschiede können auch zwischen mehreren Körpern auftreten. Bei der Beschreibung von derartigen Zusammenhängen ist es wichtig, ein festes System mit Bezeichnungen und Kennzeichnungen einzuführen. So werden die Richtungspfeile von dem positiven zum negativen Körper gezeichnet. Die Spannung ist dann positiv. Das gilt auch für zwei mit unterschiedlich großer positiver oder negativer Ladung behaftete Körper. Hier wird der Pfeil von dem positiveren zum weniger positiven Körper gezeichnet und die daraus folgende Spannung positiv angegeben. Gleiches gilt auch für die negativ geladenen Körper. Hier ist der Körper, an dem der Pfeil beginnt, derjenige, der die geringere negative Ladung besitzt.

Wenn die beiden Platten gleichartige Ladungen besitzen, stoßen sie sich ab, bei ungleichen Ladungen ziehen sie sich an.

3.2 Elektrisches Feld

Das elektrische Feld entsteht zwischen zwei geladenen Körpern (**Bild 3.4**). Dabei kann festgestellt werden, dass das elektrische Feld die Körper beeinflusst. Zwei Körper gleicher Ladung stoßen sich ab, während zwei Körper ungleicher Ladung einander anziehen. Die Kraft, die diese Körper beeinflusst, ist umso größer, je größer die Ladungsdifferenz der beiden Körper ist. Je weiter die beiden elektrisch geladenen Körper voneinander entfernt sind, desto kleiner wird diese Kraft.

Der Raum zwischen den beiden Körpern wird von einem elektrischen Feld ausgefüllt. Um das elektrische Feld beschreiben zu können, wurden Feldlinien eingeführt, die wir nicht sehen können. Es wurde festgelegt, dass die Feldlinien stets von der positiven zur negativen Ladung verlaufen. Sie

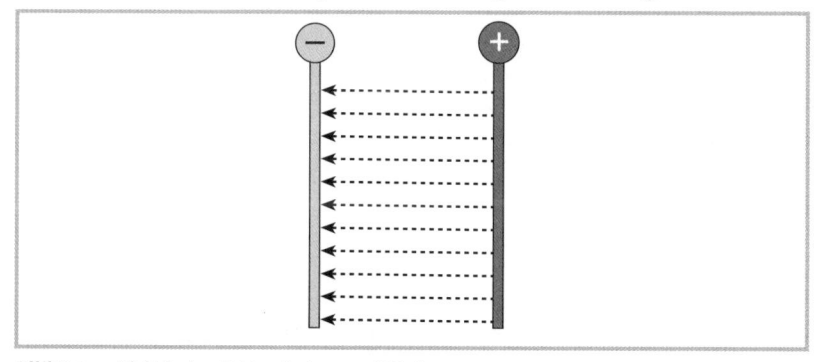

Bild 3.4 *Elektrisches Feld zwischen zwei Platten*

können als Vektor dargestellt werden. Sie treten senkrecht aus dem positiven Körper aus und auch senkrecht in den negativen Körper wieder ein. Befinden sich elektrisch leitfähige Teile, wie Leitungen, in einem elektromagnetischen Feld, können sie dieses Feld in eine Spannung umwandeln. Das gilt insbesondere für elektromagnetische Felder höherer Frequenz. Störungen bei der Übertragung von Informationen können die Folge sein.

3.3 Magnetisches Feld

Wird ein Leiter von einem Strom durchflossen, entsteht um den Leiter herum ein magnetisches Feld. Dieses magnetische Feld kann in einer Leiterschleife eine Spannung induzieren. Eine Spannung wird immer dann induziert, wenn sich die Stärke des Magnetfelds ändert oder die Leiterschleife, die Spule also, durch das Magnetfeld bewegt wird. Es entsteht eine Wechselwirkung. Ein Wechselstrom durch den Leiter erzeugt ein, seine Größe und Richtung änderndes Magnetfeld. Dieses Magnetfeld trifft auf einen Leiter. In diesem Leiter wird nun eine Spannung induziert und bei einem geschlossenen Stromkreis kommt wiederum ein Strom zum Fließen.

Technische Anwendungen zu diesem Prinzip sind sehr vielfältig. Ein Dauermagnet dreht sich in einem Fahrraddynamo inmitten einer Spule. Durch seine Bewegung wird in der Spule die Spannung zur Speisung der Beleuchtung erzeugt. Ein Motor besitzt in seinem Ständer Spulen, die ein Magnetfeld aufbauen, welches im Läufer ebenfalls eine Spannung induziert, die einen Strom im Rotor zum Fließen bringt. Dieser wiederum erzeugt ein Magnetfeld, das in Verbindung mit dem Magnetfeld der Ständerwicklung für die Drehbewegung des Rotors verantwortlich ist. Ein Transformator besteht zum Beispiel aus einer Primärwicklung, in der die anliegende Wechselspannung einen Strom zum Fließen bringt, dessen Magnetfeld in der Sekundärwicklung eine Spannung induziert.

Darüber hinaus kann Induktion auch in Leitungen der MSR-Technik auftreten. Das ist besonders dann der Fall, wenn es sich um höherfrequente Ströme handelt. Diese können bei eng nebeneinander liegenden, ungeschirmten Mess-, Steuer- und Regelleitungen (MSR-Leitungen) und Energieleitungen Störungen verursachen.

3.4 Der Stromkreis

Die technische Nutzung der Potentialunterschiede geschieht in einem Stromkreis. Dazu ist es erforderlich, dass mindestens eine Spannungsquelle

3.4 Der Stromkreis

und ein „Verbraucher" vorhanden sind. Die Spannungsquelle erzeugt einen dauerhaften Potentialunterschied über die Verbraucher. Dazu muss eine andere Energie als die elektrische vorhanden sein, die diese Potentialtrennung aufrechterhält. Meist handelt es sich dabei um mechanische Energien. Beispiele hierzu sind die Generatoren, die von Turbinen in einem Wasserkraftwerk oder einem Kraftwerk, das mit einem Heizstoff Dampf erzeugt, bewegt werden. Eine Spannungserzeugung kann auch mittels Wind- oder Solarenergie erfolgen. Darüber hinaus kann eine elektrische Spannung auch mit einer chemischen Energie erzeugt werden. Beispiele hierzu sind die Batterien und Akkumulatoren.

Um einen Stromkreis berechnen zu können, sollen die elementaren physikalischen Größen vorgestellt werden, die bei der Berechnung in einem Stromkreis vorkommen.

3.4.1 Die Spannung

Die elektrische Spannung ist eine Potentialdifferenz zwischen zwei Punkten. Das Formelzeichen der Spannung ist U.

Die Einheit der elektrischen Spannung Volt hat das Kurzzeichen **V**, die Spannung wurde nach dem Physiker *Volta* benannt.

Dabei wird das Formelzeichen mit Großbuchstaben immer dann verwendet, wenn zeitlich konstante Spannungen bezeichnet werden. Das ist bei Gleichspannungen und bei Effektivwerten von Wechselspannungen der Fall. Für alle zeitlich unterschiedlichen Spannungen, wie z. B. Wechselspannungen, werden kleine Buchstaben verwendet. Vielfache oder Teile dieser Größen lassen sich mit den in **Tabelle 3.1** aufgeführten Ergänzungen einfacher darstellen.

Zeichen	Name	Exponent	Faktor
G	Giga	10^9	1.000.000.000
M	Mega	10^6	1.000.000
k	Kilo	10^3	1.000
m	Milli	10^{-3}	0,001
µ	Mikro	10^{-6}	0,000001
n	Nano	10^{-9}	0,000000001
p	Piko	10^{-12}	0,000000000001

Tabelle 3.1 *Basiseinheiten*

3.4.2 Spannungsquellen

Spannungsquellen lassen sich in solche für Gleichspannung und solche für Wechselspannung unterteilen.
Beispiele für
- Gleichspannungsquellen: Batterien, Akkumulatoren, Solarzellen, Thermoelemente
- Wechselspannungsquellen: Generatoren (Netzspannung), Wechselrichter, Frequenzumformer

3.4.2.1 Normspannungen und häufig vorkommende Spannungen

In der Technik werden, um einheitliche Bedingungen für die anzuschließenden Betriebsmittel zu schaffen, bestimmte festgelegte Spannungsgrößen verwendet. Diese sind für die Gleichspannungen nach **Tabelle 3.2** und für die Wechselspannungen nach **Tabelle 3.3** unterschiedlich.

Gleichspannung	Anwendungsbeispiel
1,5 V	Batterie (Monozelle)
3 V	Taschenlampe
5 V	Elektronische Baugruppen
10 V	Mess-, Steuer- und Regelungstechnik
12 V	Akkumulatoren, Fahrzeugversorgung
24 V	Steuerungen, Fahrzeugversorgung
48 V	Steuerungen, Fahrzeugversorgung
120 V	max. Berührungsspannung

Tabelle 3.2 *Normgleichspannungen*

Wechselspannung	Anwendungsbeispiel
5 V	Klingelanlage
8 V	Klingelanlage
12 V	Klingelanlage
24 V	Steuerungen
48 V	Steuerungen
50 V	maximale Berührungsspannung
230 V	Netzspannung (Strangspannung)
400 V	Leiterspannung im dreiphasigen Netz

Tabelle 3.3 *Normwechselspannungen*

3.4.3 Der Strom

Bewegen sich freie Elektronen, die durch eine elektrische Spannung in eine Richtung angetrieben werden, in einem elektrischen Leiter, so sprechen wir davon, dass ein Strom fließt.

Elektrischer Strom ist die gerichtete Bewegung von Elektronen.

Das Formelzeichen für den elektrischen Strom ist *I*, die Einheit der Stromstärke ist Ampere mit dem Kurzzeichen **A**.

Der Strom wird nach dem Physiker *Ampere,* benannt. Dabei wird das Formelzeichen *I* mit Großbuchstaben immer dann verwendet, wenn zeitlich konstante Spannungen bezeichnet werden. Das ist bei Gleichströmen und bei Effektivwerten von Wechselströmen der Fall. Für alle zeitlich unterschiedlichen Spannungen, wie z. B. Wechselspannungen, werden kleine Buchstaben (u; i) verwendet.

Der Stromfluss in einem elektrischen Leiter erfolgt über freie Elektronen, angetrieben durch die elektrische Spannung. Dabei hat jedes Material eine eigene Anzahl freier Elektronen und somit auch eine eigene Leitfähigkeit für den elektrischen Strom. Je größer die Menge der freien Elektronen in einem Werkstoff ist, umso besser ist seine Leitfähigkeit und umso größer kann ein Strom werden, der durch eine Spannung getrieben wird.

3.4.4 Der Leitwert

Der Strom in einem Stromkreis hängt von der Höhe der anliegenden Spannung und der Leitfähigkeit der Werkstoffe, also der Anzahl ihrer freien Elektronen, ab. Je größer die Leitfähigkeit, also die Eigenschaft eines Stromkreises den Strom zu leiten, umso größer wird der Strom im Stromkreis bei einer anliegenden Spannung.

Der Leitwert wird in *Siemens* gemessen und erhält das Kurzzeichen *S*, benannt nach dem Industriellen *Siemens*. Das Formelzeichen ist das κ (Kappa, griechischer Buchstabe)

3.4.5 Der Widerstand

Der Kehrwert des Leitwerts ist der Widerstand. Ist der Widerstand als Kehrwert des Leitwerts klein, kann ein großer Strom fließen.

Der Widerstand wird in Ohm gemessen (nach dem Physiker *Ohm* benannt) und mit dem Kurzzeichen Ω (Omega, griechischer Buchstabe) gekennzeichnet. Das Formelzeichen ist *R*.

3.4.6 Kennzeichnung von Spannungen und Strömen

Um einen Stromkreis in einem Schaltplan zu beschreiben, werden den Größen Pfeile und Formelzeichen (**Bild 3.5**) zugeordnet. Dabei können auch mehrere Spannungen und Ströme vorkommen. Um diese unterscheiden zu können, werden ihnen Indizes zugeordnet. Diese erhalten bei den Bauteilen jeweils eine fortlaufende Nummerierung. Bei einer Schaltung mit drei Widerständen kann die Bezeichnung dann „R_1; R_2; R_3" lauten. Den Spannungen an den Widerständen wird das Formelzeichen des Widerstands als Index beigegeben „U_{R1}; U_{R2}; U_{R3}" oder sie werden fortlaufend durchnummeriert „U_1; U_2; U_3". Bei den Strömen erfolgt in der Regel auch eine fortlaufende Nummerierung. Weiterhin beachtet werden sollte auch hier die Groß- und Kleinschreibung.

Die grafische Darstellung mittels Zählpfeil erfolgt vom positiven zum negativen Potential. Dabei zeigen die Pfeile des Stromes und der Spannung am Widerstand in die gleiche Richtung. An der Spannungsquelle jedoch sind sie entgegengesetzt. Der Elektrotechniker betrachtet den Stromfluss anders als die Elektronenbewegung tatsächlich stattfindet. Es wird zwischen der tatsächlichen und technischen Stromrichtung unterschieden. Während die Elektronen im Stromkreis vom negativen zum positiven Pol wandern, ist die technische Stromrichtung vom positiven Pol zum negativen festgelegt.

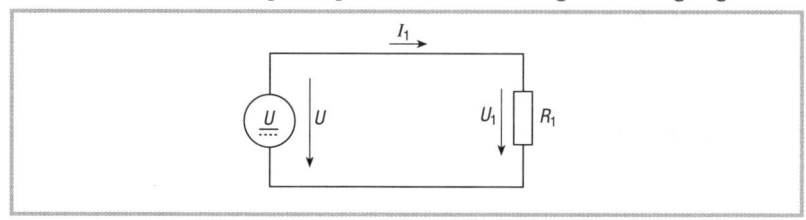

Bild 3.5 *Stromkreis mit Strom und Spannungspfeilen*

3.4.7 Berechnungen im einfachen Stromkreis

Der Zusammenhang zwischen Strom, Spannung und Widerstand wird im Ohmschen Gesetz dargestellt. Dieses Gesetz stellt den grundlegenden Zusammenhang für die gesamte Elektrotechnik dar.

Eine elektrische Spannung erzeugt in einem geschlossenen Stromkreis, bestehend aus einer Spannungsquelle und einem Verbraucher, einen Stromfluss. Der Strom in diesem Stromkreis ist umso größer, je größer der Leitwert in diesem Stromkreis und je höher die anliegende Spannung ist.

3.4 Der Stromkreis

Der Strom in einem Stromkreis ist das Produkt aus Spannung und Leitwert.

$$I = U \cdot G$$

I Strom im Stromkreis
U Spannung am Verbraucher
G Leitwert des Verbrauchers

Mit dem Leitwert wird die Leitfähigkeit in diesem Stromkreis beschrieben. Der Leitwert lässt sich aus dem Quotienten von Strom und Spannung ermitteln. Der Leitwert hat die Einheit Siemens mit dem Zeichen *S*.

Der Kehrwert des Leitwerts ist der elektrische Widerstand. Damit kann der elektrische Strom aus dem Quotienten aus Spannung und Widerstand ermittelt werden.

Gleichung 3.1: Ohmsches Gesetz

$$R = \frac{U}{I} = \text{const.}$$

I Strom im Stromkreis
U Spannung am Verbraucher
R Widerstand des Verbrauchers

Die Berechnung des Stroms aus dem Widerstand entspricht dabei der häufigeren Anwendung. Zu berücksichtigen ist bei diesen Berechnungen jedoch, dass diese Gleichung nur unter der Voraussetzung eines konstanten Widerstands gilt. Die Grundgleichung kann jeweils nach den einzelnen Größen umgestellt werden. So lassen sich auch die Spannungen und die Widerstände bei der Vorgabe der anderen beiden Werte ermitteln.

Gleichung 3.2: Umstellung des Ohmschen Gesetzes

$$I = \frac{U}{R}$$

$$U = R \cdot I$$

Für die Einheit des elektrischen Widerstands ergibt sich aus der Grundgleichung:

$$1\,\Omega = \frac{1\,\text{V}}{1\,\text{A}}$$

Beispiel:
Ein Betriebsmittel liegt an einer Spannung von 12 V.
Der Strom, der durch das Betriebsmittel fließt, beträgt 3 A. Wie groß ist der Widerstand des Betriebsmittels?

$$R = \frac{U}{I} = \frac{12\,\text{V}}{3\,\text{A}} = 4\,\Omega$$

Der Widerstand des Betriebsmittels beträgt 4 Ω.

Stellt man einmal für einen Widerstand, der die Größe von 4 Ω hat, eine Tabelle auf, in der die fließenden Ströme bei unterschiedlicher Spannung ermittelt werden, so ergibt sich die Wertetabelle (**Tabelle 3.4**).

Diese Wertetabelle kann auch allgemein mit der Funktionsgleichung beschrieben werden.

$I = f(U)$ für R = const. = 4 Ω

Mit dieser Wertetabelle lässt sich nun auch die Funktion graphisch darstellen (**Bild 3.6**).

U in V	$I = U/R$ in A
0	0
4	1
8	2
12	3
16	4

Tabelle 3.4 *Spannung und Strom an einem Widerstand*

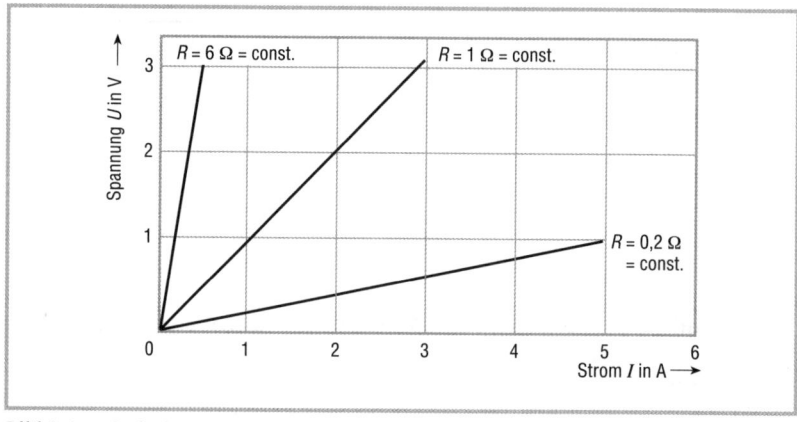

Bild 3.6 *Grafische Darstellung des Widerstands*

3.4.8 Der Widerstand von Leitungen

Der elektrische Widerstand eines Bauteils ist abhängig von dem Material und seinen Abmessungen. Bei einem Leiter hängt der Widerstand von der Länge und seinem Querschnitt sowie von dem verwendeten Material ab (**Bild 3.7**). Der spezifische Widerstand beschreibt dabei den Widerstand in Ω für ein Leiterstück von 1 m Länge und 1 mm² Querschnitt. Er wird mit ρ (Rho, griechischer Buchstabe) bezeichnet. Der Kehrwert ist κ (Kappa, griechischer Buchstabe).

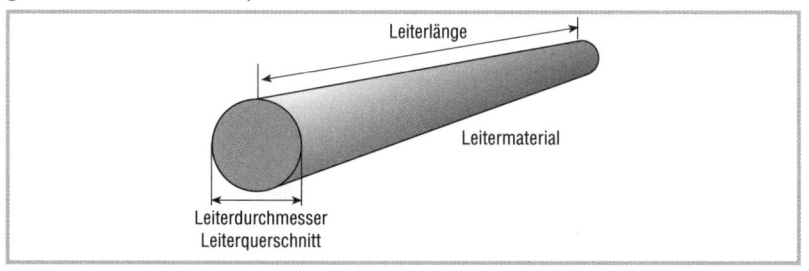

Bild 3.7 *Leiterwiderstand*

Gleichung 3.3: Leiterwiderstand

$$R = \rho \cdot \frac{l}{A}$$

R Leiterwiderstand
l Leiterlänge
A Leiterquerschnitt, manchmal auch mit s oder q bezeichnet
ρ spezifischer Widerstand in Ω mm²/m oder $\mu\Omega$ m (**Tabelle 3.5**)

Werkstoff	ρ in $\mu\Omega$m oder $\frac{\Omega\,mm^2}{m}$	κ in $\frac{MS}{m}$ oder $\frac{m}{\Omega\,mm^2}$
Silber	0,016	62,5
Kupfer	0,018	56
Aluminium	0,028	36
Eisen	0,1	10
Blei	0,208	4,8

Tabelle 3.5 *Werte für die elektrische Leitfähigkeit und den spezifischen Widerstand ausgesuchter Werkstoffe. (Die Werte gelten bei einer Temperatur von 20 °C)*

Beispiele zur Berechnung von Widerständen von Leitern:

Beispiel 1:
Bei der Überprüfung der Durchgängigkeit von Schutzleitern ist der gemessene Wert mit den Werten des verlegten Leiters auf Plausibilität zu prüfen. Berechnen Sie dazu den Widerstand des Schutzleiters, der eine Länge von 18 m und einen Querschnitt von 1,5 mm² hat und aus Kupfer besteht.

Aus Gleichung 3.3: Leiterwiderstand folgt:

$$R = \rho \cdot \frac{l}{A} = 0{,}018 \, \frac{\Omega \, \text{mm}^2}{\text{m}} \cdot \frac{18 \, \text{m}}{1{,}5 \, \text{mm}^2} = 0{,}216 \, \Omega$$

Beispiel 2:
Sie haben den Widerstand eines Schutzleiters von der Anschlussstelle bis zum Verteiler mit 0,4 Ω gemessen? Nun wollen Sie überprüfen, ob dieser Wert dem Wert der verlegten Leitungslänge entspricht. Der Schutzleiter hat einen Querschnitt von 2,5 mm².

Aus Gleichung 3.3: Leiterwiderstand folgt nach Umstellung:

$$l = \frac{R \cdot A}{\rho} = \frac{0{,}4 \, \Omega \cdot 2{,}5 \, \text{mm}^2}{0{,}018 \, \frac{\Omega \, \text{mm}^2}{\text{m}}} = 55{,}5 \, \text{m}$$

Der Leiterwiderstand kann auch mithilfe der spezifischen Leitfähigkeit berechnet werden. Diese ist der Kehrwert des spezifischen Widerstands.

Gleichung 3.4: Leiterwiderstand

$$R = \frac{l}{\chi \cdot A}$$

R Leiterwiderstand
l Leiterlänge
A Leiterquerschnitt
χ spezifische Leitfähigkeit

3.5 Reihen- und Parallelschaltung von Widerständen

Widerstände lassen sich auf verschiedene Arten miteinander verschalten (**Bild 3.8**). Die beiden Grundschaltungen sind dabei die Reihenschaltung und die Parallelschaltung. Darüber hinaus existieren Kombinationen aus beiden Schaltungen, die gemischten Schaltungen.

Der Physiker *Kirchhoff* hat mit seinen Kirchhoffschen Sätzen dazu beigetragen, die Schaltungen zu berechnen. Er entwickelte für die Reihenschal-

3.5 Reihen- und Parallelschaltung von Widerständen

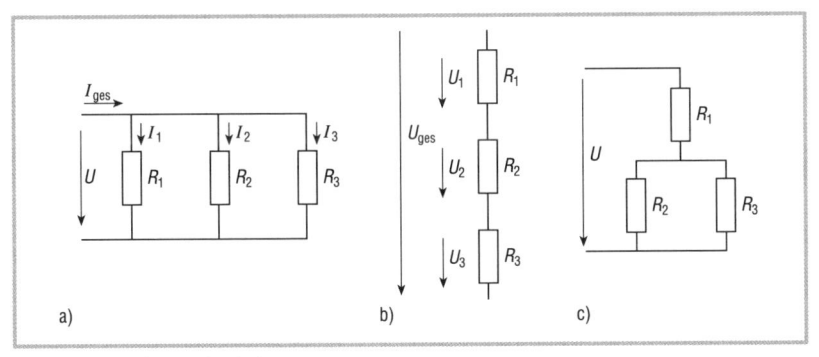

Bild 3.8 *Widerstandsschaltungen*
a) Parallelschaltung
b) Reihenschaltung
c) gemischte Schaltung

tung die Maschenregel (in einer Masche ist die Summe der Spannungen gleich Null) und für die Parallelschaltung die Knotenpunktregel (die Summe aller Ströme in einem Knotenpunkt ist gleich Null).

3.5.1 Die Reihenschaltung

In vielen Fällen ist es wichtig, zu erkennen, welcher Widerstandswert sich einstellt, wenn Widerstände zusammengeschaltet werden. Dazu existieren zwei Grundformen, die Reihenschaltung (**Bild 3.9**) und die Parallelschaltung.

Werden Widerstände in Reihe zusammengeschaltet, so kann für die im Beispiel gezeigten Widerstände ein einziger Widerstand als Ersatz für alle drei dienen. Der Ersatzwiderstand ist dann so groß wie die Summe der Einzelwiderstände.

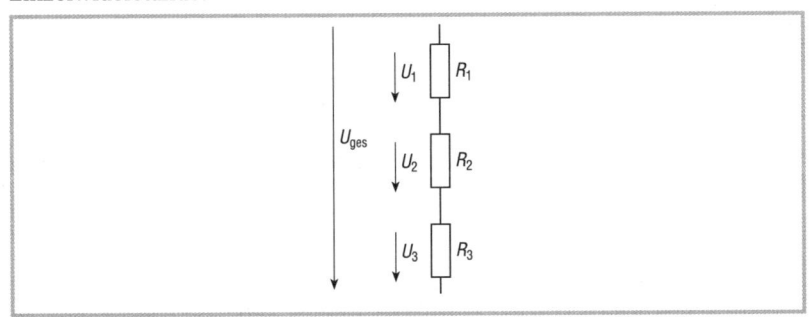

Bild 3.9 *Reihenschaltung von drei Widerständen*

Gleichung 3.5: Ersatzwiderstand der Reihenschaltung

$$R_E = R_1 + R_2 + R_3$$

Folgende Grundsätze gelten für die Reihenschaltung von Widerständen:
- Bei der Reihenschaltung von Widerständen ist der Gesamtwiderstand die Summe der Einzelwiderstände.
- Der Strom in allen Widerständen ist gleich groß.
- In der Reihenschaltung liegt an den einzelnen Widerständen jeweils ein Teil der Versorgungsspannung an.
- Am kleinen Widerstand liegt eine kleine Spannung, am großen Widerstand eine große Spannung an.

Wenn der Gesamtwiderstand bekannt ist, kann mithilfe des Ohmschen Gesetzes auch der Strom berechnet werden, der durch die Widerstände fließt.

Vgl. Gleichung 3.2: Umstellung des ohmschen Gesetzes

$$I = \frac{U}{R}$$

Die Teilspannungen lassen sich danach mithilfe der Einzelwiderstände und dem Strom durch die Schaltung ermitteln (**Bild 3.10**).

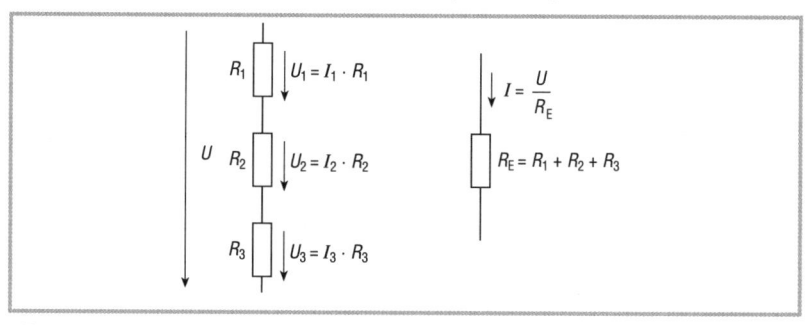

Bild 3.10 *Berechnung von Einzelwerten einer Reihenschaltung*

Ein Beispiel soll die Zusammenhänge zeigen:

Es werden drei Widerstände jeweils mit einem Widerstandswert von $R_1 = 3\,\Omega$, $R_2 = 5\,\Omega$ und $R_3 = 7\,\Omega$ an eine Versorgungsspannung von $U = 30\,V$ angeschlossen. Es sollen die Einzelwerte berechnet werden.

Die Berechnungen im Einzelnen:

Vgl. Gleichung 3.5: Ersatzwiderstand der Reihenschaltung

$$R_E = R_1 + R_2 + R_3$$

$R_E = 3\,\Omega + 5\,\Omega + 7\,\Omega = 15\,\Omega$

$I = \dfrac{U}{R_E} = \dfrac{30\,\text{V}}{15\,\Omega} = 2{,}0\,\text{A}$

$U_1 = I \cdot R_1 = 2\,\text{A} \cdot 3\,\Omega = 6\,\text{V}$

$U_2 = I \cdot R_1 = 2\,\text{A} \cdot 5\,\Omega = 10\,\text{V}$

$U_3 = I \cdot R_1 = 2\,\text{A} \cdot 7\,\Omega = 14\,\text{V}$

Zusammen sind die Einzelspannungen so groß wie die Gesamtspannung:

$U = U_1 + U_2 + U_3 = 6\,\text{V} + 10\,\text{V} + 14\,\text{V} = 30\,\text{V}$

3.5.2 Die Parallelschaltung

Die zweite Grundschaltung ist die Parallelschaltung (**Bild 3.11**). Da alle Ströme von einer gemeinsamen Quelle ausgehen, ist die Summe der Ströme in den einzelnen Zweigen so groß wie der Strom, der in die Schaltung hineinfließt.

Alle Ströme, die in einen Knotenpunkt hineinfließen, erhalten ein positives Vorzeichen, alle Ströme, die aus dem Knoten herausfließen, erhalten ein negatives Vorzeichen.

Folgende Grundsätze gelten für die Parallelschaltung:

- Der Gesamtstrom ist so groß wie die Summe der Einzelströme in den Widerständen.
- An jedem Widerstand liegt die Versorgungsspannung an.
- Durch den kleinsten Widerstand fließt der größte Strom, durch den größten Widerstand fließt der kleinste Strom.
- Der Gesamtwiderstand ist kleiner als der kleinste Einzelwiderstand.
- Der Kehrwert des Gesamtwiderstands (Leitwert) wird aus der Summe der Kehrwerte der Einzelwiderstände (Leitwerte) berechnet.

Gleichung 3.6: Ersatzwiderstand der Parallelschaltung

$$\dfrac{1}{R_E} = \dfrac{1}{R_1} + \dfrac{1}{R_2} + \dfrac{1}{R_3}$$

Diese Gleichung kann für spezielle Fälle vereinfacht werden. So gilt für die Parallelschaltung von gleichen Widerständen:

Gleichung 3.7: Parallelschaltung gleicher Widerstände

$$R_E = \dfrac{R}{n}$$

R Widerstandswert der gleichen Widerstände
n Anzahl der gleichen Widerstände mit dem Wert R

Eine weitere Vereinfachung kann erfolgen, wenn nur zwei Widerstände parallel geschaltet werden:

Gleichung 3.8: Parallelschaltung von zwei unterschiedlichen Widerständen

$$R_E = \frac{R_1 \cdot R_2}{R_1 + R_2}$$

R_1 und R_2 die beiden parallel geschalteten Widerstände
R_E der daraus folgende Ersatzwiderstand

Ein Beispiel soll die Zusammenhänge der Parallelschaltung verdeutlichen.
Es werden drei Widerstände jeweils mit einem Widerstandswert von $R_1 = 3\,\Omega$, $R_2 = 5\,\Omega$ und $R_3 = 7\,\Omega$ an eine Versorgungsspannung von $U = 10\,V$ angeschlossen (**Bild 3.11**). Es sollen die Einzelwerte berechnet werden.

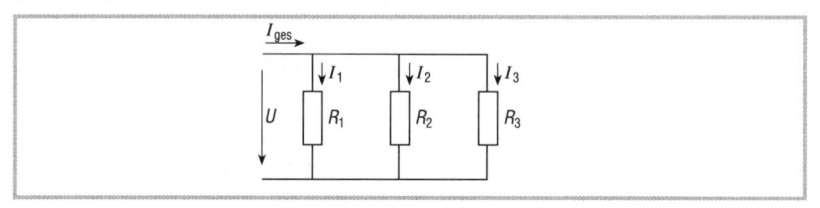

Bild 3.11 *Parallelschaltung von drei Widerständen*

$$\frac{1}{R_E} = \frac{1}{R_1} + \frac{1}{R_2} + \frac{1}{R_3} = \frac{1}{3\,\Omega} + \frac{1}{5\,\Omega} + \frac{1}{7\,\Omega} = 0{,}33\,\frac{1}{\Omega} + 0{,}20\,\frac{1}{\Omega} + 0{,}14\,\frac{1}{\Omega} = 0{,}67\,\frac{1}{\Omega}$$

$$R_E = \frac{1}{0{,}67}\,\Omega = 1{,}5\,\Omega$$

$$I = \frac{U}{R_E} = \frac{10\,V}{1{,}5\,\Omega} = 6{,}66\,A$$

$$I_1 = \frac{U}{R_1} = \frac{10\,V}{3\,\Omega} = 3{,}33\,A$$

$$I_2 = \frac{U}{R_2} = \frac{10\,V}{5\,\Omega} = 2\,A$$

$$I_3 = \frac{U}{R_3} = \frac{10\,V}{7\,\Omega} = 1{,}43\,A$$

Der Gesamtstrom ist die Summe der Einzelströme.

$$I = I_1 + I_2 + I_3 = 3{,}33\,A + 2\,A + 1{,}43\,A = 6{,}76\,A$$

Bei der Berechnung wurden die Werte auf zwei Dezimalstellen gerundet. Dabei entstehen Fehler, die sich in der Praxis nicht auswirken. Der Messfehler ist in der Praxis selten kleiner als 1,5 %, oftmals sogar wesentlich größer.

3.5.3 Widerstandsnetzwerke

Widerstandsnetzwerke bilden zusammen mehrere Reihen- und Parallelschaltungen (**Bild 3.12**). Sie werden von hinten oder innen aufgelöst, indem die Grundschaltungen, Reihenschaltungen und Parallelschaltungen einzeln aufgelöst und jeweils in einen Ersatzwiderstand überführt werden.

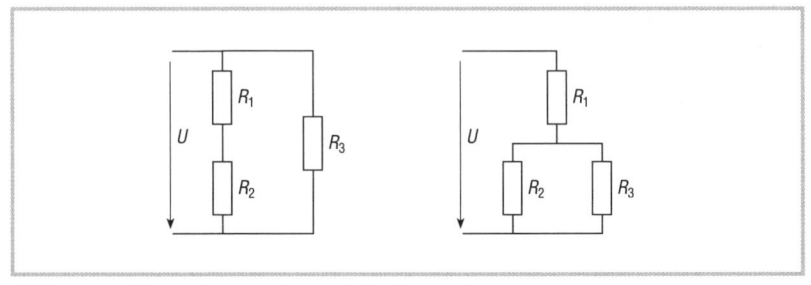

Bild 3.12 *Widerstandsnetzwerke aus drei Widerständen*

3.6 Wechselspannung

3.6.1 Erzeugung von Wechselspannungen

Die Erzeugung von Wechselspannungen kann am einfachsten beschrieben werden, wenn der Versuch zur Erzeugung einer Induktionsspannung nachvollzogen wird. Ein Dauermagnet und eine Spule sowie ein angeschlossenes Voltmeter zeigen anschaulich, wie eine Wechselspannung entsteht (**Bild 3.13**).

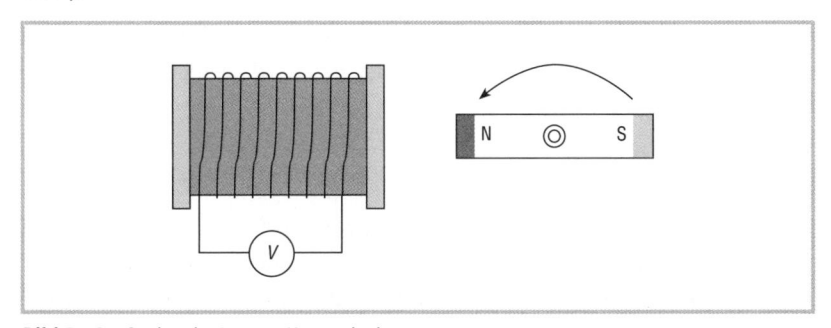

Bild 3.13 *Spule mit Magnet: Motorprinzip*

Wenn der Magnet vor der Spule gedreht wird, ist ebenfalls zu beobachten, dass sich die Stromrichtung abhängig von der Stellung der Magnetpole und der Bewegungsgeschwindigkeit ändert.

Eine Induktionsspannung tritt auf, wenn eine geschlossene Leiterschleife von sich ändernden magnetischen Feldlinien geschnitten wird.

3.6.2 Wichtige Kenngrößen einer Wechselspannung

3.6.2.1 Periodendauer

Eine Wechselspannung wird durch verschiedene Kenngrößen festgelegt.

Diese sind in **Bild 3.14** dargestellt. Da ist zunächst einmal die Periodendauer. Sie gibt an, wie lange es dauert, bis sich die Form der Wechselspannung wiederholt. Bei der sinusförmigen Wechselspannung, also der Zeit vom ersten Nulldurchgang ins Positive über den Nulldurchgang ins Negative bis zum nächsten Nulldurchgang, der wieder in den positiven Spannungsbereich führt. Das Formelzeichen für die Periodendauer lautet T. Die Periodendauer wird in Sekunden gemessen.

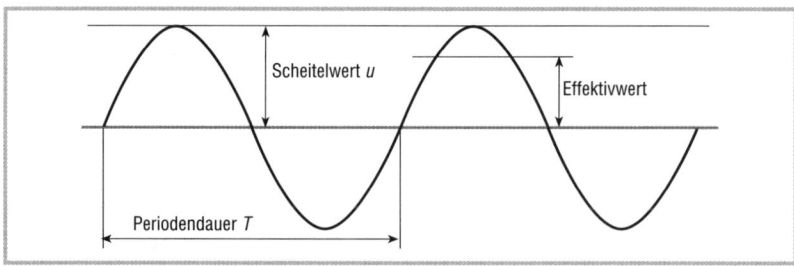

Bild 3.14 *Kennwerte einer sinusförmigen Wechselspannung*

3.6.2.2 Frequenz

Aus der Periodendauer resultiert die Frequenz. Sie beschreibt die Anzahl der Perioden in einer Sekunde. Die Frequenz wird gemessen in Hertz, Kurzzeichen Hz, oder auch 1/s.

3.6.2.3 Scheitelwert

Der Scheitelwert ist der höchste vorkommende Wert in einer Wechselspannung. Er wird für alle elektrischen Kenngrößen wie Spannung, Strom und Leistung angegeben. Damit sind seine Einheit und sein Formelzeichen ebenfalls festgelegt. Im Gegensatz zu den Gleichstromwerten werden die wechselnden Größen einer Wechselspannung allerdings mit kleinen Buchstaben gekennzeichnet.

Das Formelzeichen für den Scheitelwert der Spannung ist:
$\hat{u}$ (ausgesprochen u Dach).

Das Formelzeichen für den Scheitelwert des Stromes ist:
$\hat{i}$ (ausgesprochen i Dach).

3.6.2.4 Effektivwert

Der Effektivwert ist der quadratische Mittelwert einer elektrischen Größe (Strom, Spannung oder Leistung). Man sagt gelegentlich umgangssprachlich auch Gleichstrommittelwert dazu.

Der Effektivwert der veränderlichen Größe (Strom, Spannung oder Leistung) ist so groß wie derjenige Wert der elektrischen Größe, der an einem ohmschen Verbraucher in einer repräsentativen Zeitspanne dieselbe elektrische Energie umsetzt wie die zeitlich veränderliche Größe. Das resultiert aus der Tatsache, dass über die Zeit gesehen bei einer Wechselspannung mal eine große Leistung, nämlich zum Zeitpunkt der Scheitelwerte, und mal eine kleine Leistung und zwar zum Zeitpunkt der Nulldurchgänge, umgesetzt wird. Im Mittel folgt bei einer sinusförmigen Wechselspannung, wie sie in unseren Netzen vorhanden ist, ein Faktor von $\sqrt{2} = 1{,}414$.

Der Scheitelwert einer sinusförmigen Wechselspannung kann aus nachfolgender Gleichung berechnet werden:

Gleichung 3.9: Scheitelwert einer Sinusspannung

$$\hat{u} = \sqrt{2} \cdot U$$

$\hat{u}$ Scheitelwert der Spannung

U Effektivwert der Spannung

Für unsere Wechselspannng im Netz bedeutet dies:

$\hat{u} = \sqrt{2} \cdot 230\,\text{V} = 1{,}414 \cdot 230\,\text{V} = 325\,\text{V}$

3.7 Drehstrom

3.7.1 Erzeugung von Drehstrom

Wenn wir von Drehstromerzeugung sprechen, so ist das fachtechnisch nicht ganz richtig. Die Umgangssprache hat sich hier jedoch fachlich festgesetzt. Die Erzeugung einer dreiphasigen Wechselspannung geschieht in gleicher Weise wie bei der einphasigen Wechselspannung: durch Drehbewegung eines Magnetfelds und Induktion in einer Spule. Nur dass im Gegensatz zur Wechselspannung hier drei Spulen beteiligt sind (**Bild 3.15**). Diese Spulen sind bei der Drehstromerzeugung im Winkel von 120° gleichmäßig über den Umfang verteilt. Daraus entstehen auch drei Wechselspannungen, die zu verschiedenen Zeiten ihren Scheitelwert und ihre Nulldurchgänge erreichen. Die zeitliche Verschiebung entspricht den genannten 120° (**Bild 3.16**).

Auffällig ist dabei, dass während eines Zeitpunkts die Summe der positiven Spannungen gleich der Größe der negativen Spannungen ist (**Bild 3.17**). Für die Ströme bedeutet das, dass zum Beispiel ein auf dem Außenleiter L1 zum Motor fließender Strom über die beiden anderen Außenleiter zurück fließt.

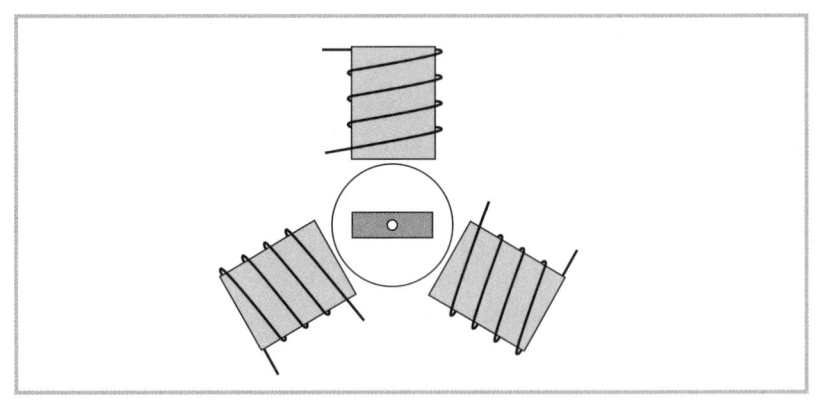

Bild 3.15 *Prinzip eines Drehstromgenerators*

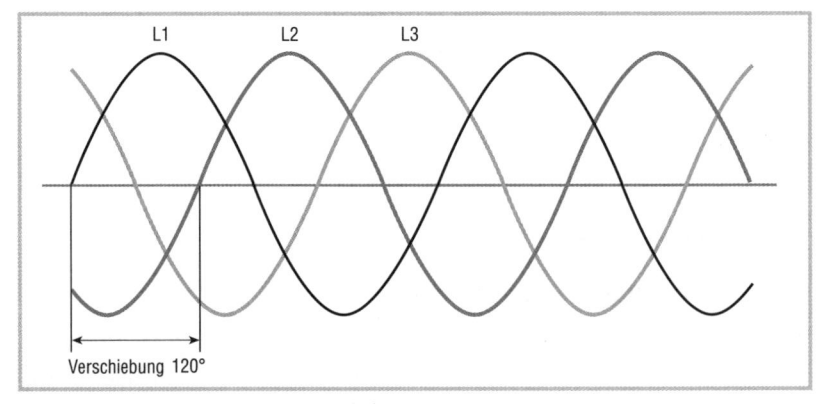

Bild 3.16 *Sinuskurven um 120° verschoben*

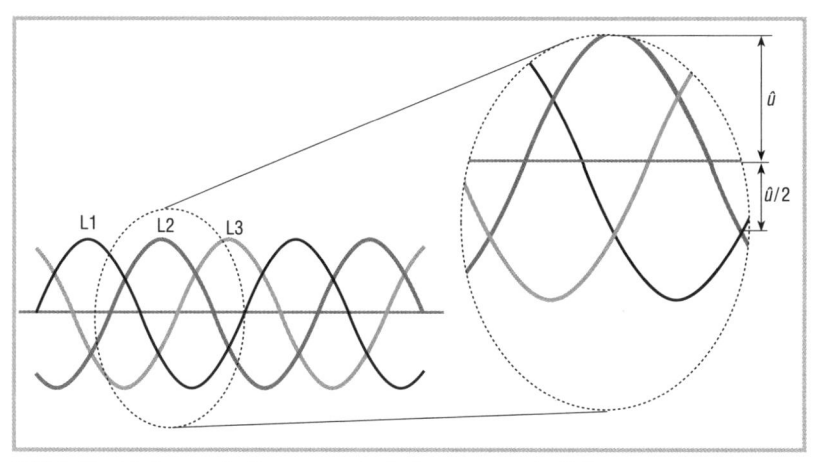

Bild 3.17 *Die Summe der Spannungen im Drehstromsystem ist Null.*
Die negativen Spannungen sind genauso groß wie die positiven Spannungen.

3.7.2 Kennzeichnungen im Drehstromsystem

Ein Drehstromsystem in unserem Netz wird üblicherweise nicht direkt aus einem Generator, sondern aus Transformatoren gespeist. Deshalb finden wir in den üblichen Darstellungen auch nur die vereinfachte Kennzeichnung der Spannungsquelle mit drei Spulen. Diese werden an den Enden üblicherweise miteinander verbunden. So entsteht der Sternpunkt des Systems. In diesem Sternpunkt beginnt dann auch der Neutralleiter. Dieser Neutralleiter gestattet uns den Abgriff der Spannung an einer Spule. Sie wird mit Strangspannung bezeichnet, während die Spannung zwischen den Leitern mit Leiterspannung bezeichnet wird. Beide Spannungen haben unterschiedliche Werte. In unserem Drehstromsystem ist das der Wert von 230 V für die Strangspannung und 400 V für die Leiterspannung (**Bild 3.18**). Entsprechend den Bezeichnungen für die Spannung werden diese auch für die Ströme verwendet.

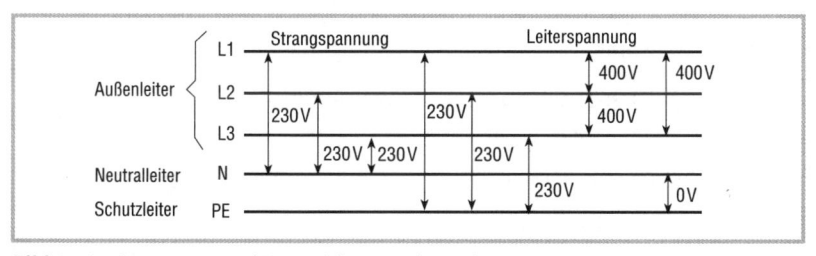

Bild 3.18 *Spannungen und Kennzeichnungen im Drehstromsystem*

3.7.3 Drehfeld

Wird ein Drehstromsystem angeschlossen, so können drei Außenleiter in verschiedener Reihenfolge angeschlossen werden. Dabei ist an den Anschlussstellen immer ein rechtes Drehfeld anzuschließen. Das bedeutet, dass die Lage der Außenleiter in der Reihenfolge L1-L2-L3 angeschlossen werden muss. Die Lage der Außenleiter auf den Anschlussklemmen muss dabei aber nicht zwangsläufig in der gesamten Anlage gleich sein. Es kommt dabei nur auf die Reihenfolge der Leiter an .

Wird ein Motor mit den Klemmen in dieser Phasenlage L1-L2-L3 angeschlossen, dreht er rechts. Sonst dreht er links (**Bild 3.19**).

Eine Kontrolle des Drehfeldes erfolgt mit einem Drehfeldprüfgerät. Manche zweipoligen Spannungsprüfer besitzen ebenfalls eine Prüfmöglichkeit des Drehfeldes.

Sinnvoll ist es, eine Installation vom Hausanschluss beginnend so auszuführen, dass die Phasenlage durchgängig gleich ist.

Rechtslauf				Linkslauf			
Netzanschluss	L1	L2	L3	Netzanschluss	L2	L1	L3
	L3	L1	L2		L3	L2	L1
	L2	L3	L1		L1	L3	L2
Motoranschluss	U1	V1	W1	Motoranschluss	U1	V1	W1

Bild 3.19 *Drehfeld und Motordrehrichtung*

3.7.4 Verkettungsfaktor

Häufig fällt der Begriff des Verkettungsfaktors. Immer dann, wenn die Enden der Spulen, in denen eine Spannung von 230 V erzeugt wird, miteinander verbunden werden, entsteht eine Leiterspannung zwischen den Außenleitern. Diese ist um den Faktor $\sqrt{3}$ = 1,73 größer als die Strangspannung. Gleiches gilt auch für den Strom. Mit diesem Faktor lässt sich die Verknüpfung zwischen den Leitergrößen und den Stranggrößen herstellen. Eine einfache Berechnung bestätigt dies:

Gleichung 3.10: Strangspannung · Verkettungsfaktor = Leiterspannung

Eine Berechnung der Leiterspannung bei einer Strangspannung ergibt:

$$230\,V \cdot 1{,}73 = 397{,}9\,V \approx 400\,V$$

Zwischen den Leitern wird eine Spannung von 400 V gemessen, wenn zwischen Außenleiter und Neutralleiter eine Spannung von 230 V anliegt.

3.7.5 Schaltungen im Drehstromsystem

Im Drehstromsystem sind zwei Schaltungsarten möglich (**Bild 3.20**):
- Sternschaltung und
- Dreieckschaltung.

Beide Schaltungen bestehen aus jeweils drei Widerständen. Diese Schaltungsarten können bei der Schaltung von Heizwiderständen Verwendung finden. Die Hauptanwendung findet sich jedoch bei Drehstrommotoren. Diese besitzen üblicherweise drei Wicklungen. Die Eigenschaften der beiden Schaltungen sollen an zwei Beispielen dargestellt werden.

Bild 3.20 *Motorklemmbrett*

3.7.5.1 Sternschaltung

Die drei Widerstände des Beispiels in **Bild 3.21** zeigt die Anschlüsse der Außenleiter L1 bis L3 und die gemeinsame Verknüpfung der Enden der drei Widerstände mit dem Anschluss des Neutralleiters. Jeder der drei Widerstände liegt an der Strangspannung von 230 V.
Damit ergibt sich ein Leiterstrom in Höhe von

$$I = \frac{U_{Str}}{R} = \frac{230\,\text{V}}{100\,\Omega} = 2{,}3\,\text{A}$$

Dieser Strom ist in allen Außenleitern gleich. Da diese drei Widerstände alle an der gleichen Spannung liegen und der Strom durch alle gleichermaßen hindurchfließt, ist auch die Leistung der drei Widerstände gleich groß.

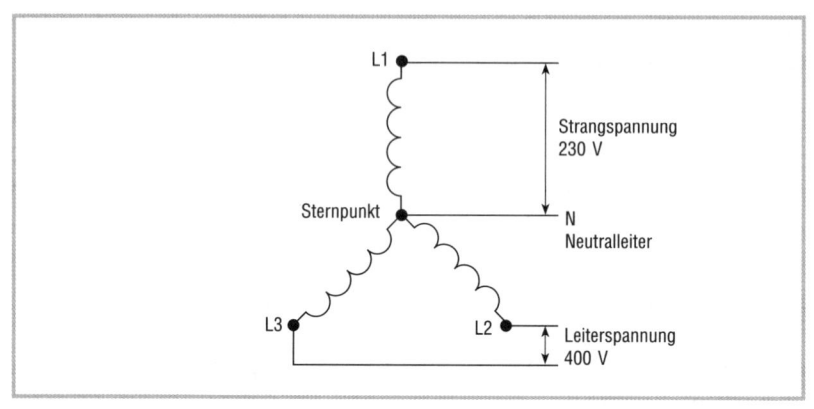

Bild 3.21 *Sternschaltung von drei Widerständen*

3.7.5.2 Dreieckschaltung

Die drei Widerstände des Beispiels in **Bild 3.22** liegen jeweils zwischen den Außenleitern, also an 400 V.

$$I = \frac{U_{\text{Leiter}}}{R} = \frac{400\,\text{V}}{100\,\Omega} = 4{,}0\,\text{A}$$

Da diese drei Widerstände alle an der gleichen Spannung liegen und der Strom durch alle gleichermaßen hindurchfließt, ist auch die Leistung der drei Widerstände gleich groß.

Der Strom in den Außenleitern ist in dieser Schaltung jedoch um den Verkettungsfaktor 1,73 größer.

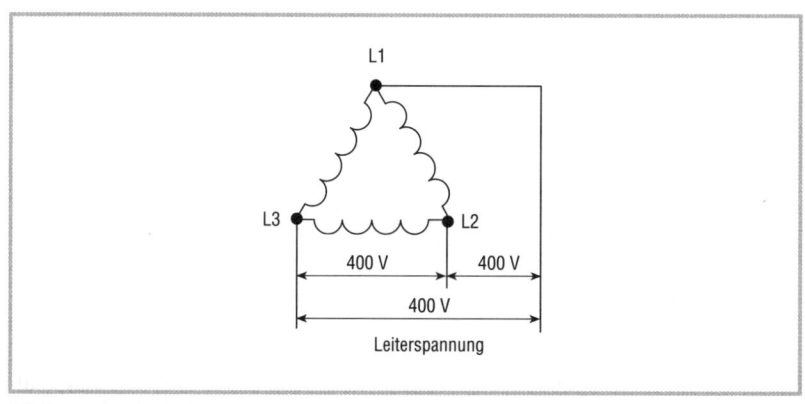

Bild 3.22 *Dreieckschaltung von drei Widerständen*

3.7.5.3 Zusammenfassung

Werden zu diesem Beispiel die Leistungen verglichen, so zeigt sich für die Sternschaltung:

$P = U \cdot I = 230\,\text{V} \cdot 2{,}3\,\text{A} = 529\,\text{W}$

Bei den drei Widerständen sind das zusammen:

$P_{\text{Stern}} = 3 \cdot 529\,\text{W} = 1\,587\,\text{W}$

Für die Dreieckschaltung:

$P = U \cdot I = 400\,\text{V} \cdot 4\,\text{A} = 1.600\,\text{W}$

Bei den drei Widerständen sind das zusammen:

$P_{\text{Dreieck}} = 3 \cdot 1.600\,\text{W} = 4.800\,\text{W}$

Damit ist die Leistung der drei Widerstände in der Dreieckschaltung größer als in der Sternschaltung. Der Faktor beträgt

$$\frac{4.800\,\text{W}}{1.600\,\text{W}} = 3$$

So kann beispielsweise eine Heizung einfach in zwei Stufen geschaltet werden und ein Motor mit einer kleineren Leistung anlaufen und mit der vollen Leistung weiterlaufen.

3.8 Elektrische Leistung und Wirkungsgrad

3.8.1 Leistung im Gleichstromkreis

Die Leistung ist das Produkt aus Strom und Spannung. Leistung wird zum Beispiel in einem Widerstand in Wärme umgesetzt. Das Ergebnis ist eine leuchtende Glühlampe. Das Formelzeichen lautet P. Die Leistung wird gemessen in Watt, Kurzzeichen W.

Für die Berechnung der Leistung existieren unterschiedliche Gleichungen, abhängig davon, ob es sich dabei um Leistungen im Gleichstromkreis, im Wechselstromkreis oder im Drehstromkreis handelt. Die Gleichung für die Berechnung der Leistung im Gleichstromkreis lautet:

Gleichung 3.11: Leistung im Gleichstromkreis

$$P = U \cdot I$$

Diese Formel kann auch dann verwendet werden, wenn sich im Wechselstromkreis keine induktiven oder kapazitiven Verbraucher befinden. In diesem Fall handelt es sich um einen Stromkreis mit rein ohmschen Verbrauchern, bei denen die gesamte Leistung in Wärme umgesetzt wird (z. B. der Heizstab eines Warmwasserspeichers).

Eine **Aufgabe** hierzu kann auf das Berechnungsbeispiel des Widerstands aus Abschnitt 3.4.7 bezogen werden.

Die Spannung einer Autobatterie an der Lampe beträgt 12 V. Dabei fließt ein Gleichstrom durch die Lampe, der 3 A beträgt. Wie groß ist die Leistung der Lampe?

Aus Gleichung 3.11, Leistung im Gleichstromkreis, folgt:

$P = U \cdot I = 12\,\text{V} \cdot 3\,\text{A} = 36\,\text{W}$

Die Leistung der Lampe beträgt also 36 W.

3.8.2 Leistung im Wechselstromkreis

Bei der Leistung im Wechselstromkreis ist die Sache schon etwas problematischer. Hier haben wir es mit verschiedenen Situationen zu tun, von denen wir uns aber die leichteren aussuchen. Nehmen wir zunächst einmal an, es handelt sich wieder um eine Glühlampe (als ohmscher Verbraucher wirkendes Betriebsmittel), die wir betrachten wollen. Die übliche Netzspannung für Glühlampen beträgt 230 V. Im Vergleich zu den Berechnungen bei der Gleichspannung bleibt alles beim Alten.

$P = U \cdot I$

P   Leistung des Gerätes
U   Spannung am Gerät
I   Stromaufnahme des Gerätes

Die Gleichung kann umgestellt werden und so kann für eine 60-W-Glühlampe auch der Strom ausgerechnet werden, der zum Betrieb bei 230 V benötigt wird.

$I = \dfrac{P}{U} = \dfrac{60\,\text{W}}{230\,\text{V}} = 0{,}26\,\text{A}$

Damit benötigt die Lampe zum Betrieb einen Strom von 0,26 A.

Problematischer wird die Berechnung, wenn nicht ein ohmsches Betriebsmittel sondern ein induktives Betriebsmittel versorgt werden soll. Induktive Betriebsmittel sind zum Beispiel Motoren und Transformatoren, wie auch die Vorschaltgeräte von Leuchtstofflampen. Hier ist in die Berechnung der Leistungsfaktor mit einzubeziehen. Auf den Leistungsschildern von Motoren finden wir diesen Leistungsfaktor mit dem Wert $\cos\varphi$. Dieser Wert entsteht durch den Umstand, dass bei einem Motor die Spannung und der Strom nicht „in Phase" sind, wie der Elektrotechniker sagt.

Die Gleichung für die Berechnung der Leistung ändert sich also in

Gleichung 3.12: Leistung im Wechselstromkreis

$$P = U \cdot I \cdot \cos\varphi$$

Betrachten wir die Anwendung dieser Gleichung, dann lässt sich mit ihrer Hilfe der Strom berechnen, der von einem Motor aufgenommen wird, wenn er die auf dem Typenschild aufgedruckte mechanische Leistung abgibt.

Beispiel:
Die Stromaufnahme des Motors beträgt 2,5 A und der Leistungsfaktor $\cos\varphi$ beträgt 0,75. Er wird an einer Spannung von 230 V betrieben.

Aus Gleichung 3.12, Leistung im Wechselstromkreis, folgt:

$$P = U \cdot I \cdot \cos\varphi = 230\,\text{V} \cdot 2,5\,\text{A} \cdot 0,75 = 431,25\,\text{W}$$

3.8.3 Leistung im Drehstromkreis

Die Leistungsgleichung im Drehstromkreis ist eine weitere Steigerung. Wir haben es nicht nur mit einer, sondern gleich mit drei Spannungen zu tun. Da sie jedoch nicht alle zeitgleich verlaufen, sondern um 120° verschoben sind, stellt sich die Leistungsgleichung wie folgt dar:

Gleichung 3.13: Leistung im Drehstromkreis

$$P = \sqrt{3} \cdot U \cdot I \cdot \cos\varphi$$

P Leistung des Verbrauchers
U Spannung am Verbraucher
I Stromaufnahme des Gerätes
$\cos\varphi$ Leistungsfaktor

Der Faktor $\sqrt{3}$ resultiert aus der Verkettung der drei Wechselspannungen.

Ein Beispiel soll die Berechnung verdeutlichen.
Ein Drehstrommotor für einen Lüfter wird mit einem Bemessungsstrom von 8,5 A bei einer Spannung von 400 V angegeben. Der Leistungsfaktor $\cos\varphi$ beträgt 0,85. Welche elektrische Leistung gibt der Motor ab?

Aus Gleichung 3.13: Leistung im Drehstromkreis folgt:

$$P = \sqrt{3} \cdot U \cdot I \cdot \cos\varphi = 1{,}73 \cdot 400\,\text{V} \cdot 8{,}5\,\text{A} \cdot 0{,}85 = 5.000\,\text{W} \quad \text{oder} \quad 5\,\text{kW}$$

Das ist, wie wir ganz schnell feststellen werden, aber nicht die Leistung, die auf dem Leistungsschild unseres Motors steht. Hier haben wir die Rechnung ohne den Wirt, nämlich den Wirkungsgrad, gemacht.

3.9 Wirkungsgrad

Grundsätzlich wird der elektrische Strom zu 100% in z.B. Wärme umgesetzt. Wird elektrischer Strom in andere Energieformen umgewandelt, wie z.B. in Licht oder mechanische Energie, geschieht das nicht zu 100%. Ein Teil der Leistung führt z.B. zur Erwärmung, wie bei einem Motor oder einer Lampe leicht nachzuvollziehen ist (**Bild 3.23**).

Während wir einem Motor elektrische Leistung zuführen, ist dieser nicht in der Lage, diese Leistung auch komplett in eine Drehbewegung umzusetzen. Die Lager, aber auch die Wicklungen mit den Ohmschen Widerständen, sind unter anderem der Grund für diese Verluste.

Diese Verluste werden durch die Anwendung des Wirkungsgrads berücksichtigt. Das Formelzeichen: η (eta, griechischer Buchstabe). Der Wirkungsgrad besitzt als Faktor keine Einheit.

Die Leistungen lassen sich mit der folgenden Gleichung umrechnen:

Gleichung 3.14: Leistung mit Wirkungsgrad

$$P_{ab} = \eta \cdot P_{zu}$$

P_{ab} abgegebene Leistung
P_{zu} zugeführte Leistung
η Wirkungsgrad

Unter der Berücksichtigung des Wirkungsgrades können wir das genannte **Beispiel** auch auf die Bemessungsleistung des Motors beziehen.
Die abgegebene Leistung wird um den Wirkungsgrad der Maschine reduziert.
Daraus ergibt sich die abgegebene Leistung.

$$P_{ab} = \eta \cdot P_{zu} = 0{,}80 \cdot 5\,\text{kW} = 4\,\text{kW}$$

Der Vergleich der zugeführten elektrischen Leistung und der abgegebenen mechanischen Leistung ist in **Bild 3.24** zusammengefasst.

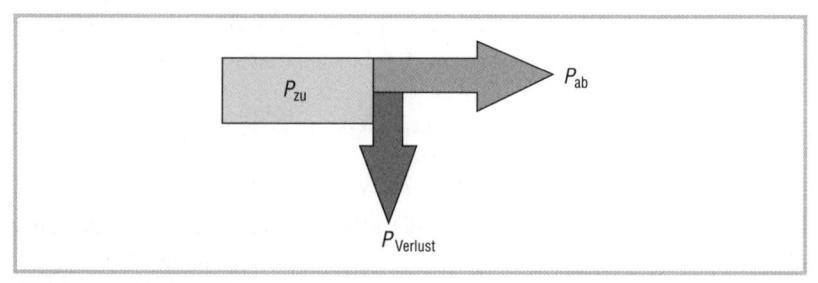

Bild 3.23 *Wirkungsgrad*

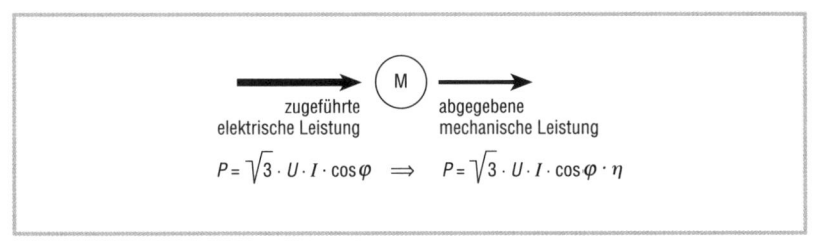

```
         ┌─────────────────────────────────────────────────┐
         │         ──────▶    ( M )   ──────▶              │
         │          zugeführte         abgegebene          │
         │       elektrische Leistung  mechanische Leistung│
         │                                                 │
         │       P = √3·U·I·cosφ  ⇒  P = √3·U·I·cosφ·η     │
         └─────────────────────────────────────────────────┘
```

Bild 3.24 *Leistungen bei einem Drehstrom-Motor*

3.10 Elektrische Arbeit

Wird elektrische Energie in andere Energieformen umgewandelt, so bezeichnet man dies als elektrische Arbeit. In der Energiewirtschaft wird die übertragene und beim Verbraucher umgewandelte elektrische Energie auch als Stromverbrauch bezeichnet. Dies dient der besseren Verständlichkeit für den Kunden (elektrotechnische Laien).

Stromverbrauch

Die Arbeit ist das Produkt aus Leistung und Zeit oder in einer Formel ausgedrückt:

Gleichung 3.15: elektrische Arbeit

$$W = P \cdot t$$

W erbrachte Arbeit in kWh
P Leistung des Gerätes in kW
t Betriebszeit in h

Damit kann natürlich auf umgekehrtem Weg die Leistung ermittelt werden – als elektrische Arbeit pro bestimmter Zeit –, mit: $P = W/t$.

Wird nun auch noch der Arbeitspreis der elektrischen Energie hinzugefügt, dann lassen sich sogar die Kosten, beispielsweise für die Erwärmung des Brauchwassers, in einem Untertischgerät ermitteln.

Gleichung 3.16: Kosten

$$K = P \cdot t \cdot \text{Arbeitspreis}$$

Bei der Berechnung der Kosten sind zu dem allgemein veröffentlichten Arbeitspreis, der sich auf die Kilowattstunde bezieht, die Nebenkosten, wie Bereitstellungspreis und Grundgebühr zu berücksichtigen. Da werden aus dem Arbeitspreis von 0,15 EUR/kWh schnell Kosten von 0,20 EUR/kWh.

Stromkosten

Für den Motor, der als Abluftmotor täglich zwölf Stunden in Betrieb ist, betragen die Kosten für den Betrieb, ausgenommen der Wartung, Instandhaltung und Abschreibung:

$K = 5\,\text{kW} \cdot 12\,\text{h/d} \cdot 260\,\text{d/a} \cdot 0{,}2\,\text{EUR/kWh} = 3.120{,}00\,\text{EUR/a}$

Die Kosten betragen 3.120,00 EUR pro Jahr.

3.11 Übungsaufgaben

(Die Lösungen zu den Aufgaben finden Sie im Anhang.)

Aufgabe 3.1
Schreiben Sie 0,0025 A in mA.

Aufgabe 3.2
Schreiben Sie 18,5 mA in der Einheit A.

Aufgabe 3.3
Schreiben Sie 0,00075 A in der Einheit mA.

Aufgabe 3.4
Schreiben Sie 2.306.675.300 V in einer übersichtlicheren Einheit.

Aufgabe 3.5
Schreiben Sie 225.000 Wh in kWh.

Aufgabe 3.6
Schreiben Sie 25 kΩ in der Einheit Ω.

Aufgabe 3.7
Wann kann in einem Stromkreis ein elektrischer Strom fließen?

Aufgabe 3.8
Ein Betriebsmittel liegt an einer Spannung von 230 V und wird von einem Strom von 0,182 A durchflossen.
Wie groß ist der Widerstand des Betriebsmittels?

Aufgabe 3.9
Ein Widerstand von 1 MΩ liegt an einer Spannung von 400 V.
Wie groß ist der fließende Strom in mA?

Aufgabe 3.10
Bei einer Spannung von 230 V fließt ein Strom von 16 A.
Wie hoch ist der Widerstand des angeschlossenen Betriebsmittels?

Aufgabe 3.11
Bei einer anliegenden Spannung von 230 V fließen bei einem Isolationsfehler 30 mA Strom. Wie groß ist der Widerstand des Fehlers?

Aufgabe 3.12
Wie verhalten sich bei einer Parallelschaltung die Ströme
zu den Widerständen?

Aufgabe 3.13
Wie verhalten sich bei einer Reihenschaltung von Widerständen
die Spannungen zu den Widerständen?

Aufgabe 3.14
Welche Aussage ist richtig?
Bei der a) Reihenschaltung oder b) Parallelschaltung ist die Spannung
an allen Widerständen gleich.

Aufgabe 3.15
Welche der folgenden Aussagen ist richtig?
Bei der a) Reihenschaltung oder b) Parallelschaltung von Widerständen
ist der Strom in allen Widerständen gleich.

Aufgabe 3.16
Wie lautet die vereinfachte Gleichung zur Berechnung des Ersatzwiderstandes von drei parallel geschalteten gleichen Widerständen?

Aufgabe 3.17
Wie lautet die Gleichung zur Berechnung des Ersatzwiderstandes
von Widerständen in Reihenschaltung?

Aufgabe 3.18
Wie lautet die Gleichung zur Berechnung des Ersatzwiderstandes
von drei Widerständen in Parallelschaltung?

Aufgabe 3.19
Eine Reihenschaltung aus zwei gleichen Widerständen wird an 12 V angelegt. Wie verändert sich die Spannung an den Widerständen, wenn einem der beiden Widerstände ein Widerstand parallel hinzugeschaltet wird?

Aufgabe 3.20
Bekannt sind aus einer Reihenschaltung von Widerständen folgende Daten: $R_1 = 10\,\Omega$, $R_2 = 30\,\Omega$, $U_3 = 66\,V$, $I = 4\,A$.
Wie groß sind der Widerstand R_3, die Einzelspannungen U_1 und U_2 und die Gesamtspannung U?

Aufgabe 3.21
Eine Parallelschaltung besteht aus zwei Widerständen mit $R_1 = 470\,\Omega$ und $R_2 = 680\,\Omega$. Berechnen Sie den Ersatzwiderstand R_E, den Gesamtstrom I und die beiden Einzelströme I_1 und I_2, wenn eine Versorgungsspannung von $U = 12\,V$ an der Schaltung anliegt.

Aufgabe 3.22
Welcher Widerstand stellt sich bei einem Kupferleiter mit einer Länge von $l = 18\,m$ und einem Querschnitt von $A = 1{,}5\,mm^2$ ein?
($\rho_{Cu} = 0{,}018\,\Omega\,mm^2/m$)

Aufgabe 3.23
Am Anfang einer Leitung liegen $U_0 = 230\,V$. Welche Spannung U_E stellt sich am Ende ein, wenn ein Strom von $6{,}5\,A$ durch das Kabel fließt und der Widerstand der Hin- und Rückleitung zusammen $1{,}5\,\Omega$ beträgt?

Aufgabe 3.24
Welchen Strom nimmt ein Heizlüfter auf, der bei $230\,V$ eine Leistung von $2.000\,W$ hat?

Aufgabe 3.25
Welche Spannung darf an einem Widerstand mit den Kennwerten $68\,\Omega/0{,}5\,W$ höchstens anliegen?

Aufgabe 3.26
Berechnen Sie den Scheitelwert einer sinusförmigen Wechselspannung, die einen Effektivwert von $230\,V$ besitzt.

Aufgabe 3.27
Eine elektrische Drehstrom-Maschine hat eine Bemessungsleistung von $4\,kW$ bei einer Leiterspannung von $400\,V$; der Leistungsfaktor $\cos\varphi$ beträgt $0{,}85$ und der Wirkungsgrad $75\,\%$. Mit welcher Stromaufnahme müssen Sie im Normalbetrieb rechnen?

4 Gefahren und Wirkungen des elektrischen Stromes auf Mensch und Tier sowie Sachen

4.1 Allgemeine Wirkung des elektrischen Stromes

Der elektrische Strom hat ein breites Wirkungsgebiet. Dabei sind die meisten Wirkungen technisch genutzt. Aber die unkontrollierte Wirkung des elektrischen Stromes birgt große Gefahren für Menschen, Tiere und Sachen, wenn sie mit diesen in Berührung kommen.
Die Hauptwirkungen sind
- Wärme,
- Elektrolyse,
- Licht,
- Magnetfelder und
- elektrische Felder.

Die Wirkungen können nur dann beherrscht werden, wenn mit der elektrischen Energie sachgemäß umgegangen wird.

→ Der unsachgemäße Umgang mit „elektrischer Energie" ist für Mensch und Tier gefährlich.

Der sachgemäße Umgang mit der elektrischen Energie ist im VDE-Vorschriftenwerk sowie in den Regelwerken zur Unfallverhütung (DGUV) und den Technischen Regeln Betriebssicherheit (TRBS) beschrieben.

4.2 Wirkung auf den Menschen

Das Nervensystem des Menschen basiert auf der Weiterleitung elektrischer Signale. Folgen entstehen bei unkontrollierten Strömen im Körper durch Reaktionen der Muskeln auf Anlegen einer Spannung (Voltascher Versuch):
- Kribbeln,
- Muskelverkrampfungen beim Überschreiten der Reiz- und Loslassschwelle,
- das Herz ist ein Muskel: Herzkammerflimmern.
- Der Stromfluss mit einem Übergangswiderstand erzeugt Wärme. Dabei sind Verbrennungen durch Erwärmung und durch entstehende Licht-

bögen bereits bei wesentlich kleineren als unseren Netzspannungen möglich.

4.2.1 Ersatzschaltbild des Menschen

Bei den Berechnungen der Gefährdung durch elektrischen Strom gehen wir von einem Widerstand von $1.000\,\Omega$ aus. Das Ersatzschaltbild unseres Körpers in **Bild 4.1** zeigt jedoch, dass in verschiedenen Situationen auch unterschiedliche Einzelwiderstände des Körpers zum Tragen kommen.

Bei einem Wechselstrom ab 230 V und 50/60 Hz ergibt sich eine Impedanz bei Längsdurchströmung von etwa
- Hand – Fuß ca. $1.000\,\Omega$
- Hand – Füße ca. $750\,\Omega$
- Hände – Füße ca. $500\,\Omega$

bei Querdurchströmung von etwa
- Hand – Hand ca. $1.000\,\Omega$
- bei Teildurchströmung Hand – Rumpf ca. $500\,\Omega$
- Hände – Rumpf ca. $250\,\Omega$.

Bei kleineren Spannungen wird der Körperwiderstand größer. So beträgt er bei
- bei 50 V ca. $2.625\,\Omega$
- bei 25 V ca. $3.250\,\Omega$.

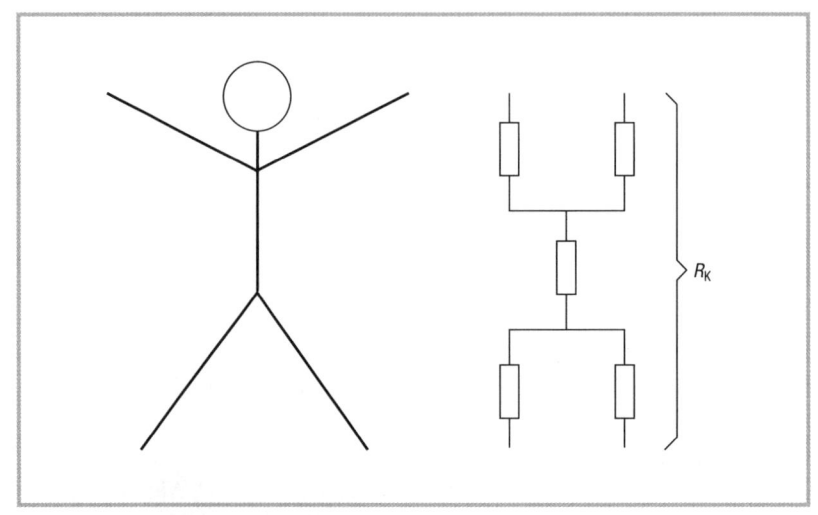

Bild 4.1 *Ersatzschaltbild des Menschen*

4.2.2 Einwirkungsdauer des Stromes auf den Körper

Die Wirkung des elektrischen Stromes auf den menschlichen Körper ist von der Einwirkungsdauer und der Stromstärke abhängig. Die **Tabelle 4.1** zeigt den Zusammenhang zwischen Stromstärke und Wirkung auf den Organismus.

In **Bild 4.2** ist zu erkennen, dass bei höheren Strömen als ca. 50 mA eine starke Gefährdung auftritt. Kann die Spannungsversorgung nicht schnell genug unterbrochen werden, so besteht innerhalb kürzester Zeit die Gefahr des Herzkammerflimmerns. Um diese zu vermeiden, ist die Grenze für die Belastung ungefähr bei 230 mA und innerhalb von 0,4 s zu sehen. Schutzmaßnahmen gegen elektrischen Schlag im Fehlerfall bauen auf diesen Sachverhalt auf. Die Berechnungen im Abschnitt 4.2.3 sollen dies belegen.
Im Bild 4.2 bedeuten:

Stromstärke	Wirkung
0 bis 5 mA	Spürbarkeitsgrenze
1 bis 2 mA	Kribbeln
Über 10 mA	Muskelkrämpfe mit Lähmungserscheinung
25 mA	Blutdruckanstieg bis zur Bewusstlosigkeit
50 mA	starke Muskelverkrampfung
Über 50 mA	Herzkammerflimmern mit Herzstillstand
Über 2,5 A	Tod durch Verbrennung

Tabelle 4.1 *Wirkung eines Körperstroms auf den Menschen*

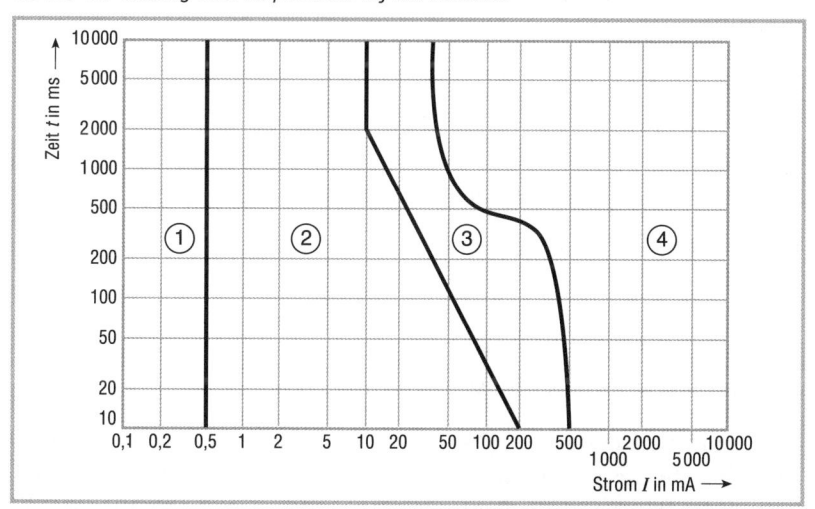

Bild 4.2 *Zeit-Stromstärke-Abhängigkeit bei Körperlängsdurchströmung mit Wechselströmen 50/60 Hz nach IEC-Report 479, Teil 1 (3. Auflage), Kapitel 2*

Bereich ①: Keinerlei Auswirkungen und Reaktionen.
Trennung Bereich ① – ② = Wahrnehmbarkeitsschwelle
Bereich ②: Normalerweise keine schädlichen physiologischen Wirkungen bis zur Loslassgrenze.
Trennung Bereich ② – ③ = Loslassgrenze
Bereich ③: Normalerweise keine Organschäden zu erwarten. Mit zunehmender Zeitdauer der Stromwirkung ist eine reversible Störung der Reizbildung und Reizleitung im Herzen zu erwarten, einschließlich Vorhofflimmern und vorübergehendem, kurzzeitigem Herzstillstand. Im Bereich längerer Einwirkdauer oberhalb der Loslassgrenze sind Muskelkontraktionen und Atemschwierigkeiten wahrscheinlich.
Bereich ④: Herzkammerflimmern wahrscheinlich. Mit zunehmender Stromstärke und Einwirkdauer pathophysiologische Effekte wie Herzstillstand, Atemstillstand und schwere Verbrennungen zusätzlich zu den Wirkungen im Bereich 3.

4.2.3 Gefährliche Körperströme

Stromstärken ohne Übergangswiderstand

Beispiel 230 V Netzspannung

$$I = \frac{U}{R} = \frac{230\,\text{V}}{1.000\,\Omega} = 230\,\text{mA}$$

Wirkung:
Nach 0,01 s Muskelverkrampfung, Loslassen nicht mehr möglich.
Nach 0,5 s Herzkammerflimmern mit Todesfolge.

Beispiel 50 V maximale Berührungsspannung

$$I = \frac{U}{R} = \frac{50\,\text{V}}{2.625\,\Omega} = 19\,\text{mA}$$

Wirkung:
Nach etwa 0,5 s Muskelverkrampfung, Loslassen nicht mehr möglich.

Beispiel 25 V Berührungsspannung

$$I = \frac{U}{R} = \frac{25\,\text{V}}{3.250\,\Omega} = 7{,}7\,\text{mA}$$

Wirkung:
Keine schädliche physiologische Wirkung.

Nicht immer ist die gesamte Spannung, die gegen Erde auftritt, auch die Spannung, die am Körper anliegt. Das liegt daran, dass die Füße normalerweise keine direkte Verbindung zur Erde haben, weil sie in Schuhen stecken, deren Sohlenmaterial den elektrischen Strom schlecht leitet. Auch an

den Händen finden sich meist Übergangswiderstände in Form von Hornhaut.
Diese Übergangswiderstände liegen in Reihe zum Körperwiderstand. Sie addieren sich zu einem Gesamtwiderstand. Die einzelnen Widerstände bilden einen Spannungsteiler. Der Anteil der Spannung über den Körperwiderstand ist dabei der kleinste Widerstandsteil. So wird die Spannung am Körper reduziert. **Bild 4.3** zeigt diese Zusammenhänge an einem Ersatzschaltbild.

$R_Ü$ Übergangswiderstand an der Hand

R_K Körperwiderstand

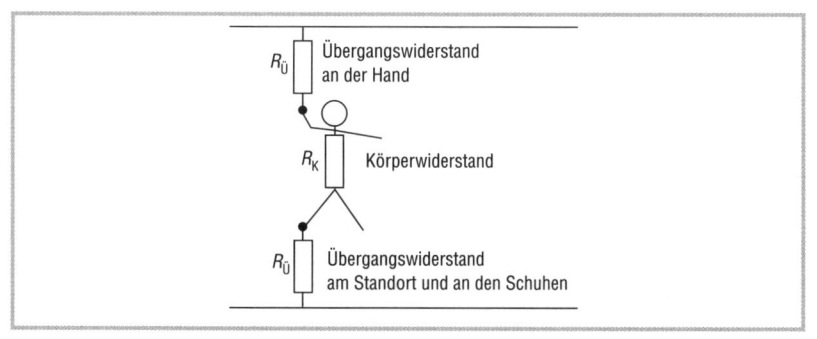

$R_Ü$ Übergangswiderstand am Standort und an den Schuhen

Bild 4.3 *Ersatzschaltbild bei Berühren eines spannungsführenden Teils bei geerdetem Standort unter Berücksichtigung der Übergangswiderstände an den Händen und Füßen*

4.2.4 Maximale Berührungsspannung

Um eine Gefährdung auszuschließen, sind die Höhen der maximalen Berührungsspannung für Gleichspannung und Wechselspannung begrenzt (**Bild 4.4**).

Im Fall der Überbrückung unterschiedlicher Potentiale können in normalen Niederspannungsanlagen bei Störungen kurzfristig auch höhere als die genannten Spannungen auftreten.

Für die maximalen Abschaltzeiten bei Anliegen der maximalen Berührungsspannung gelten in verschiedenen Netzsystemen und bei unterschiedlichen Spannungen auch verschiedene Grenzwerte. Für die Versorgungsnetze in der Hausinstallation gelten die Werte laut **Bild 4.5**.

	maximale Berührungsspannung für den Menschen
bei Wechselspannung	50 V
bei Gleichspannung	120 V

Bild 4.4 *Maximale Berührungsspannungen (Festlegung nach DIN VDE 0100)*

	maximale Abschaltzeiten
für Steckdosenstromkreise im TN-System	$t = 0{,}4$ s
für Steckdosenstromkreise im TT-System	$t = 0{,}2$ s

Bild 4.5 *Maximale Abschaltzeiten*

In Verteilernetzen und bei Stromkreisen mit einer Absicherung größer als 32 A gelten 5 s im TN-System und 1 s im TT-System.

4.2.5 Lichtbogeneinwirkung

Lichtbögen entstehen z. B. bei Kurzschlüssen oder beim Öffnen von Stromkreisen unter Last. Das kann beim Entfernen einer Sicherung oder beim Öffnen eines hoch belasteten Schalters passieren. Die Temperatur im Kurzschluss-Lichtbogen kann über 4.000 °C betragen. Dabei verdampfen Metallteile in Sekundenbruchteilen und werden durch die Blaswirkung des entstehenden elektromagnetischen Feldes oder der entstehenden thermischen Blaswirkung herausgeschleudert.

Typische Unfallfolgen sind das Verblitzen der Augen durch starke UV-Strahlung sowie Verbrennungen der Haut 1. und 2. Grades.

Kurzschlüsse entstehen häufig beim Arbeiten an unter Spannung stehenden Teilen. Aus diesem Grund ist das Arbeiten unter Spannung für Elektrofachkräfte für festgelegte Tätigkeiten verboten.

Lichtbögen entstehen

- beim Trennen eines belasteten Stromkreises,
- durch Kurzschlüsse,
- beim Verbinden elektrischer Leiter mit unterschiedlichen Potentialen,
- durch Isolationsfehler.

Dabei entstehen für den Menschen folgende Gefahren durch Lichtbögen:

- thermische Strahlung, die zu Verbrennungen führen kann,
- UV-Strahlung, die zu Verblitzen der Augen führen kann,
- Wärmeeinwirkung, die zu Verbrennungen führen kann,
- Wärmeeinwirkung mit verdampfenden Metallteilchen die zum Einatmen der gefährlicher Metalldämpfe führen können,
- Lärmeinwirkung, die zu Gehörschäden führen kann.
- Lichtbögen, die Verbrennungen bei Übertritt des Lichtbogens auf den Körper hervorrufen,
- Körperdurchströmung, die zur Schädigung durch elektrischen Schlag führt.

Bei Arbeiten an Schaltschränken sowie bei Arbeiten in der Nähe von unter Spannung stehenden Teilen ist grundsätzlich mit einer Gefährdung durch Störlichtbögen zu rechnen. Der Arbeitsverantwortliche hat die Aufgabe eine Gefährdungsbeurteilung durchzuführen und die persönlichen Schutzmaßnahmen (PSAgS) festzulegen.

4.3 Warum fließt ein Strom zur Erde?

Dadurch, dass in unseren Versorgungsnetzen der Sternpunkt des Transformators geerdet ist, kann zwischen dem leitfähigen Gehäuse eines defekten Betriebsmittels und dem geerdeten Sternpunkt ein Strom fließen (**Bild 4.6**). Dieser Strom ist so groß, dass er, wenn er durch den Menschen fließt, innerhalb einer halben Sekunde zu einem lebensbedrohlichen Zustand führt, innerhalb von Sekunden tritt der Tod ein.

In der Elektrotechnik wird unter dem Körper (eines elektrischen Betriebsmittels) ein berührbares leitfähiges Gehäuseteil eines Betriebsmittels verstanden, das im Normalfall nicht unter Spannung steht, im Fehlerfall aber unter Spannung stehen kann.

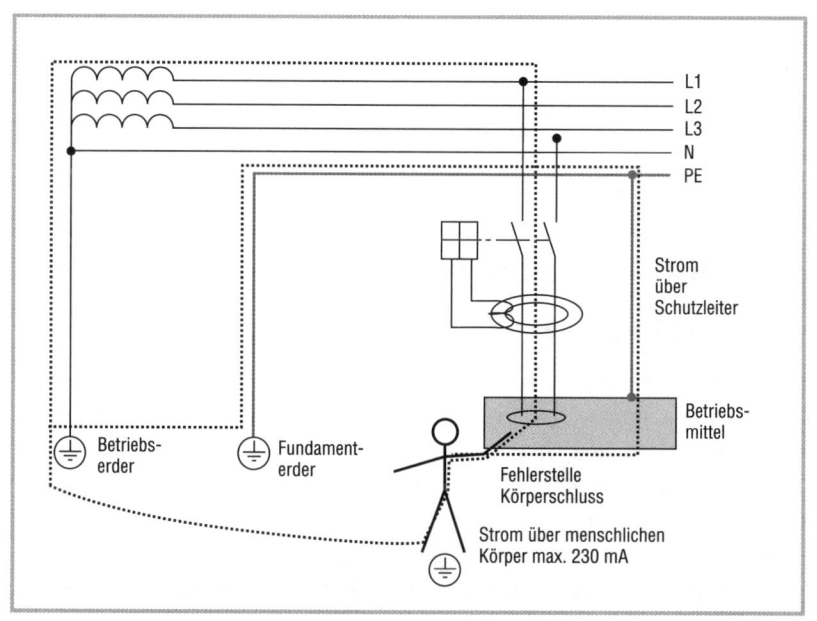

Bild 4.6 *Strom, der über den menschlichen Körper bei Berühren eines Betriebsmittels mit einem Körperschluss fließt*

Auch beim Berühren von zwei Außenleitern besteht Lebensgefahr, wenn die Stromkreise nicht freigeschaltet sind (**Bild 4.7**). Hier hilft keine Schutzeinrichtung, bei einem Strom von 400 mA schaltet keine Sicherung ab. Nach bereits 200 ms tritt Herzkammerflimmern ein – eine absolut tödliche Situation.

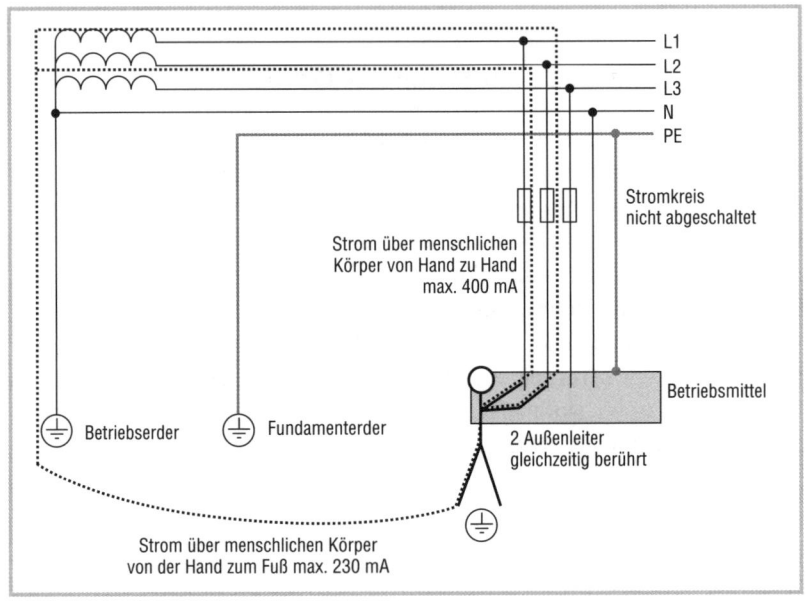

Bild 4.7 *Fehlerstrom bei geerdeter Berührung zweier Außenleiter bei nicht abgeschalteter Versorgungsspannung*

4.4 Erste Hilfe bei Stromunfällen

4.4.1 Die Rettungskette

Dabei werden die ersten drei Glieder der Rettungskette (**Bild 4.8**) durch die Ersthelfer und die letzten beiden Glieder durch professionelle Hilfe der Rettungssanitäter und Ärzte erfasst. Ersthelfer – Rettungssanitäter und Transport – Ärztliche Versorgung im Krankenhaus bilden dazu eine ineinander greifende Einheit.

In einem Betrieb sind ausgebildete Ersthelfer, die helfen können. Die Erreichbarkeit ist auf Aushängen angegeben. Diese enthalten oft auch zusätzliche Informationen, wie z. B. die zuständigen Ärzte sowie betriebsinterne Verfahrensanweisungen für den Notfall. Auch auf der Baustelle ist dafür Sor-

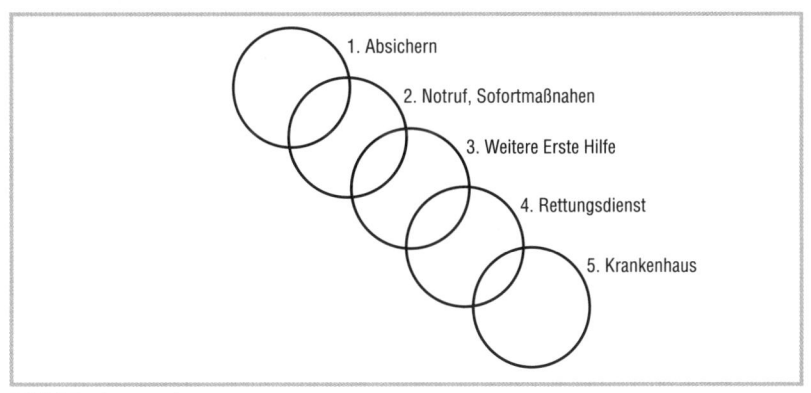

Bild 4.8 *Rettungskette*

ge zu tragen, dass genügend ausgebildete Ersthelfer bereitstehen, um Erste Hilfe zu leisten.

Bei Hilfeleistungen ist unbedingt auf Eigenschutz zu achten. Das bedeutet, dass bei den Rettungsmaßnahmen die Spannungsfreiheit sicherzustellen ist. Stehen der Verunfallte oder der Unglücksort unter Spannung, so ist Hilfe nur mit besonderen Schutzmaßnahmen möglich. Werden die Schutzmaßnahmen nicht eingehalten, besteht für die Helfer absolute Lebensgefahr.

An erster Stelle muss festgestellt werden, ob der Unglücksort oder der Verletze unter Spannung steht. Ist das der Fall, ist die Anlage oder der Anlagenteil freizuschalten. Kann eine Freischaltung nicht zeitnah erfolgen, muss der Verunglückte unter Zuhilfenahme von isolierenden Werkzeugen aus dem Gefahrenbereich gebracht werden. Auch wenn diese Maßnahmen sehr abstrakt scheinen, sind dies die *einzigen Möglichkeiten, sich selbst und andere nicht zusätzlich zu gefährden.*

4.4.2 Vorgehen bei Unfällen mit elektrischem Strom

Abschalten der Stromversorgung, Notruf absetzen (**Bild 4.9**).
Die Notrufnummer ist ebenfalls auf den Aushängen verzeichnet.

WO	geschah etwas?
WAS	geschah?
WIEVIELE	Personen sind betroffen?
WELCHER	Art sind Verletzungen oder Erkrankungen?
WARTEN	auf Rückfragen!

Bild 4.9 *Notruf*

Dabei ist zu beachten, dass in jedem Betrieb ein Ersthelfer ausgebildet ist, in großen Betrieben sogar mehrere, und dass auch Betriebsärzte eingesetzt werden.

Das Abschalten der Stromversorgung gestaltet sich manchmal schwierig. In einer Verteilung ist immer ein Hauptschalter vorhanden. In Laborräumen sind immer Notschalter vorhanden. An Maschinen ist immer ein Notschalter vorhanden. Manche Betriebsmittel sind über Stecker an das Netz angeschlossen.

→ Ein Eingreifen ohne vorheriges Abschalten führt zu eigener Gefährdung und kann die Hilfeleistung vereiteln.

Besondere Gefahr besteht bei Anlagen mit Spannungen über 1.000 V. Hier kann nur eine ausgebildete Fachkraft für eine Unterbrechung der Stromversorgung sorgen, wenn nicht ein Notschalter erreichbar ist, mit dem die Stromversorgung unterbrochen werden kann. Bei unbekannten Spannungen muss immer ein Sicherheitsabstand von 5 m eingehalten werden! Im Niederspannungsbereich kann auch Hilfe geleistet werden, wenn der Verletzte von einer isolierenden Unterlage aus vom Stromkreis getrennt wird. Der Verletzte kann, solange die Stromeinwirkung besteht, unter Muskelverkrampfung leiden. An den Stromein- und -austrittsstellen zeigen sich meist Verbrennungen (Strommarken).

→ Bei Stromunfällen besteht immer die Gefahr des Herzstillstands.

Deshalb sofortige Überprüfung der Vitalfunktionen (Atmung und Kreislauf) und bei Bedarf Atemspende und äußere Herzdruckmassage.

Bild 4.10 zeigt die notwendigen Handlungsschritte nach Auffinden eines Notfallbetroffenen.

Sind Atmung und Kreislauf vorhanden, kann der Verunfallte in die stabile Seitenlage gebracht werden. Ist der Verunfallte nicht ansprechbar und sind Atmung und Kreislauffunktion nicht erkennbar, ist unverzüglich mit der Herz-Lungen-Wiederbelebung zu beginnen.

Geschultes Rettungspersonal führt bei Kammerflimmern eine Defibrillation durch. Falls verfügbar, kommt ein öffentlich zugänglicher Laiendefibrillator zur Anwendung. Grundsätzlich ist bei einem Kreislaufstillstand zu berücksichtigen, dass in kürzester Zeit irreversible Schäden am Gehirn auftreten können. Deshalb ist in diesem Fall äußerste Eile geboten.

→ Weitere Versorgung wie nach jedem anderen Unfall.

Nach erfolgreicher Reanimation wird der Verunfallte in die seit 2007 geltenden ERC-Variante der Seitenlagerung gebracht (**Bild 4.11**).

4.4 Erste Hilfe bei Stromunfällen

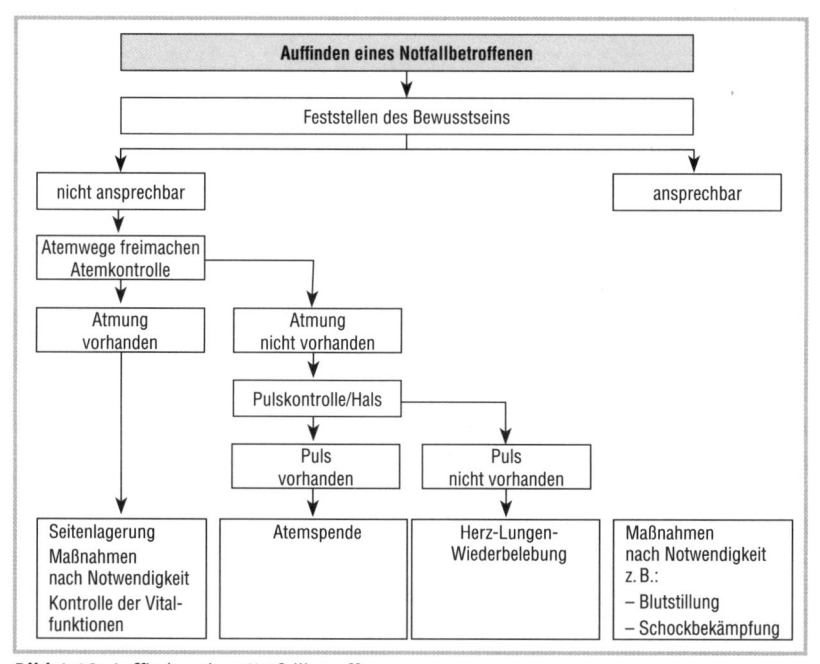

```
                  Auffinden eines Notfallbetroffenen
                              ↓
                    Feststellen des Bewusstseins
          ↓                                        ↓
   nicht ansprechbar                          ansprechbar
          ↓
 Atemwege freimachen
    Atemkontrolle
          ↓
    Atmung              Atmung
   vorhanden         nicht vorhanden
                           ↓
                   Pulskontrolle/Hals
                   ↓              ↓
                 Puls            Puls
              vorhanden      nicht vorhanden
     ↓             ↓              ↓              ↓
 Seitenlagerung  Atemspende   Herz-Lungen-    Maßnahmen
  Maßnahmen                  Wiederbelebung  nach Notwendigkeit
 nach Notwendigkeit                           z. B.:
 Kontrolle der Vital-                         – Blutstillung
 funktionen                                   – Schockbekämpfung
```

Bild 4.10 *Auffinden eines Notfallbetroffenen*

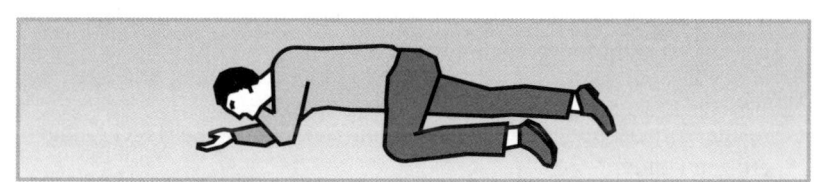

Bild 4.11 *Seitenlagerung des Verletzten*

Ansprechbarer Patient

Bei ansprechbaren Patienten sind eventuell vorhandene bedrohliche Blutungen oder Brandverletzungen zu versorgen. Brandverletzungen müssen gekühlt und mit einer keimarmen, nicht flusenden Wundauflage abgedeckt werden. Es ist ganz wichtig zu erkennen, dass aufgrund eines Schocks, dessen Anzeichen für den Ersthelfer manchmal schwer zu erkennen ist, sich auch nach dem Unfall noch lebensbedrohliche Zustände einstellen können. Der Patient sollte auch bei völligem Wohlbefinden, bis zum Ausschluss einer Herzschädigung, nicht unbeaufsichtigt bleiben. Der Transport durch den Rettungsdienst zum nächstliegenden Krankenhaus ist zwingend erforderlich, um alle Gesundheitsgefährdungen auszuschließen.

Transport

→ Der Transport erfolgt ausschließlich mit einem Rettungswagen, der von geschultem Personal (Rettungssanitätern) begleitet wird.

Der Abtransport in das Krankenhaus darf auf keinen Fall mit dem privaten PKW erfolgen. Fällt der Verunfallte später in den Schockzustand, so ist sein Zustand absolut lebensbedrohlich. Der Autofahrer kann nicht schnell genug und richtig eingreifen. Er setzt das Leben des Verunfallten leichtsinnig und fahrlässig aufs Spiel.

Die weitere Versorgung geschieht dann durch einen Arzt im Krankenhaus. In einigen Gegenden wird nach der Schilderung des Unfallgeschehens ein Notarzt zur Unfallstelle geschickt. Die Entscheidung hierzu trifft die Leitstelle nach den Schilderungen der Verletzung durch den Ersthelfer und nach den geschilderten Unfallumständen.

4.5 Übungsaufgaben

(Die Lösungen zu den Aufgaben finden Sie im Anhang.)

Aufgabe 4.1

Welche Gefährdung kann von einem isolierten Standort bei Arbeiten an elektrischen Anlagen ausgehen, wenn diese nicht nach den fünf Sicherheitsregeln freigeschaltet wurden?

Aufgabe 4.2

Welche Körperschutzmittel müssen beim Wechseln von NH-Sicherungen getragen werden?

Aufgabe 4.3

Wie hoch ist die höchstzulässige Berührungsspannung im Normalfall
a) bei Wechselspannung für den Menschen
b) bei Gleichspannung für den Menschen
festgelegt?

Aufgabe 4.4

In welcher Zeit muss eine Schutzkontakt-Steckdose im Fall eines vollständigen Körperschlusses des eingesteckten Betriebsmittels spätestens abgeschaltet werden?

Aufgabe 4.5

Welche Maßnahmen leiten Sie ein, wenn Atmung und Kreislauf stillstehen und wie lange führen Sie Maßnahmen durch?

5 Schutz gegen elektrischen Schlag

Der Schutz gegen elektrischen Schlag ist nur ein Teil der Schutzmaßnahmen, die in elektrischen Anlagen und bei Betriebsmitteln anzuwenden sind (**Tabelle 5.1**). Schutzmaßnahmen ausschließlich darauf zu reduzieren ist sehr gefährlich, weil damit alle anderen Gefährdungen übersehen werden.

Schutzmaßnahmen		
Schutz der Betriebsmittel gegen Umgebungseinflüsse	Schutz der Umgebung gegen die Wirkungen elektrischer Energie	Schutz der elektrischen Anlage gegen Zerstörung
Schutz gegen eindringendes Wasser	Schutz der Benutzer elektrischer Betriebsmittel gegen elektrischen Schlag	Schutz von Kabeln und Leitungen gegen Überlast
Schutz gegen eindringende Fremdkörper	Schutz gegen thermische Einflüsse	Schutz gegen Überspannungen
Schutz gegen zu hohe Temperaturen	Schutz beim Abschalten (Trennen) der elektrischen Energie	Schutz gegen Unterspannungen
	Schutz gegen elektromagnetische Störungen	Schutz gegen elektromagnetische Störungen
		Schutz gegen Blitzeinwirkungen

Tabelle 5.1 *Schutzmaßnahmen in elektrischen Anlagen*

5.1 Fehler in Anlagen und Betriebsmitteln

Die wichtigsten Fehlerarten in Anlagen und Betriebsmitteln sind in **Tabelle 5.2** dargestellt.

5.1.1 Aktive Teile

In diesem Zusammenhang findet der Begriff aktive Teile häufig Anwendung. Als aktive Teile werden all die Teile bezeichnet, die gegenüber der Erde oder gegenüber anderen Teilen eine Spannung führen. Das sind die Außenleiter und der Neutralleiter und alle mit diesen Leitern in Verbindung stehende Leiter. Der Schutzleiter und alle damit verbundene Teile, sowie ein PEN-Leiter, der die Funktion des Neutralleiters und des Schutzleiters vereint, sind keine aktiven Teile.

Fehler	Beschreibung	Erklärung
Überlast	Zu hoher Stromfluss, für den das Betriebsmittel (meist die Leitung) nicht ausgelegt ist und bei dem es Schaden nehmen kann.	Dauert die Überlast zu lange an, besteht die Möglichkeit der zu hohen Erwärmung und einer damit verbundenen Brandgefahr. Die vorgeschaltete Schutzeinrichtung (Sicherung, Leitungsschutzschalter, Motorschutzschalter) unterbricht die Spannungsversorgung.
Kurzschluss	Eine Verbindung zwischen zwei aktiven Teilen.	Es entsteht ein hoher Strom, der wie eine Überlast gewertet wird. Die vorgeschaltete Schutzeinrichtung (Sicherung, Leitungsschutzschalter) schaltet und unterbricht die Spannungsversorgung.
Erdschluss	Eine Verbindung eines aktiven Teils mit einem geerdeten Teil.	Es entsteht ein hoher Strom, der, abhängig von dem Widerstand der Erdverbindung, wie eine Überlast oder wie ein Kurzschluss auftritt. Die Sicherung oder die Fehlerstromschutzeinrichtung unterbrechen die Spannungsversorgung.
Körperschluss	Eine Verbindung eines aktiven Teils mit dem leitfähigen Gehäuse eines Betriebsmittels.	Da der Körper mit dem PE-Leiter verbunden ist, entsteht im TN-System ein hoher Strom, der die Größe des Kurzschlussstromes annimmt. Damit unterbricht die Sicherung die Spannungsversorgung. Im TT-System ist die Höhe des Stromes abhängig von dem Widerstand der Erdverbindung. Eine Sicherung löst üblich nicht aus. Eine Fehlerstromschutzeinrichtung kann die Spannungsversorgung unterbrechen.
Leiterschluss	Eine Verbindung zwischen zwei aktiven Teilen die kein Kurzschluss ist.	Die Verbindung führt zu keiner Überlast, da sich ein Lastwiderstand im Stromkreis befindet. Die Last schaltet jedoch unkontrolliert ein.

Tabelle 5.2 *Fehlerarten*

5.1.2 Gefährliche Situation für den Menschen

Die möglichen Gefährdungen beim Berühren aktiver Teile sind in **Tabelle 5.3** aufgeführt.

5.2 Maßnahmen zum Schutz gegen elektrischen Schlag

Der Schutz gegen elektrischen Schlag in elektrischen Anlagen und bei Betriebsmitteln ist mindestens zweistufig (**Tabelle 5.4**). Er unterscheidet sich in den Maßnahmen bei Anlagen und Betriebsmitteln. Grundsätzlich kann in Anlagen und bei Betriebsmitteln immer ein Zusatzschutz gewählt werden, der die Sicherheit erhöht. Dieser wird jedoch niemals als einziger Schutz angewendet.

Der Schutz gegen elektrischen Schlag im Fehlerfall ist allerdings nur begrenzt möglich. Der elektrische Schlag, der dann auftritt, wenn ein Körper-

5.2 Maßnahmen zum Schutz gegen elektrischen Schlag

Gefährdung	Beschreibung	Erklärung
Berühren eines aktiven Teiles bei geerdetem Körper	Der menschliche Körper wirkt als Last mit einem Widerstand von 1.000 Ω. Eine Sicherung löst dabei nicht aus.	Diese Situation ist tödlich. Schutzmaßnahmen gegen direktes Berühren verhindern diese Situation. Vorbeugung ist ausschließlich durch Arbeiten im spannungsfreien Zustand möglich.
Gleichzeitiges Berühren von zwei aktiven Teilen	In diesem Fall wirkt der Körper des Menschen als Last mit einem Widerstand von 1.000 Ω. Diese Last führt nicht zur Abschaltung der vorgeschalteten Sicherung.	Diese Situation ist tödlich. Schutzmaßnahmen gegen direktes Berühren verhindern diese Situation. Vorbeugung ist ausschließlich durch Arbeiten im spannungsfreien Zustand möglich.
Berühren eines Betriebsmittelkörpers bei einem Körperschluss	Wenn der Körper des Betriebsmittels fachgerecht mit dem Schutzleiter verbunden ist, entsteht ein Kurzschluss oder ein Erdschluss. In beiden Fällen wirken die Schutzmaßnahmen gegen elektrischen Schlag. Bei Ausfall des Schutzleiters besteht nur dann ein Schutz, wenn eine Fehlerstromschutzeinrichtung mit einem Auslösestrom kleiner als 30 mA eingesetzt ist. Der Körper wirkt als Last mit einem Widerstand von 1.000 Ω. Die Fehlerstromschutzeinrichtung unterbricht bei dieser Last den Stromkreis innerhalb von wenigen Millisekunden.	Diese Situation ist kontrollierbar. Wenn die notwendigen Schutzmaßnahmen gegen elektrischen Schlag funktionieren, entsteht kein Personenschaden.

Tabelle 5.3 *Gefährdungen beim Berühren aktiver Teile*

	Bezeichnung	Schutz in Anlagen	Schutz bei Geräten
1. Stufe	Basisschutz	Maßnahmen zum Schutz gegen direktes Berühren aktiver Teile	Schutzart für den Berührungs- und Fremdkörperschutz
2. Stufe	Fehlerschutz	Maßnahmen zum Schutz durch automatische Abschaltung der Stromversorgung	Schutzklasse für den Fehlerschutz
3. Stufe	Zusatzschutz	Maßnahmen zum Schutz bei direktem Berühren aktiver Teile z. B. Fehlerstromschutzeinrichtung mit Nennfehlerstrom ≤ 30 mA	

Tabelle 5.4 *Stufen von Schutzmaßnahmen*

schluss vorhanden ist, ist zu verhindern oder in seiner Wirkung zu begrenzen. Ein Schutz gegen elektrischen Schlag, wie er bei Arbeiten an elektrischen Anlagen und Betriebsmitteln zwischen den Außenleitern oder zwischen den Außenleitern und dem Neutralleiter auftreten kann, ist nur mit Hilfe von ausreichender Isolierung oder Abdeckung möglich. Auch der Zusatzschutz hilft hier nicht. Aus diesem Grund ist trotz der Schutzmöglichkeiten im Fehlerfall ein Arbeiten unter Spannung oder ein Verzicht auf die Isolierung oder Abdeckung und Umhüllung nur bei besonderen Systemen möglich, in denen keine Spannung auftritt, die größer ist als die maximale Berührungsspannung.

5.3 Einteilung der Schutzmaßnahmen

Schutzmaßnahmen werden entsprechend der Häufigkeit ihrer Verwendung eingeteilt. Grundlage für den Schutz gegen elektrischen Schlag ist die DIN VDE 0100-410. Sie nennt:
- Schutz durch Abschaltung mit Basisschutz,
- doppelte oder verstärkte Isolierung,
- Schutztrennung,
- Schutz durch Kleinspannung SELV/PELV und
- Maßnahmen des zusätzlichen Schutzes.

5.4 Schutz durch Abschaltung

Bei der Anwendung des Schutzes durch Abschaltung sind zwei Maßnahmen erforderlich. Zum einen sind die aktiven Leiter gegen direktes Berühren zu schützen, dies geschieht meist durch eine Isolierung, den Basisschutz, und zum anderen muss in einem Fehlerfall die Spannungsversorgung automatisch abgeschaltet werden.

5.4.1 Basisschutz

Basisschutz bedeutet, dass alle aktiven Teile im Normalzustand des Betriebsmittels oder Anlagenteils nicht direkt berührt werden können.

Aktive Teile sind alle Außenleiter und der Neutralleiter sowie alle Teile, die mit den Außenleitern und dem Neutralleiter verbunden sind.

Anforderungen an die Art und Qualität des Berührungsschutzes werden in den jeweiligen Produktnormen gestellt, nach denen sich der Hersteller eines Produktes richten muss, wenn er sein Produkt in den Verkehr bringt. Das CE-Zeichen zeigt dem Anwender in Verbindung mit der Konformitätserklärung, dass dieses Produkt, den Richtlinien der Europäischen Union zugeordneten Regeln, entsprechend hergestellt wurde. Alternativ zum Isolieren der aktiven Teile kann auch durch eine entsprechend gestaltete Abdeckung oder Umhüllung dafür gesorgt werden, dass ein direktes Berühren aktiver Teile ausgeschlossen ist. Auch eine Kombination mehrerer Verfahren ist möglich und in manchen Fällen sinnvoll.

5.4.2 Schutz durch Isolierung aktiver Teile

Die Isolierung aktiver Teile ist die hauptsächlich angewendete Methode. (**Bild 5.1 a**). Dabei wird entsprechend der Produktnorm eine Anforderung an die Isolierung gestellt. Maßnahmen wie beispielsweise das Anstreichen eines Leiters mit Farbe oder das Umwickeln eines Leiters mit Isolierband sind keine Maßnahmen, die eine Isolierung darstellen. Sie sind allenfalls Hilfsmittel zur Kennzeichnung von Leitern. Eine Isolierung eines Kabels oder einer Leitung, die beschädigt ist, darf ausschließlich mit dafür vorgesehenen Mitteln, wie zum Beispiel Schrumpfmuffen, instandgesetzt werden. Diese Produkte müssen für den Einsatzfall hergestellt und nach den Herstellervorschriften verwendet werden.

5.4.3 Schutz durch Abdeckung oder Umhüllung

Abdeckungen oder Umhüllungen müssen das Berühren aktiver Teile verhindern (**Bild 5.1 b**).

Um die Berührung auch durch Eingreifen sicherzustellen, ist die Schutzart IPXXB oder IP2X für Umhüllungen gefordert. Ausgenommen sind die Fälle, bei denen während des Auswechselns größere Öffnungen entstehen, wie das z. B. bei Lampenfassungen oder Sicherungen der Fall ist.

Es muss aber, so weit wie es praktisch möglich ist, sichergestellt werden, dass aktive Teile durch die Öffnungen berührt werden können, aber nicht absichtlich berührt werden sollten. Abdeckungen und Umhüllungen müssen fest gesichert sein und ausreichende Stabilität und Dauerhaftigkeit haben. Eine Verwendung von Werkzeug zum Lösen der Abdeckungen ist eine veraltete Forderung.

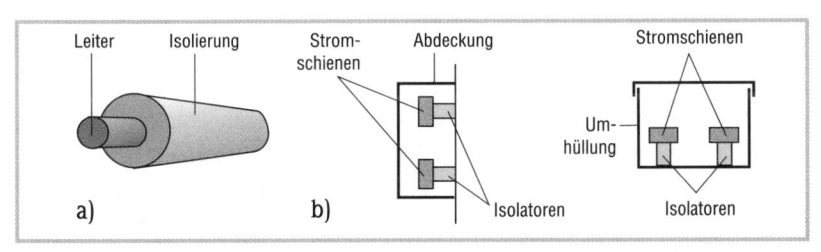

Bild 5.1 *Schutz gegen direktes Berühren*

5.4.3.1 Berührungsschutz

Heute ist es üblich, dass auch hinter einer Abdeckung und Umhüllung aktive Teile berührungssicher angeordnet sind (**Bild 5.2**). Diese Maßnahme dient dem Schutz des Elektrotechnikers, der an diesen Betriebsmitteln arbeitet. Wichtig ist der Berührungsschutz in Verteilungen und Schaltanlagen, da hier oftmals in der Nähe unter Spannung stehender Teile gearbeitet werden muss. Dieser Berührungsschutz darf aber keineswegs dazu verleiten, leichtfertig unter Spannung zu arbeiten. Ältere Steckdosen besitzen keinen Berührungsschutz (**Bild 5.3**).

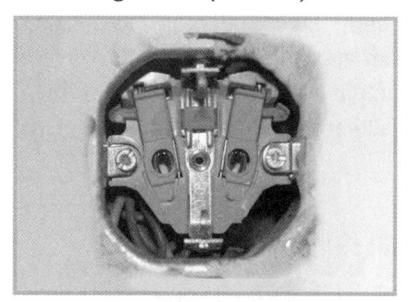

Bild 5.2 *Schutzkontakt-Steckdose mit Berührungsschutz*

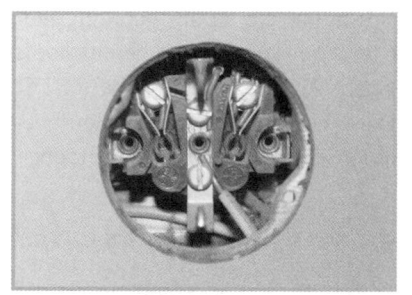

Bild 5.3 *Steckdose ohne Berührungsschutz. Hinter der Abdeckung einer Steckdose befinden sich aktive Teile.*

5.4.4 Schutz durch Abschaltung der Stromversorgung

Die Funktion der automatischen Abschaltung der Stromversorgung hängt von verschiedenen Faktoren ab. Zunächst sind dies die Netzsysteme, die zur Versorgung verwendet werden. Daran anschließend sind die Funktionen der Schutzeinrichtungen, die die Abschaltung bewirken soll, wichtig. Nur in dieser Verbindung kann der Schutz durch Abschaltung im Fehlerfall gewährleistet werden.

Ziel muss es dabei sein, eine bei einem auftretenden Fehler entstehende Berührungsspannung entweder in der Höhe zu begrenzen oder sie so schnell abzuschalten, dass keine körperlichen Schäden entstehen. Das ist der Fall, wenn bei einem Körperschluss eine Spannung von 230 V im TT-System in spätestens 0,2 s und im TN-System in spätestens 0,4 s abgeschaltet wird. Längere Zeiten sind vertretbar, wenn beispielsweise ein Betriebsmittel unter Spannung steht, aber nicht in der Hand gehalten wird, wie dies zum Beispiel bei einer Maschine der Fall ist. Dann ist davon auszugehen, dass eine Berührung nur ganz kurz erfolgt. Die Spannung dürfte dann bis zu 5 s anstehen, bis sie abgeschaltet wird.

5.4.4.1 Netzsysteme

Elektrische Versorgungsanlagen werden mit unterschiedlichen Netzsystemen errichtet. Die Wahl des Netzsystems hängt dabei von der Entscheidung des Verteilungsnetzbetreibers ab. In Deutschland finden drei Netzsysteme Anwendung:
- das TN-System,
- das TT-System und
- das IT-System.

Die Unterschiede dieser Systeme beziehen sich auf die Erdung der Spannungsquelle, üblicherweise also des Transformators, der das Netz versorgt und die Erdung der Betriebsmittelgehäuse in den Anlagen. Den Kennbuchstaben kommt dabei die in **Tabelle 5.5** aufgeführte Bedeutung zu.

Eine Übersicht der Netzsysteme zeigt **Bild 5.4**. Die **Bilder 5.5** und **5.6**. erklären den Netzaufbau an einem sichtbaren Beispiel.

Wir erkennen, dass bei den Netzsystemen, in denen der Erzeuger/Transformator geerdet ist, eine Verbindung zwischen dem Netz und dem Gehäuse eines Betriebsmittels über dem Erder besteht und so im Fehlerfall auch ein Strom über den Benutzer zurück zum Transformator fließen kann. Diese Situation führt bei einem Fehler im Betriebsmittel zu einem elektrischen Schlag. Im Abschnitt 5.2 wird hierauf näher eingegangen.

1. Buchstabe: Beschreibung der Erdungssituation der Spannungsquelle	
T	Direkte Erdung eines Punktes über den Betriebserder, meist der Sternpunkt des Transformators.
I	Isolierung aktiver Teile von der Erde.
2. Buchstabe: Erdungsverhältnisse an den Körpern der elektrischen Anlage	
T	Direkte Erdung der Betriebsmittelkörper.
N	Direkte Verbindung der Körper von Betriebsmitteln mit dem geerdeten Sternpunkt des Versorgungsnetzes.
3. Buchstabe: Beschreibung der Anordnung von PE- und Neutralleiter	
C	Neutralleiter und Schutzleiter zum PEN-Leiter vereint.
S	Schutzleiter und Neutralleiter getrennt.

Tabelle 5.5 *Kennzeichnung der Netzsysteme*

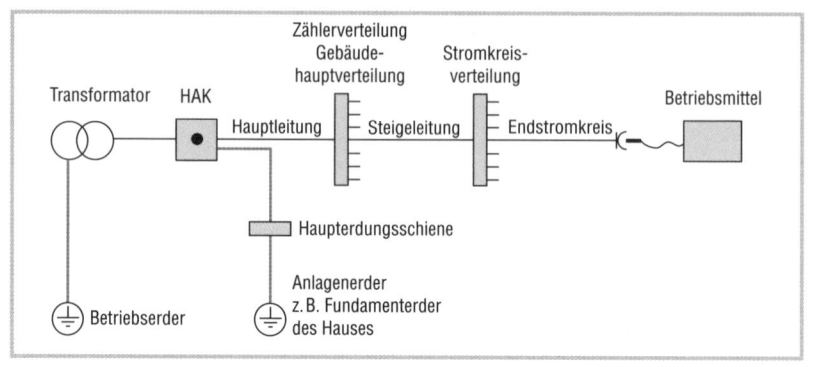

Bild 5.4 Prinzipieller Aufbau und wesentliche Elemente der Versorgung aus dem öffentlichen Netz bis zum Betriebsmittel im Endstromkreis

Bild 5.5 Transformator für die Versorgung einer Reihenhaussiedlung wie in Bild 5.4 symbolisch dargestellt

Bild 5.6 Zählerverteilung in einem Mehrfamilien-Wohnhaus wie in Bild 5.4 symbolisch dargestellt

5.4.4.2 Schutzmaßnahmen im TN-System

Bei einem Körperschluss entsteht eine Spannung zwischen dem leitfähigen Teil des Gehäuses und der Erde (**Bild 5.7**). Der Benutzer überbrückt diese Spannung. Es muss dafür gesorgt werden, dass diese Spannung schnellstens abgeschaltet wird. Da das nicht unendlich schnell geschehen kann, sind in den Normen (**Tabelle 5.6**) Grenzwerte festgelegt.

Die direkte Leitungsverbindung zwischen der Fehlerstelle und dem Sternpunkt des Transformators sorgt für einen Kurzschluss. Diese Verbindung hat die gleiche Auswirkung wie die Verbindung zwischen dem Außenleiter und dem Neutralleiter. Durch diesen Kurzschluss kann die vorgeschaltete Sicherung auslösen. Dies sollte jedoch sehr schnell, abhängig von der Art des Stromkreises innerhalb von 5 s oder von 0,4 s erfolgen.

Die Zeit, in der eine Sicherung auslöst ist abhängig von der Höhe des Kurzschlussstromes. Dieser wird durch die Widerstände zwischen der Fehlerstelle und dem Transformator begrenzt. Lange, dünne Leitungen haben einen hohen Widerstand, der nur einen kleinen Kurzschlussstrom zulässt.

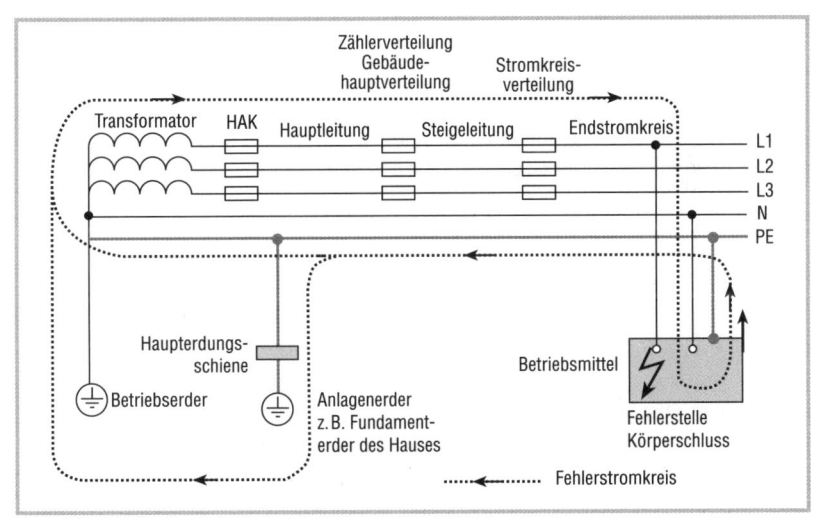

Bild 5.7 *Fehlerstromkreis im TN-System*

Abschaltzeit	Spannung gegen Erde	Anlagenteil
≤ 0,4 s	≥ 230 V	Steckdosenstromkreise ≤ 32 A und bewegliche Betriebsmittel
≤ 5 s	≥ 230 V	Verteilerstromkreise

Tabelle 5.6 *Abschaltzeiten von Berührungsspannungen > 50 V im TN-System*

Je kürzer die Leitungen werden und je größer der Leiterquerschnitt wird, umso größer wird der Kurzschlussstrom und umso schneller schaltet die Sicherung ab.

Die Summe der Widerstände in der Fehlerschleife wird als Schleifenimpedanz oder Schleifenwiderstand bezeichnet. Um vorherzusagen, ob ein Schutzorgan rechtzeitig auslöst, muss dieser Schleifenwiderstand bekannt sein. Aus ihm kann der Kurzschlussstrom ermittelt werden, der das Schutzorgan auslöst. Dieser Kurzschlussstrom muss größer als der Auslösestrom der Schutzeinrichtung sein.

Notwendige Ströme zur Abschaltung der Schutzeinrichtungen
Die zur Abschaltung notwendigen Kurzschlussströme und die dabei entstehenden Abschaltzeiten sind in den Tabellen der DIN VDE 0100-600 (VDE 0100 Teil 600): 2004 abgedruckt. Grundsätzlich gilt für die Berechnung der folgende Zusammenhang:

Gleichung 5.1: Schleifenimpedanz

$$Z_s \leq \frac{2}{3} \cdot \frac{U_0}{I_a}$$

Z_s Schleifenimpedanz, die durch Berechnung mit dem Wert von $\rho = 0{,}18\ \Omega\,mm^2/m$ auf Basis der Temperatur von 30 °C ermittelt wurde oder direkt mit dem Schleifenimpedanzmessgerät gemessen wurde.

U_0 Spannung des Netzes gegen Erde, in unserem Fall 230 V

I_a Abschaltstrom der Schutzeinrichtung, der diese in der vorgesehenen Zeit auslöst.

$\frac{2}{3}$ Korrekturfaktor unter anderem zur Berücksichtigung der Leitungserwärmung

Berechnungsbeispiel 1:
Es soll überprüft werden, ob die gemessene Schleifenimpedanz von 0,50 Ω ausreicht, um den vorgeschalteten 25 A Leitungsschutzschalter Typ C innerhalb von 0,4 s bei einem Körperschluss auszulösen.

5.4 Schutz durch Abschaltung

Berechnung des Abschaltstromes I_a
Nach **Tabelle 11.5** löst ein 25 A LS-Schalter Typ C beim 10-fachen des Bemessungsstromes aus. Damit ist nach

$I_a = 10 \cdot I_N = 10 \cdot 25\,A = 250\,A$.

Die Berechnung der notwendigen Schleifenimpedanz folgt aus
Gleichung 5.1: Schleifenimpedanz

$$Z_s \le \frac{2}{3} \cdot \frac{U_0}{I_a} = \frac{2}{3} \cdot \frac{230\,V}{250\,A} = 0{,}61\,\Omega.$$

Ergebnis:
Der gemessene oder berechnete Wert der Schleifenimpedanz darf maximal 0,61 Ω betragen. Die gemessene Schleifenimpedanz beträgt 0,50 Ω. Unter Berücksichtigung des Messfehlers von 5 % liegt der tatsächliche Wert der Schleifenimpedanz zwischen
$0{,}5\,\Omega - 0{,}025\,\Omega = 0{,}475\,\Omega$ und $0{,}5\,\Omega + 0{,}025\,\Omega = 0{,}525\,\Omega$.

Der LS-Schalter löst damit bei Verwendung des schlechtesten Messwertes mit 0,525 Ω innerhalb der vorgegebenen Zeit aus.

Berechnungsbeispiel 2:

Es soll festgestellt werden, welchen maximalen Wert ein Leitungsschutzschalter vom Typ B besitzen darf, wenn eine Schleifenimpedanz von 1,4 Ω gemessen wurde.

Dazu ist der auftretende Kurzschlussstrom mit dem Auslösestrom der in Frage kommenden Schutzeinrichtung zu vergleichen.
Der Strom der im Kurzschlussfall zur Auslösung führt beträgt:

Aus Gleichung 5.1: Schleifenimpedanz $Z_s \le \frac{2}{3} \cdot \frac{U_0}{I_a}$
folgt nach Umstellung der maximal
auftretende Kurzschlussstrom I_k:

Gleichung 5.2: Maximaler Kurzschlussstrom bei einer Schleifenimpedanz Z_s

$$I_k = \frac{2}{3} \cdot \frac{U_0}{Z_s}$$

Mit den eingesetzten Werten beträgt I_k

$$I_k = \frac{2}{3} \cdot \frac{U_0}{Z_s} = \frac{2}{3} \cdot \frac{230\,V}{1{,}4\,\Omega} = 110\,A$$

Der Abschaltstrom eines LS-Schalters Typ B beträgt nach

Gleichung 5.3: Abschaltstrom eines LS-Schalters Typ B in < 0,1 s

$$I_a = 5 \cdot I_N$$

I_a Abschaltstrom des LS-Schalters
I_{NCB} Bemessungsstrom (Nennstrom) des LS-Schalters Typ „B"
5 Faktor aus Tabelle 11.5 der Norm

Daraus folgt:

$$I_{N(B)} = \frac{I_k}{5} = \frac{110\,A}{5} = 22\,A$$

Der diesem Wert nächstliegende kleinere Leitungsschutzschalter ist zu wählen. Damit darf in diesem Fall ein Leitungsschutzschalter von maximal 20 A für den Schutz gegen elektrischen Schlag im Fehlerfall eingesetzt werden. Bei der Dimensionierung sind jedoch auch die Belastbarkeit der Leiter und der Spannungsfall auf der Leitung zu berücksichtigen.

5.4.4.3 Schutzmaßnahmen im TT-System

Im TT-System besitzt der Fehlerstromkreis über die Erder einen sehr großen Widerstand (**Bild 5.8**). Aus diesem Grund ist die Abschaltung durch das Auslösen der vorgeschalteten Schutzeinrichtung nur sehr selten möglich. Deshalb verwendet man in der Regel eine Fehlerstrom-Schutzeinrichtung (RCD). Meistens handelt es sich dabei um einen Fehlerstromschutzschalter, umgangssprachlich auch als FI-Schalter bezeichnet. Da die Berührungsspannung an einem mit Körperschluss fehlerhaften Betriebsmittel an dem Anlagenerder, hier dem Fundamenterder, anliegt, kann mit Hilfe des Stromes durch den PE-Leiter die Höhe der Fehlerspannung bestimmt werden. Die

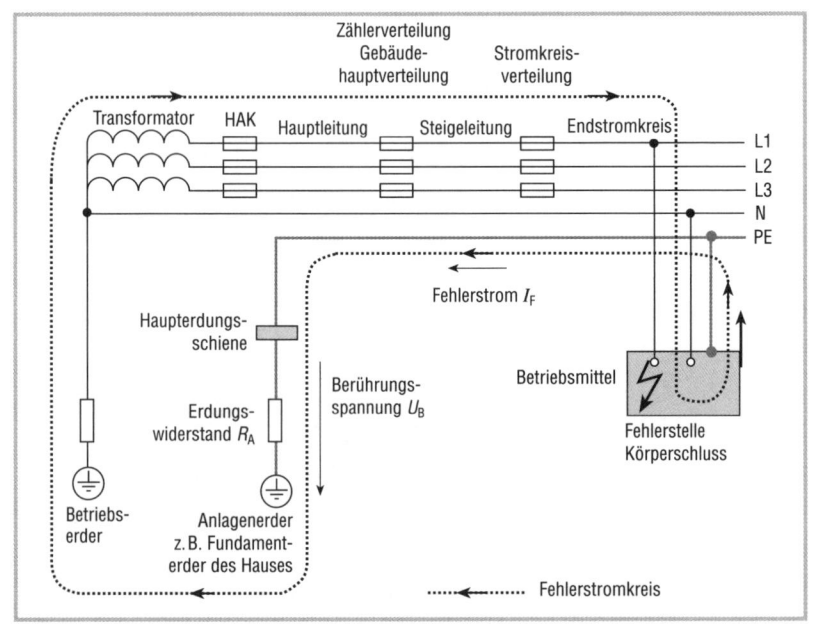

Bild 5.8 *Fehlerstromkreis im TT-System ohne RCD*

5.4 Schutz durch Abschaltung

Spannung, die an dem Fundamenterder abfällt, darf nicht höher sein als die maximale Berührungsspannung von 50 V. Damit wird der Erdungswiderstand des Fundamenterders neben der Höhe des Fehlerstroms zur bestimmenden Größe für die Berührungsspannung.

Die Höhe der Berührungsspannung ist bei dieser Schutzmaßnahme abhängig von dem Erdungswiderstand des Anlagenerders. Über diesen fällt die Berührungsspannung ab. Sie darf bei Erreichen des Bemessungsdifferenzstromes nicht größer als die vereinbarte maximale Berührungsspannung von 50 V sein. Die folgende Gleichung dient zur Berechnung des Anlagenerders:

Gleichung 5.4: Abschaltbedingung im TT-System

$$R_A \leq \frac{U_L}{I_{\Delta N}}$$

R_A Widerstand des Anlagenerders
U_L maximal zugelassene Berührungsspannung, üblicherweise 50 V
$I_{\Delta N}$ Bemessungsdifferenzstrom der Fehlerstromschutzeinrichtung

Eine Berechnung soll die Zusammenhänge verdeutlichen:
Wie hoch darf der maximale Erdungswiderstand einer Anlage sein, wenn die Bemessungsdifferenzspannung des Fehlerstromschutzschalters $I_{\Delta N}$ = 30 mA beträgt?

Gleichung 5.4: Abschaltbedingung im TT-System

$$R_A = \frac{U_L}{I_{\Delta N}} = \frac{50\,V}{30\,mA} = 1.666\,\Omega$$

Damit reicht der Widerstand des Anlagenerders von kleiner als 1 666 Ω aus, um die Berührungsspannung bis zu einem Fehlerstrom von 30 mA auf eine Berührungsspannung von 50 V zu begrenzen.

Die Frage, welchen Widerstand das Anlagenerdungssystem besitzt, entsteht immer dann, wenn mit einem Installationstester die Auslösung der Fehlerstromschutzeinrichtung geprüft wurde und bei Erreichen des Bemessungsdifferenzstromes die Anlage abgeschaltet wird. Dabei zeigt das Prüfgerät die bei Auslösung anstehende Berührungsspannung an. Wird eine Berührungsspannung U_L = 5 V gemessen und beträgt der Auslösestrom 30 mA, folgt aus

Gleichung 5.4: Abschaltbedingung im TT-System

$$R_A = \frac{U_L}{I_{\Delta N}} = \frac{5\,V}{30\,mA} = 167\,\Omega.$$

In diesem Fall ist zu überprüfen, ob das Ergebnis plausibel ist und somit tatsächlich zutreffen kann.

Die Plausibilität kann zum Beispiel durch einen Vergleich geprüft werden. Dazu werden die Messwerte in der Dokumentation des Erders, die zum Errichtungszeitpunkt gemessen wurden, mit den errechneten Werten verglichen.

5.5 Schutz im IT-System

Beim ersten Körperschluss tritt noch keine gefährliche Berührungsspannung auf, beim zweiten Körperschluss müssen Abschaltbedingungen und Abschaltzeiten des TT-Netzes eingehalten sein.

Abschalteinrichtungen können Überstromschutzeinrichtungen oder Fehlerstrom-Schutzeinrichtungen sein. Überstromschutzeinrichtungen müssen in allen Leitern vorhanden sein (bei vorhandenem Sternpunktleiter auch für diesen). Fehlerstrom-Schutzeinrichtungen müssen, damit sie wirksam sind, für jeden einzelnen Verbraucher eingesetzt werden. Eine Isolationsüberwachung ist im IT-Netz immer erforderlich, jetzt auch beim Einsatz von Fehlerstrom-Schutzeinrichtungen! **Bild 5.9** zeigt das Prinzip eines isolierten Systems.

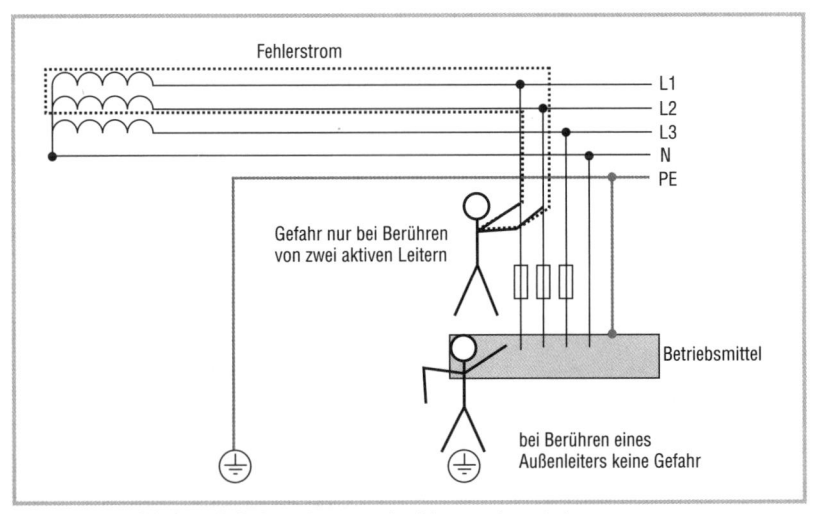

Bild 5.9 *Gefährdung bei einem System mit nicht geerdeten Leitern*

5.6 Doppelte oder verstärkte Isolierung (Schutzisolierung)

Doppelte oder verstärkte Isolierung kann in zwei Varianten ausgeführt werden:
- Basisschutz (Schutz gegen direktes Berühren) durch Basisisolierung und Fehlerschutz durch eine zusätzliche Isolierung oder
- verstärkte oder doppelte Isolierung.

Das Betriebsmittel besitzt also zwei Isolationsebenen.

Daraus resultiert auch das Symbol ▢ für Betriebsmittel mit der Schutzklasse II.

Eine weitere Möglichkeit besteht darin, dass der Basis- und Fehlerschutz durch verstärkte Isolierung zwischen aktiven und berührbaren Teilen vorgesehen ist. So kann bei einem Fehler an der Basisisolierung das Auftreten einer gefährlichen Spannung an dann berührbaren Teilen der elektrischen Betriebsmittel verhindert werden.

→ In Versorgungsanlagen ist die Schutzmaßnahme nur in Verbindung mit der Abschaltung im Fehlerfall erlaubt. Sie darf als alleinige Maßnahme nur angewendet werden, wenn die Anlage durch Elektrofachkräfte ständig überwacht wird.

Grundsätzlich kennzeichnet der Hersteller die so hergestellten Betriebsmittel. Wenn Kabel- und Leitungsanlagen fachgerecht erstellt werden, erfüllen sie die Anforderungen.

Werden Leitungen in Gehäuse mit einer doppelten oder verstärkten Isolierung eingeführt, so dürfen dort keine leitfähigen Teile vorhanden sein, die ein Potential von außen annehmen. Dies könnten z.B. berührbare Schutzleiter oder Befestigungsschrauben sein, die in dem Gehäuse durch Berühren zugänglich sind. Diese Teile sind genau so wie aktive Teile zu behandeln und zu isolieren. Auch dürfen metallische Teile der Gehäuse nicht an den Schutzleiter angeschlossen werden.

5.7 Schutztrennung

Die Schutztrennung ist eine Schutzmaßnahme, bei der der Basisschutz (Schutz gegen direktes Berühren) durch Basisisolierung der aktiven Teile oder durch Abdeckungen oder Umhüllungen gewährleistet wird. Der Fehlerschutz wird durch eine einfache Trennung des Stromkreises mit Schutztrennung von anderen Stromkreisen und von der Erde ausgeführt. Das geschieht in der Regel durch einen Trenntransformator. Andere sichere Stromquellen wie Batterien oder Generatoren sind auch verwendbar.

Wie im IT-System beschrieben, kann bei einem Körperschluss nur dann ein Strom über eine Person fließen, wenn ein Leiter des Versorgungssystems geerdet ist. Bei der Schutztrennung ist kein Leiter geerdet. **Bild 5.10** zeigt diese Situation.

Eine Schutztrennung kann dort eingesetzt werden, wo erhöhte Gefahr durch elektrischen Schlag besteht, wenn die Betriebsmittel beschädigt werden. Oft werden einzelne Geräte an einen Trenntransformator angeschlossen, um einen besonders hohen Schutz zu erreichen (Bild 5.10).

Für die Schutztrennung bei Verwendung von Arbeitsmitteln sind folgende Details zu berücksichtigen:
- sie ist allgemein nur noch zugelassen für einen Verbraucher,
- die Leitungslänge ist nicht begrenzt,
- die Betriebsspannung beträgt maximal 500 V,
- es ist eine Spannungsquelle mit mindestens einfacher Trennung erforderlich,
- aktive Teile des Stromkreises dürfen nicht mit anderen Stromkreisen oder mit Erde oder einem Schutzleiter verbunden sein,
- die Körper des Stromkreises dürfen nicht mit dem Schutzleiter, Körpern anderer Stromkreise oder mit Erde verbunden sein. Das bedeutet, dass

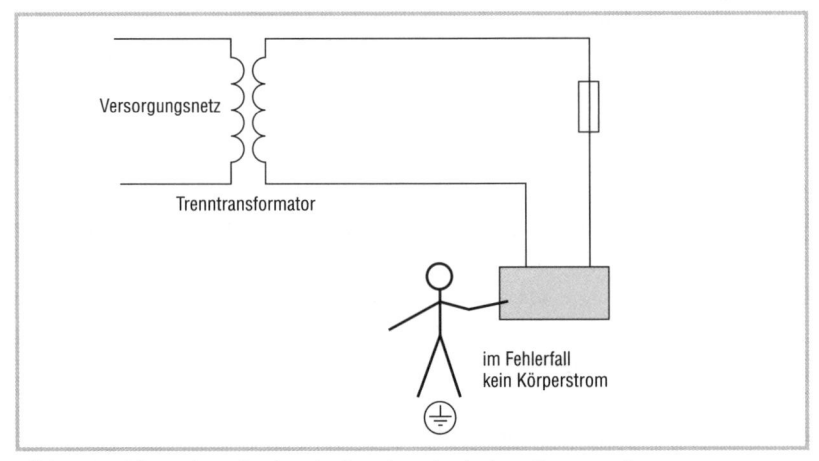

Bild 5.10 *Schutz eines einzelnen Verbrauchers durch einen Trenntransformator*

die Geräte isoliert aufgestellt werden müssen. Sie dürfen mit leitfähigen Teilen der Gebäudekonstruktion keinen Kontakt haben,
- es sind eigene, getrennt verlegte Leitungen (z. B. im Schutzrohr) erforderlich. Flexible Leitungen müssen auf der gesamten Länge sichtbar sein.

5.8 Schutz durch Schutzkleinspannung

Werden Spannungen kleiner als 50 V Wechselspannung oder 120 V Gleichspannung in einem Netz verwendet, tritt bei Berühren der aktiven Leiter keine tödliche Gefährdung ein. Bei Spannungen bis zu 25 V Wechselspannung ist keine Gefährdung vorhanden. So entsteht eine Schutzmaßnahme, wenn die genannten Spannungen in einem Netz sichergestellt und nicht überschritten werden.

Wichtig ist dabei die Erzeugung der Spannung. Hier finden Sicherheitstransformatoren Anwendung, die eine sichere Trennung von anderen Stromkreisen gewährleisten. Beim Schutz durch Schutzkleinspannung werden zwei Systeme unterschieden:
- SELV-Stromkreise und
- PELV-Stromkreise.

Der Hauptunterschied besteht in der Erdverbindung. SELV-Systeme dürfen keine Verbindung zu einem Erdpotential und keine Verbindung zu anderen Stromkreisen haben. Eine Spannungsverschleppung mit dem Entstehen einer gefährlichen Berührungsspannung könnte im Fehlerfall die Folge sein. PELV-Systeme hingegen dürfen an einem Punkt geerdet werden und auch die Betriebsmittelkörper dürfen mit einem Schutzleiter mit dem Erdsystem verbunden werden.

Schutzkleinspannungssysteme müssen Basisisolierung zwischen aktiven Teilen und Erde haben. Auch die Kabel- und Leitungsanlagen von SELV- und PELV-Stromkreisen müssen von aktiven Teilen anderer Stromkreise mindestens Basisisolierung haben. Werden Leiter von SELV- oder PELV-Stromkreisen in einem mehradrigen Kabel geführt, so muss die Isolierung für die höchste vorkommende Spannung ausgelegt sein.

Stecker und Steckdosen dürfen nicht in Steckdosen für andere Spannungssysteme passen. Sie dürfen auch keine Schutzleiter besitzen. Die Körper von Betriebsmitteln in SELV-Stromkreisen dürfen nicht mit Erde oder mit Schutzleitern oder mit Körpern eines anderen Stromkreises verbunden werden.

Wenn die Nennspannung 25 V Wechselspannung oder 60 V Gleichspannung überschreitet oder wenn Betriebsmittel in Wasser eingetaucht sind, muss ein Basisschutz (Schutz gegen direktes Berühren) für SELV- und PELV-Stromkreise vorgesehen werden. Das kann durch Isolierung oder Umhüllung geschehen. In anderen Fällen kann auf eine Basisisolierung verzichtet werden. Insbesondere 12-V-Beleuchtungssysteme, bei denen die Leiter nicht isoliert sind, wenden diese Ausnahmen an.

5.9 Zusätzlicher Schutz

Sollte der Schutzleiter einmal defekt sein (**Bild 5.11**), so kann bei einem Körperschluss zwischen dem Körper des Betriebsmittels und der Erde eine Spannung von 230 V auftreten. Sollte das Betriebsmittel von einer Person berührt werden, so fließen bei einem Körperwiderstand von 1.000 Ω

$$I = \frac{U_0}{R_K} = \frac{230\,\text{V}}{1.000\,\Omega} = 0{,}230\,\text{A}$$

im Fehlerstromkreis über den Körper. Die Fehlerstromschutzeinrichtung ist bauartbedingt in der Lage, bei Erreichen des Bemessungsdifferenzstromes in spätestens 0,2 s den Stromkreis allpolig zu unterbrechen. Fließt das Fünf-

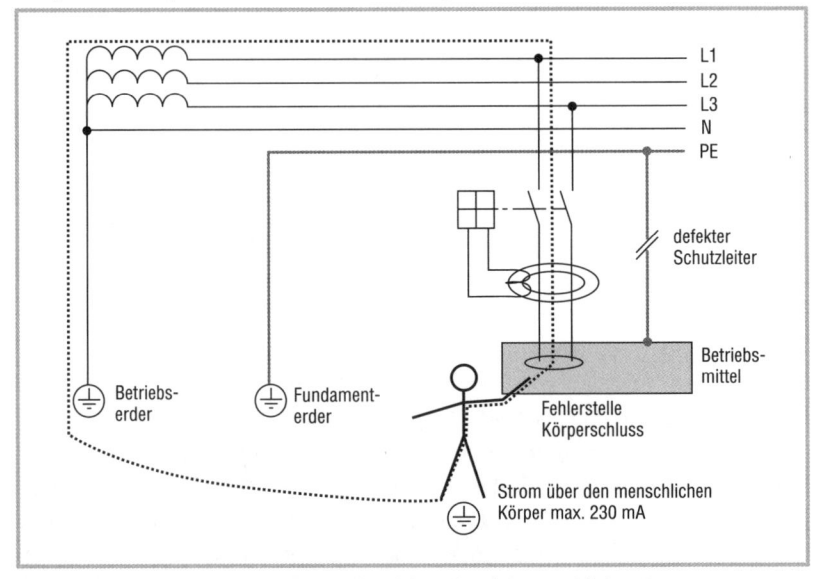

Bild 5.11 *Fehlerstrom bei defektem Schutzleiter über den menschlichen Körper*

fache des Bemessungsdifferenzstromes im Fehlerstromkreis, so wird die Fehlerstromschutzeinrichtung innerhalb von höchstens 40 ms allpolig abgeschaltet.

Nach der Gefährdungskennlinie aus Bild 4.2 liegt diese Abschaltzeit bei einem Strom von 230 mA unterhalb der Gefährdung durch Herzkammerflimmern. Damit erreicht dieses Verfahren einen sehr hohen Sicherheitsstand.

Fehlerstromschutzeinrichtungen ≤ 30 mA führen im Gegensatz zu Überstromschutzorganen auch zur Abschaltung bei unvollständigen (widerstandsbehafteten) Körperschlüssen zur Abschaltung. Sie verhindern aber im Fehlerfall nicht das Entstehen einer kurzzeitigen gefährlichen Berührungsspannung.

Unterstützend wirkt der zusätzliche Schutzpotentialausgleich. Er begrenzt die Höhe der Berührungsspannung, indem der wirksame Schutzleiterquerschnitt größer ist als der Außenleiterquerschnitt. Er ist damit eine Maßnahme, die das Entstehen einer unzulässigen Berührungsspannung verhindern kann.

5.9.1 Zusätzlicher Schutz in besonderen Fällen

Bei direktem Berühren eines aktiven Teils durch den geerdeten Menschen mit seinen 1.000 Ω Körperwiderstand löst ein Fehlerstromschutzschalter mit einem Bemessungsdifferenzstrom von 30 mA innnerhalb so kurzer Zeit aus, dass kein relevanter Schaden entsteht.

Dieser zusätzliche Schutz durch *Fehlerstromschutzschalter ≤ 30 mA* erhöht damit die Sicherheit der elektrotechnischen Einrichtungen. Er ist erforderlich für:
- Stromkreise mit Beleuchtungskörpern in Wohnungen,
- Steckdosen bis 20 A zur Benutzung durch Laien und zur allgemeinen Verwendung,
- Endstromkreise im Außenbereich bis 32 A für tragbare Betriebsmittel.

Ausnahmen:
- Steckdose ist nur für den Anschluss eines bestimmten Gerätes vorgesehen (denkbare Beispiele: Spülmaschine oder Kühlschrank / Gefrierschrank einer Einbauküche),
- Steckdosen werden durch Elektrofachkräfte oder elektrotechnisch unterwiesene Pesonen überwacht (z. B. Industriebetrieb). [9]

→ **Achtung!** Auch ein fest angeschlossenes, tragbares Betriebsmittel braucht Zusatzschutz (z. B. ein fest angeschlossener Hochdruckreiniger).

Hier wird also nicht mehr unterschieden, ob Steckdose oder nicht, sondern ob tragbar oder nicht.

Bild 5.12 zeigt beispielhaft den Einsatz eines zusätzlichen Schutzes durch einen Fehlerstromschutzschalter, der in Kombination mit einer Schutzkontakt-Steckdose in einem Badezimmer installiert worden ist.

Bild 5.12 *Schutzkontakt-Steckdose mit Fehlerstromschutzschalter in einem Badezimmer*

5.10 Potentialausgleich

Um ein einheitliches Potential aller berührbaren Metallteile in einem Gebäude zu gewährleisten, wird ein Potentialausgleich hergestellt. Er soll im Zusammenhang mit dem Schutz gegen elektrischen Schlag verhindern, dass in einem Fehlerfall an einem Betriebsmittel eine Spannung gegenüber einem Bauteil des Gebäudes, zum Beispiel einem Heizkörper oder einer Wasserleitung, entsteht.

Der Potentialausgleich in einem Gebäude wird in den
- Schutzpotentialausgleich mit dem zusätzlichen Schutzpotentialausgleich und den
- Funktionspotentialausgleich

unterteilt. Ein gemeinsamer Potentialausgleich beider Systeme ist möglich. Es gilt die Regel, dass eine geerdete Potentialausgleichsanlage Teil der Erdungsanlage ist.

Bild 5.13 zeigt eine Klemmstelle, an der die Leitungen des Potentialausgleichs mit der Erdungsanlage verbunden werden.

Bild 5.13 *Haupterdungsschiene (mit isolierender Abdeckung), früher Potentialausgleichschiene genannt*

Der Schutzpotentialausgleich umfasst:
- den Haupterdungsleiter als Verbindung zum Anlagenerder/ Fundamenterder,
- den Hauptschutzleiter als Verbindung zu den Körpern der Betriebsmittel,
- die metallenen Rohrleitungen von Versorgungssystemen innerhalb des Gebäudes, z. B. für Gas und Wasser,
- die Metallteile der Gebäudekonstruktion, Zentralheizungs- und Klimaanlagen,
- wesentliche metallene Verstärkungen von Gebäudekonstruktionen aus bewehrtem Beton und soweit möglich, von außen in das Gebäude kommenden Systemen. Diese müssen so nahe wie möglich an ihrem Eintrittspunkt mit dem Schutzpotentialausgleich verbunden werden.

Der Querschnitt für den Schutzpotentialausgleichsleiter richtet sich nach den Schutzleitern der Anlage. Er beträgt mindestens $6\,mm^2$ bei Kupferleitern und darf auf $25\,mm^2$ begrenzt werden. Sonst hat der Schutzpotentialausgleichsleiter den halben Querschnitt des größten Schutzleiters der Stromversorgungsanlage.

Bei der Verbindung ist darauf zu achten, dass die Leitungen entweder sternförmig zu den einzelnen Anschlusspunkten führen oder, wenn die Leitungen geschleift werden, ungeschnitten durch die Anschlussstelle geführt werden. **Bild 5.14** zeigt einen Anschluss an ein Rohr.

5.10.1 Zusätzlicher Schutzpotentialausgleich

Der zusätzliche Schutzpotentialausgleich wird in Räumen besonderer Art ausgeführt. Die Forderungen folgen unter anderem aus den Teilen 7xx der VDE 0100. Beispiel ist hier der zusätzliche Schutzpotentialausgleich in

Bild 5.14 *Schutzpotentialausgleich an einem Rohr mit einer ungeschnittenen Leitung*

- Räumen mit Badewanne oder Dusche,
- Becken von Schwimmbädern,
- landwirtschaftlichen Betriebsstätten,
- leitfähigen Bereichen mit begrenzter Bewegungsfreiheit und
- vorübergehend errichteten elektrischen Anlagen.

Der zusätzliche Schutzpotentialausgleich (früher: örtlicher Potentialausgleich) ist eine Ergänzung zum Fehlerschutz zur Anwendung in besonderen Bereichen.

Alle gleichzeitig berührbaren Körper der fest angebrachten Betriebsmittel, die fremden leitfähigen Teile, bei denen eine Spannungsverschleppung aus anderen Bereichen möglich ist und die Schutzleiter der Betriebsmittel und Steckdosen werden miteinander verbunden. Damit wird das Auftreten von unzulässigen Potentialdifferenzen zwischen den verbundenen Anlagenteilen und Betriebsmitteln verhindert.

Der zusätzliche Schutzpotentialausgleich soll dafür sorgen, dass örtlich auftretende Potentialdifferenzen vermieden werden. Das gilt insbesondere in den Bereichen, in denen der Körper oder die Umgebung besonders leitfähig sind. Der zusätzliche Schutzpotentialausgleich dient also dem zusätzlichen Schutz gegen elektrischen Schlag. Der Mindestquerschnitt der Schutzpotentialausgleichsleiter ist anlagenabhängig.

5.10.2 Blitzschutzpotentialausgleich

Im dem Fall, dass das Gebäude eine Blitzschutzanlage besitzt, sind die Querschnitte des Schutzpotentialausgleichs an die Anforderungen des Blitzschutzpotentialausgleichs nach DIN VDE 0185 anzupassen. Der jeweils größere Querschnitt ist dann maßgebend. Der Blitzschutzpotentialausgleich beträgt mindestens 16 mm². Er verbindet wie der Schutzpotentialausgleich alle metallischen Systeme des Gebäudes mit der Haupterdungsschiene und den Ableitern der Blitzschutzanlage.

5.11 Schutz von Betriebsmitteln und deren Benutzer

5.11.1 Schutzarten (IP-Code)

Schutzarten dienen der Kennzeichnung eines Betriebsmittels gegen Eindringen von Fremdkörpern und Staub und gegen Eindringen von Wasser sowie gegen direktes Berühren aktiver Teile. Die Kennzeichnung besteht aus

- der Buchstabengruppe IP,
- der Kennziffer für den Fremdkörperschutz,
- der Kennziffer für den Wasserschutz sowie
- den zusätzlichen Kennbuchstaben für den Berührungsschutz und für besondere Betriebsbedingungen.

Die Kennziffern und Kennbuchstaben haben die in den **Tabellen 5.7** bis **5.10** dargestellte Bedeutung. Darüber hinaus existieren noch weiter Ergänzungsbuchstaben. In elektrischen Anlagen werden Schutzarten in den Installationsnormen verlangt. Die Mindestschutzart bei der Installation von Betriebsmitteln beträgt IP20 B.

Erste Kennziffer	Kurzbeschreibung	Definition
1	geschützt gegen feste Fremdkörper mit 50 mm Durchmesser und größer	Die Objektsonde, Kugel 50 mm Durchmesser, darf nicht voll eindringen.
2	geschützt gegen feste Fremdkörper mit 12,5 mm Durchmesser und größer	Die Objektsonde, Kugel 12,5 mm Durchmesser, darf nicht voll eindringen.
3	geschützt gegen feste Fremdkörper mit 2,5 mm Durchmesser und größer	Die Objektsonde, 2,5 mm Durchmesser, darf überhaupt nicht eindringen.
4	geschützt gegen feste Fremdkörper mit 1,0 mm Durchmesser und größer	Die Objektsonde, 1,0 mm Durchmesser, darf überhaupt nicht eindringen.
5	staubgeschützt	Eindringen von Staub ist nicht vollständig verhindert, aber Staub darf nicht in einer solchen Menge eindringen, dass das zufriedenstellende Arbeiten des Gerätes oder die Sicherheit beeinträchtigt wird.
6	staubdicht	Kein Eindringen von Staub.

Tabelle 5.7 *Schutzgrad gegen feste Fremdkörper*

Zweite Kennziffer	Kurzbeschreibung	Definition
0	nicht geschützt	
1	geschützt gegen Tropfwasser	Senkrecht fallende Tropfen dürfen keine schädlichen Wirkungen haben.
2	geschützt gegen Tropfwasser, wenn das Gehäuse bis zu 15° geneigt ist	Senkrecht fallende Tropfen dürfen keine schädlichen Wirkungen haben, wenn das Gehäuse um einen Winkel bis zu 15° beiderseits der Senkrechten geneigt ist.
3	geschützt gegen Sprühwasser	Wasser, das in einem Winkel bis zu 60° beiderseits der Senkrechten gesprüht wird, darf keine schädlichen Wirkungen haben.
4	geschützt gegen Spritzwasser	Wasser, das aus jeder Richtung gegen das Gehäuse spritzt, darf keine schädlichen Wirkungen haben.
5	geschützt gegen Strahlwasser	Wasser, das aus jeder Richtung als Strahl gegen das Gehäuse spritzt, darf keine schädlichen Wirkungen haben.
6	geschützt gegen starkes Strahlwasser	Wasser, das aus jeder Richtung als starker Strahl gegen das Gehäuse spritzt, darf keine schädlichen Wirkungen haben.
7	geschützt gegen die Wirkungen beim zeitweiligen Untertauchen in Wasser	Wasser darf nicht in einer Menge eintreten, die schädliche Wirkungen verursacht, wenn das Gehäuse unter genormten Druck- und Zeitbedingungen zeitweilig in Wasser untergetaucht ist.
8	geschützt gegen die Wirkungen beim dauernden Untertauchen in Wasser	Wasser darf nicht in einer Menge eintreten, die schädliche Wirkungen verursacht, wenn das Gehäuse dauernd unter Wasser getaucht ist. Diese Bedingungen müssen zwischen Hersteller und Anwender vereinbart werden. Die Bedingungen müssen jedoch schwieriger sein als die für Kennziffer 7.

Tabelle 5.8 *Schutzgrad gegen Wasser*

Zusätzlicher Buchstabe	Kurzbeschreibung	Definition
A	geschützt gegen Zugang mit dem Handrücken	Die Zugangssonde, Kugel 50 mm Durchmesser, muss ausreichenden Abstand von gefährlichen Teilen haben.
B	geschützt gegen den Zugang mit dem Finger	Der gegliederte Prüffinger mit 12 mm Durchmesser und 80 mm Länge muss ausreichenden Abstand von gefährlichen Teilen haben.
C	geschützt gegen den Zugang mit Werkzeug	Die Zugangssonde mit 2,5 mm Durchmesser und 100 mm Länge muss ausreichenden Abstand von gefährlichen Teilen haben.
D	geschützt gegen Zugang mit Draht	Die Zugangssonde mit 1,0 mm Durchmesser und 100 mm Länge muss ausreichenden Abstand von gefährlichen Teilen haben.

Tabelle 5.9 *Schutzgrade gegen Zugang zu gefährlichen Teilen*

Buchstabe	Bedeutung
H	Hochspannungs-Betriebsmittel
M	Geprüft auf schädliche Wirkungen durch den Eintritt von Wasser, wenn die beweglichen Teile des Betriebsmittels (z. B. der Rotor einer umlaufenden Maschine) in Betrieb sind.
S	Geprüft auf schädliche Wirkungen durch den Eintritt von Wasser, wenn die beweglichen Teile des Betriebsmittels (z. B. der Rotor einer umlaufenden Maschine) im Stillstand sind.
W	Geeignet zur Verwendung unter festgelegten Wetterbedingungen und ausgestattet mit zusätzlichen schützenden Maßnahmen oder Verfahren.

Tabelle 5.10 *Ergänzungsbuchstaben zu der IP-Klassifikation*

5.11.2 Schutzklassen

Um zu zeigen, in welcher Art die Betriebsmittel gegen die Gefährdung durch elektrischen Schlag geschützt werden können, werden diese in drei Gruppen eingeteilt und mit Hilfe von Symbolen gekennzeichnet (**Bild 5.15**).

- Die Betriebsmittel der Schutzklasse I besitzen an den metallischen, leitfähigen Gehäuseteilen einen Schutzleiteranschluss,
- Betriebsmittel der Schutzklasse II besitzen keinen Schutzleiteranschluss. Sie sind so isoliert, dass keine Berührungsspannung am Gehäuse auftreten kann,
- Betriebsmittel der Schutzklasse III werden mit einer Spannung betrieben, die kleiner ist als 50 V AC oder 120 V DC ist.

Grundsätzlich finden sich die Kennzeichnungen auf den Betriebsmitteln. Dabei ist es nicht immer so, dass Betriebsmittel der Schutzklasse II auch keine Schutzleiter besitzen. Dieser muss in der Zuleitung mitgeführt werden, weil sich damit bei Beschädigung der Zuleitung ein höherer Schutz durch Abschaltung der Stromversorgung erreichen lässt. Der Schutzleiter ist dann im Gehäuse des Betriebsmittels nicht angeklemmt und gegen direktes Berühren geschützt.

Sollte, wie im obigen Fall geschildert, weder eine Kennzeichnung der Schutzklasse I noch eine der Schutzklasse II vorhanden sein, so ist das Betriebsmittel wie ein Betriebsmittel der Schutzklasse I zu betrachten.

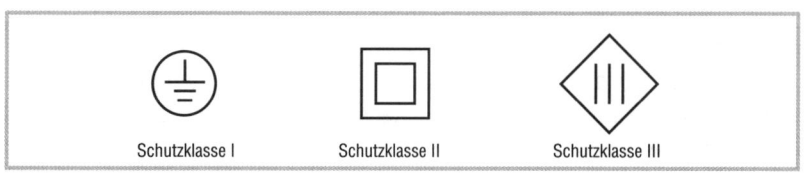

Bild 5.15 *Symbole der Schutzklassen*

5.12 Übungsaufgaben

(Die Lösungen zu den Aufgaben finden Sie im Anhang.)

Aufgabe 5.1

Ordnen Sie die Begriffe
1) Körper,
2) aktive Teile,
3) Neutralleiter,
4) Außenleiter,
5) PEN-Leiter,
6) Betriebsmittel

den folgenden Beschreibungen zu:
a) Geerdeter, stromführender Leiter mit Schutzleiteranschluss,
b) Unter Spannung stehende Klemme,
c) Leiter, der die Stromquellen mit dem Verbrauchsmittel verbindet und nicht vom Sternpunkt ausgeht,
d) Schalter und Steckdosen,
e) Leitfähiges Gehäuse eines Verbrauchsmittels,
f) Geerdeter, stromführender Leiter eines Drehstromnetzes.

Aufgabe 5.2

In einer Hausinstallation löst eine Fehlerstromschutzeinrichtung aus. Welcher Fehler könnte vorliegen? Geben Sie zwei Möglichkeiten an.

Aufgabe 5.3

Nennen Sie zwei Schutzmaßnahmen zum Schutz gegen direktes Berühren.

Aufgabe 5.4

Was bedeuten in den Netzsystembezeichnungen nach der harmonisierten Neufassung a) erster Buchstabe? b) zweiter Buchstabe? c) dritter Buchstabe?

Aufgabe 5.5

In welcher Zeit muss in Stromkreisen bis 32 A Nennstrom und in Stromkreisen mit ortsveränderlichen Betriebsmitteln der Schutzklasse I im TN-Netz die Abschaltung erfolgen?

Aufgabe 5.6
Skizzieren Sie den Fehlerstromkreis in einem TT-System, wenn eine an eine Steckdose angeschlossene Leuchte einen Körperschluss hat.

Aufgabe 5.7
Nach einer Instandsetzung überprüfen Sie in einem TT-System die Auslösung der Fehlerstromschutzeinrichtung. Der Installationstester zeigt eine Berührungsspannung von $U_B = 6\,\text{V}$ bei der Auslösung der Fehlerstromschutzeinrichtung mit einem Bemessungsdifferenzstrom $I_{\Delta N} = 0,3\,\text{A}$ an. Wie groß ist der Erdungswiderstand des Anlagenerders?

Aufgabe 5.8
Welchen besonderen Schutz bieten Fehlerstromschutzeinrichtungen mit einem Bemessungsdifferenzstrom kleiner gleich 30 mA?

Aufgabe 5.9
Welcher Isolationswiderstand ist vorhanden, wenn eine Fehlerstromschutzeinrichtung an $U = 230\,\text{V}$ bei einem Fehlerstrom $I_F = 30\,\text{mA}$ auslöst?

Aufgabe 5.10
Warum dürfen die aktiven Teile von Schutzkleinspannungs-Stromkreisen weder mit Schutzleitern noch mit Erde oder mit aktiven Teilen anderer Stromkreise verbunden werden?

Aufgabe 5.11
Welche Maßnahmen erfüllen den Schutz gegen elektrischen Schlag im Fehlerfall vollständig, ohne dass ein Schutzleiter erforderlich ist?

Aufgabe 5.12
Wie berechnen Sie den maximalen Erdungswiderstand für eine Fehlerstrom-Schutzschaltung?

Aufgabe 5.13
Wie müssen Steckvorrichtungen für Schutzkleinspannung beschaffen sein?

Aufgabe 5.14
Erklären Sie, warum beim ersten Körperschluss eines Betriebsmittels in einem IT-System keine gefährliche Berührungsspannung entsteht.

Aufgabe 5.15
Unterscheiden Sie die beiden Begriffe Schutzklasse und Schutzart.

6 Betriebsmittel der Elektrotechnik

Lernziele dieses Kapitels
Um elektrotechnische Anlagen und Geräte fachgerecht aufbauen zu können, ist die Kenntnis der Funktionsweise der Betriebsmittel erforderlich. In diesem Abschnitt werden dem Leser die wichtigsten Betriebsmittel und ihre Funktion vorgestellt. Darüber hinaus findet der Leser nützliche Hinweise zum Einsatz der Betriebsmittel.

6.1 Schutzgeräte

6.1.1 Schmelzsicherungen

Einteilung der Schmelzsicherungen
In der Installations- und Anlagentechnik werden im Arbeitsbereich der Elektrofachkraft für festgelegte Tätigkeiten die nachfolgend beschriebenen Sicherungssysteme verwendet.

Sicherungssysteme haben eine farbliche Kennzeichnung der Bemessungsströme. Die Zuordnung der Bemessungsströme zu den Kennmelderfarben ist in **Tabelle 6.1** dargestellt.

Bemessungsstrom in A	Kennmelderfarbe
2	Rosa
4	Braun
6	Grün
10	Rot
13	Schwarz
16	Grau
20	Blau
25	Gelb
32	Schwarz
35	Schwarz
50	Weiß
63	Kupfer
80	Silber
100	Rot

Tabelle 6.1 *Bemessungsströme und Kennmelderfarben von Schraubsicherungen*

6.1.2 Funktions- und Betriebsklassen von Sicherungen

Niederspannungssicherungen werden nach dem Zeit-Strom-Verhalten in Funktionsklassen eingeteilt:
- die Funktionsklasse „g" für den Ganzbereichs- und Leitungsschutz gegen Überlastung und Kurzschluss,
- die Funktionsklasse "a" für den Teilbereichsschutz gegen Kurzschluss.

Tabelle 6.2 zeigt die Kurzzeichen der Betriebsklassen und die zugehörigen Einsatzbereiche. Die in der Elektrotechnik von Gebäuden eingesetzten Sicherungen sind wegen des notwendigen Schutzes gegen Überlast und Kurzschluss von Leitungen ausnahmslos „gL"-Sicherungen.

In der Kennzeichnung findet sich ein zweiter Buchstabe, der den Verwendungsbereich angibt. Hier werden hauptsächlich die L-Sicherungen, heute nach neuer, internationaler Normung auch „gG"-Sicherungen, für den Schutz von Kabel und Leitungen verwendet. Eine „gL"-Sicherung, oder nach neuerer Kennzeichnung eine "gG"-Sicherung, schützt eine Leitung gegen Überlast und Kurzschluss.

Betriebsklasse	Kennmelderfarbe
gG/gL	Ganzbereichssicherung für Kabel und Leitungen
gM	Ganzbereichssicherung für Motorstromkreise
gB	Ganzbereichssicherung für Bergbauanlagen
gTr	Ganzbereichssicherung für Transformatoren
aM	Teilbereichssicherung für Schaltgeräteschutz
aR	Teilbereichssicherung für Halbleiterschutz

Tabelle 6.2 *Betriebsklassen von Schmelzsicherungen*

6.1.2.1 D-Sicherungssystem

Das D-Sicherungssystem, auch Diazed-System genannt, ist das ältere System. Die Größe unterscheidet sich im Durchmesser des Sicherungseinsatzes. Das System ist für Spannungen bis 500 V Gleich- und Wechselspannung gebaut. Die Zuordnung der Größen der Schmelzeinsätze zu den Bemessungsströmen und der Schraubkappenabmessung ist in **Tabelle 6.3** dargestellt. Die Auslösecharakteristik ist üblicherweise „gL". Nach neuerer, internationaler Norm findet auch die Bezeichnung „gG" Anwendung.

Größe des Schmelzeinsatzes	Bemessungsstrom in A	Schraubkappe
DII	2 ... 25	E 27
DIII	35 ... 63	E 33
DIV	80 ... 100	R1¼

Tabelle 6.3 *Größen im D-Sicherungssystem*

Ein D-Sicherungssystem besteht aus folgenden Einzelteilen:
- Schraubkappe,
- Schmelzeinsatz mit Kopfkontakt, Fußkontakt und Kennmelder,
- Passschraube,
- Berührungsschutz und
- Sicherungssockel.

6.1.2.2 D0-Sicherungssystem

Dieses Sicherungssystem wird auch Neozed-System genannt. Neozed-Sicherungen werden in drei Größen hergestellt. Die Zuordnung der Größen der Schmelzeinsätze zu den Bemessungsströmen und der Schraubkappenabmessung ist in **Tabelle 6.4** dargestellt.

Größe des Schmelzeinsatzes	Bemessungsstrom in A	Schraubkappe
D01	2 ... 16	E 14
D02	20 ... 63	E 18
D03	80 ... 100	M 30x2

Tabelle 6.4 *Größen im D0-Sicherungssystem*

Die Kennzeichnung „E" bedeutet hier das Elektrogewinde nach DIN 40400 [10], ein Rundgewinde, das in der gleichen Form mit 28 und 40 mm nach DIN 49689 [11] genormt auch in Lampenfassungen verwendet wird.

Ein D-Sicherungssystem besteht aus folgenden Einzelteilen:
- Schraubkappe,
- Schmelzeinsatz mit Kopfkontakt, Fußkontakt und Kennmelder,
- Passring,
- Berührungsschutz und
- Sicherungssockel.

Bild 6.1 zeigt die Einzelteile des D02-Sicherungssystems.

Eine Sonderform des D0-Sicherungssystems ist der in **Bild 6.2** dargestellte Sicherungstrennschalter. Er wird auch unter der Bezeichnung *Linocurschalter* geführt. Der Schalter dient dazu, bei einem mit Schmelzsicherungen geschützten Stromkreis alle Außenleiter gleichzeitig abschalten zu können. Eine mechanische Verriegelung verhindert das Einschalten des Sicherungstrennschalters, wenn ein Sicherungseinsatz fehlt.

6.1.2.3 NH-Sicherungssystem

NH-Sicherungen finden Verwendung in Anlagenteilen mit größeren Strömen, üblicherweise ab 50 A. **Bild 6.3** zeigt einen Sicherungstrenner. Um Sicherungen dieses Typs auszuwechseln, sind spezielle Sicherheitsvorkehrun-

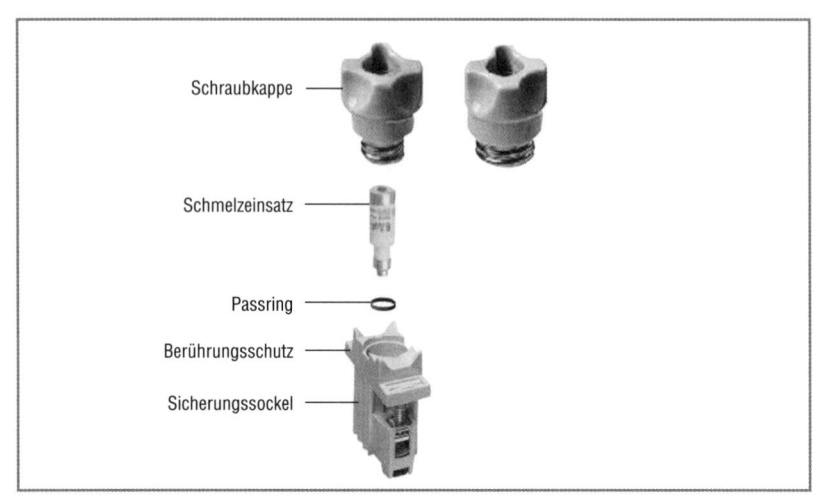

Bild 6.1 *Einzelteile des D0-Sicherungssystems*
Quelle: Hager Tehalit Vertriebs GmbH & Co. KG, Blieskastel

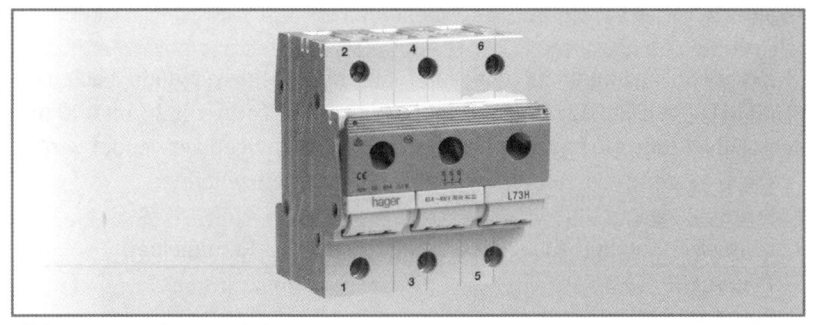

Bild 6.2 *D0-Sicherungsschalter*
Quelle: Hager Tehalit Vertriebs GmbH & Co. KG, Blieskastel

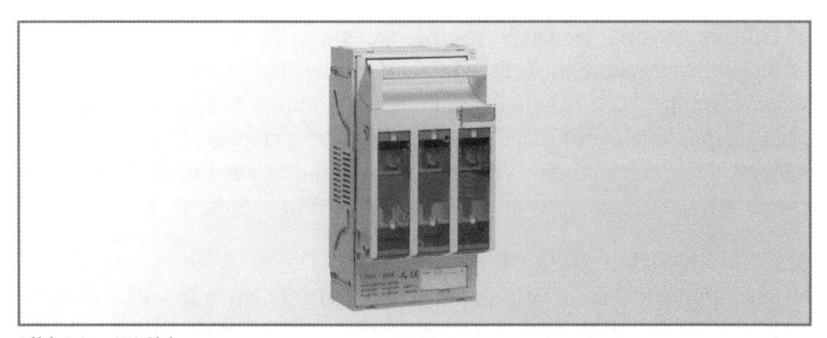

Bild 6.3 *NH-Sicherungstrenner*
Quelle: Hager Tehalit Vertriebs GmbH & Co. KG, Blieskastel

gen zu treffen. Es ist ein Helm mit Gesichtsschutz und ein spezieller Griff mit einem Armschutz zu tragen. Die Sicherungen dürfen nur im stromlosen Zustand gewechselt werden. Das Wechseln von freigeführten NH-Sicherungen sollte nur der Elektrofachkraft und besonders geschulten elektrotechnisch unterwiesenen Personen vorbehalten bleiben.

NH-Sicherungen werden in den Baugrößen NH00, NH0, NH1, NH2, NH3 und NH4 sowie in Bemessungsströmen von 2 A bis 1.250 A hergestellt. NH-Sicherungen in der Haustechnik haben normalerweise die Auslösecharakteristik gL/gG.

6.1.2.4 Auslösekennlinie von Sicherungen
Die Auslösekennlinien von Sicherungen der Betriebsklasse gG sind in **Bild 6.5** dargestellt.

6.1.3 Leitungsschutzschalter

Leitungsschutzschalter (**Bild 6.4**) dienen dazu, den Stromkreis und die Betriebsmittel im Fall von Überlast und Kurzschluss durch Abschalten des Stromkreises zu schützen. Leitungsschutzschalter können mit zwei verschiedenen Erkennungssystemen ausgestattet sein:

- Magnetischer Auslöser (Kurzschlussauslösung)
  Der Kurzschluss wird mit einer Magnetspule erkannt. Entsteht plötzlich ein hoher Strom im Leitungsschutzschalter, wird in einer Spule ein großes Magnetfeld aufgebaut, das einen Auslösemechanismus betätigt. Dieser löst den Leitungsschutzschalter aus und der Stromkreis wird unterbrochen.
- Thermischer Auslöser (Überstromauslösung)
  Fließt über längere Zeit ein größerer Strom als der Bemessungsstrom, wird ein Bimetall verbogen, das zur Auslösung führt.

Beide Auslösesysteme sind in der Auslösekennlinie zu erkennen.

Bild 6.4 *Leitungsschutzschalter*

Der senkrechte Teil der Kennlinie bis ca. 4 s wird durch den Kurzschlussauslöser geprägt. Danach setzt der thermische Auslöser ein.

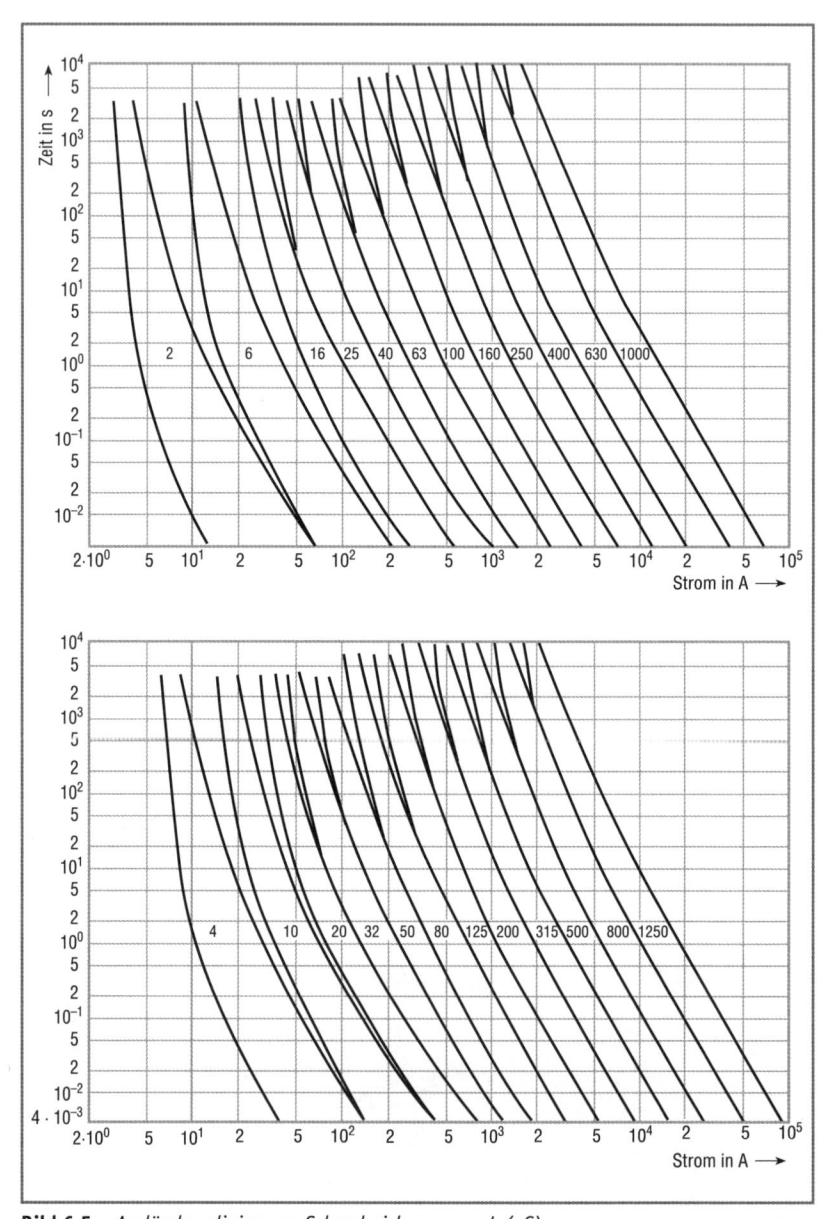

Bild 6.5 *Auslösekennlinien von Schmelzsicherungen gL (gG)*

Grundsätzlich muss gelten, dass der Nenn- oder Einstellstrom der Überstrom-Schutzeinrichtung kleiner oder höchstens ebenso groß ist, wie die zulässige Belastbarkeit der Leitung bzw. des Kabels oder des Betriebsmittels. Beim Einsatz von Leitungsschutzschaltern mit der Charakteristik B, C und D braucht die Schutzeinrichtung nur noch nach der vereinfachten Beziehung $I_n \leq I_z$ ausgewählt zu werden.

In den folgenden Anwendungen werden Leitungsschutzschalter mit den verschiedenen Auslösecharakteristiken eingesetzt:

- Auslösecharakteristik B
  Einsatz vorwiegend zum Kabel- und Leitungsschutz in Wohnhausinstallationen (Licht-, Steckdosenstromkreise).
- Auslösecharakteristik C
  Einsatz zum Kabel- und Leitungsschutz, besonders für Geräte mit höheren Einschaltströmen (Lampengruppen, Motoren usw.).
- Auslösecharakteristik D
  Einsatz zum Kabel- und Leitungsschutz, besonders für Geräte mit sehr hohen Einschaltströmen (Schweißtrafos, Motoren usw.), Auslöseverhalten von Leitungsschutzschaltern (eingestellt bei Bezugsumgebungstemperatur von 30 °C).

Die Eigenschaften des Auslösens und Haltens von Leitungsschutzschaltern ist in der **Tabelle 6.5** dargestellt.

Für die Beurteilung der Abschaltbedingungen ergibt sich folgendes Bild:

- Der Abschaltstrom eines Leitungsschutzschalters Typ B ist 5 mal größer als sein Bemessungsstrom, $I_a = 5 \cdot I_N$.
- Der Abschaltstrom eines Leitungsschutzschalters Typ C ist 10 mal größer als sein Bemessungsstrom, $I_a = 10 \cdot I_N$.
- Der Abschaltstrom eine Leitungsschutzschalters Typ D ist 20 mal größer als sein Bemessungsstrom, $I_a = 20 \cdot I_N$.

	Thermischer Auslöser			Elektromagnetischer Auslöser		
	kleiner Prüfstrom I_1	großer Prüfstrom I_2	Auslösezeit in h	halten	auslösen	Auslösezeit in s
B	1,13 · I_n		1	3 · I_n		0,1
		1,45 · I_n	< 1		5 · I_n	< 0,1
C	1,13 · I_n		1	5 · I_n		0,1
		1,45 · I_n	< 1		10 · I_n	< 0,1
D	1,13 · I_n		1	10 · I_n		0,1
		1,45 · I_n	< 1		20 · I_n	< 0,1

Tabelle 6.5 *Auslöseverhalten von Leitungsschutzschaltern*

Die in **Tabelle 6.6** aufgeführten Größen von Leitungsschutzschaltern sind in Abhängigkeit von der Auslösecharakteristik (**Bild 6.6**) und dem Hersteller erhältlich.

Bemessungsstrom in A												
0,2	0,4	0,6	0,8	1	1,2	1,6	2	3	4	5	6	8	10

Bemessungsstrom in A												
12	13	15	16	20	25	32	35	40	50	63	80	100	125

Tabelle 6.6 *Bemessungsströme von Leitungsschutzschaltern*

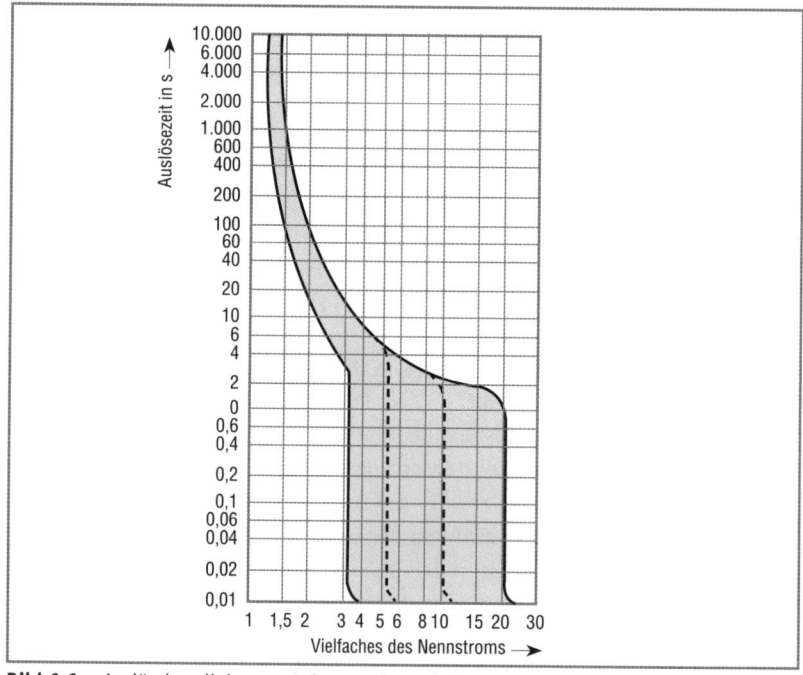

Bild 6.6 *Auslösekennlinien von Leitungsschutzschaltern*

6.1.4 Fehlerstrom-Schutzeinrichtung (RCD)

Voraussetzung für den Schutz ist es, bei einem festgelegten Strom durch den PE-Leiter die Stromversorgung zu unterbrechen. Diese Aufgabe übernimmt die Fehlerstrom-Schutzeinrichtung (RCD = Abkürzung von Residual Current Device). Die Schaltung ist in **Bild 6.7** gezeigt. Der Fehlerstromschutzschalter kann messen, wie groß der Strom ist, der über den PE-Leiter zum Erder fließt und bei Überschreitung eines Grenzwertes die Spannungsversorgung zu den defekten Betriebsmitteln unterbrechen.

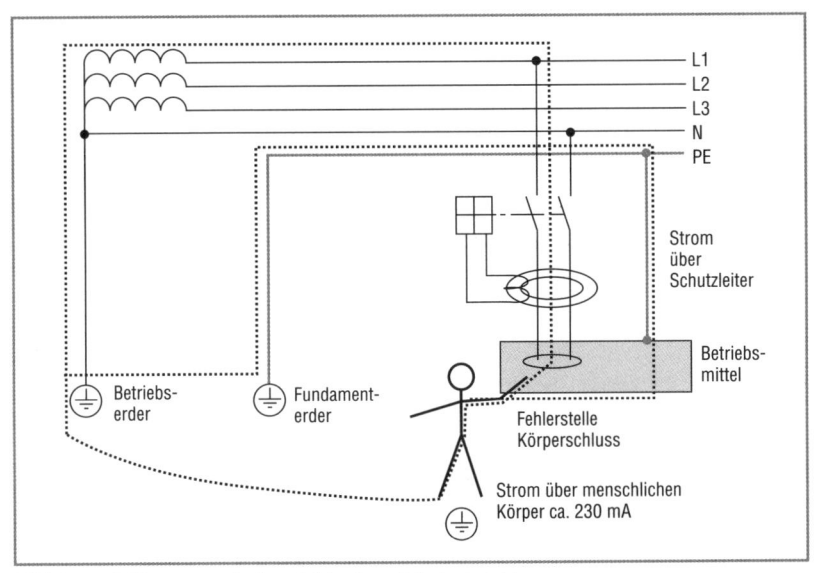

Bild 6.7 *Fehlerstrom mit einer Fehlerstrom-Schutzeinrichtung*

Dazu wertet er die Magnetfelder der Hin- und Rückleitung aus. Fließt beispielsweise ein Strom von 5 A über den Außenleiter zu dem Betriebsmittel hin, so muss dieser Strom in gleicher Größe durch den Neutralleiter zurückfließen. Da jeder Strom, der durch einen Leiter fließt, auch ein Magnetfeld aufbaut, das zum Strom proportional ist, heben sich die Magnetfelder des Außenleiters und des Neutralleiters in einem Eisenkern (Summenstromwandler) auf. Wird jedoch ein Teil des Stromes über den PE-Leiter direkt zum Erder geführt, so entsteht ein Ungleichgewicht der Ströme. Ein Magnetfeld überwiegt und induziert in der Sekundärspule eine Spannung, die in dem Stromkreis der Auslösespule des Schaltschlosses einen Strom zum Fließen bringt. Dieser Strom löst mit seinem Magnetfeld das Schaltschloss aus und trennt so das Betriebsmittel allpolig von der Spannungsversorgung. Der Strom, der den Fehlerstromschutzschalter zum Auslösen bringt, heißt Bemessungsdifferenzstrom. Bei der Festlegung einer Fehlerstrom-Schutzeinrichtung ist zusätzlich zu dem Bemessungsdifferenzstrom auch der Bemessungsstrom, mit dem die Kontakte der Fehlerstrom-Schutzeinrichtungen maximal belastet werden dürfen, zu beachten. Darüber hinaus benötigt eine Fehlerstrom-Schutzeinrichtung in manchen Anlagen eine Vorsicherung, damit sie im Kurzschlussfall nicht zerstört wird. **Bild 6.8** zeigt einen Fehlerstromschutzschalter.

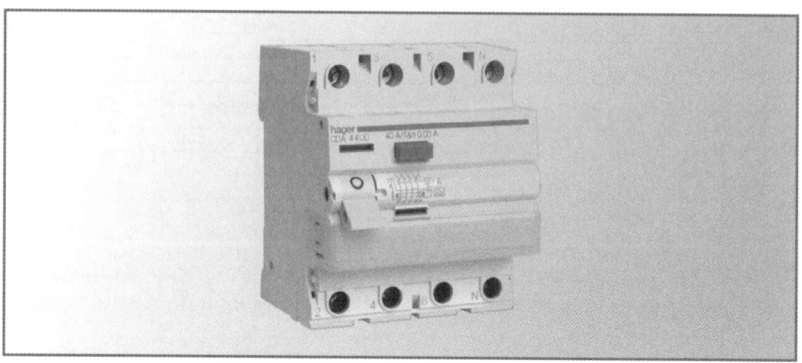

Bild 6.8 *Fehlerstromschutzschalter*
Quelle: Hager Tehalit Vertriebs GmbH & CO. KG, Blieskastel

Um die Fehlerstrom-Schutzeinrichtung zu prüfen, kann mithilfe des Prüftasters, der mit einem Widerstand in dem Schalter eingebaut ist, ein Strom durch den Summenstromwandler erzeugt werden, der die Fehlerstrom-Schutzeinrichtung auslöst. Dies ist jedoch keine Prüfung der Schutzmaßnahme. Der Test dient lediglich zur Kontrolle, ob der Schalter funktioniert.

Eine Prüfung, ob die Fehlerstrom-Schutzeinrichtung auch funktioniert, kann ausschließlich mithilfe eines Prüfgerätes erfolgen, in dem ein Fehlerstrom simuliert wird und mit dem dann die Höhe der Berührungsspannung im Auslösemoment nachgewiesen werden kann.

Fehlerstrom-Schutzeinrichtungen werden mit verschiedenen Bemessungsströmen und unterschiedlichen Bemessungsdifferenzströmen hergestellt. Die **Tabelle 6.7** gibt darüber Auskunft und verknüpft die Werte mit dem Mindesterdungswiderstand.

Sicher sind hier Werte des Erdungswiderstands in der Größenordnung von 70 % der gemessenen Werte.

Bemessungsdifferenzstrom in A	Bemessungsstrom in A	Maximale Vorsicherung in A	Größter Erdungswiderstand in Ω
0,01	25	25	500
0,03	25 ... 63	25 ... 63	1.666
0,3	25 ... 63	25 ... 63	166

Tabelle 6.7 *Kenndaten von Fehlerstrom-Schutzeinrichtungen*

6.1.5 Fehlerstrom-Schutzschalter

Fehlerstrom-Schutzschalter (RCD) werden nach der Art der Fehlerströme eingeteilt, die sie erkennen und abschalten können:
Derzeit sind in Verwendung RDC Typ A, Typ B, Typ F und Typ B+.
Bild 6.9 zeigt die Symbole, mit denen die Schalter gekennzeichnet sind.
Darüber hinaus finden auch selektive Fehlerstrom-Schutzeinrichtungen Anwendung.
Fehlerstrom-Schutzschalter arbeiten nach dem Prinzip der Induktion. Die in der Primärspule sich nicht aufhebenden wechselnden Magnetfelder werden in der Sekundärspule in eine Spannung umgewandelt und führen in der Auslösespule zu einem Stromfluss und so zur Auslösung. Treten jedoch Gleichströme oder höherfrequente Wechselströme auf, sind besondere Maßnahmen erforderlich, um dies zu erkennen und damit die Fehlerstrom-Schutzeinrichtung zum Auslösen zu bringen. Da Frequenzen, die größer als 100 Hz sind, auch zu einer Gefährdung führen können, sind diese Fehlerströme abzuschalten. Gleiches gilt für Gleichströme.

Der RCD des Typs A findet in elektrischen Anlagen Verwendung, in denen nicht mit höherfrequenten Fehlerströmen und nicht mit Gleichfehler-

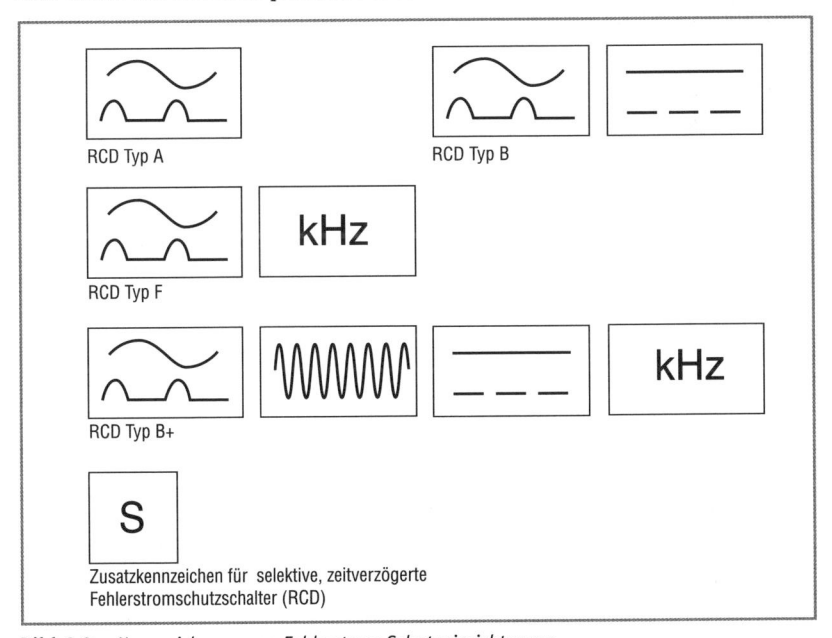

Bild 6.9 *Kennzeichnung von Fehlerstrom-Schutzeinrichtungen*

strömen zu rechnen ist. Werden allerdings Frequenzumformer eingesetzt, können diese von dem RCD des Typs A nicht mehr sicher erkannt werden. In diesen Fällen ist eine RCD des Typs B einzusetzen. Für die Funktionsprüfung dieser speziellen Schutzeinrichtungen müssen auch spezielle Prüfgeräte verwendet werden. Im **Bild 6.10** sind die Auslöse- und Gefährdungsgrenzen dargestellt.

Werden in einer Anlage zwei RCDs hintereinander geschaltet, so schalten diese bei Überschreiten des Bemessungsdifferenzstromes auch gleichzeitig ab. Dadurch werden mehr Stromkreise als nur der fehlerhafte Stromkreis abgeschaltet. Das ist grundsätzlich zu vermeiden. Um dies zu erreichen, werden selektive RCDs verwendet. Der vorgeschaltete RCD löst als selektiver RCD zeitverzögert aus. Diese Zeitverzögerung ist so kurz, dass bei einem Fehler keine Gefährdung für den Menschen entsteht und so lang, dass bei Abschalten des nachfolgenden RCD und einer Unterbrechung des Fehlerstromes keine Auslösung erfolgt. Nur bei länger anstehenden Fehlern erfolgt die Auslösung. Neben den Typen A und B stehen die Typen B+ und F für besonderen Einsatz zur Verfügung.

Der RCD Typ B+ kommt hauptsächlich in Anlagen zum Einsatz, in denen ein gehobener Brandschutz gefordert wird. Der RDC des Typs F findet Anwendung, wenn Betriebsmittel mit Frequenzumrichtern im Wechselspan-

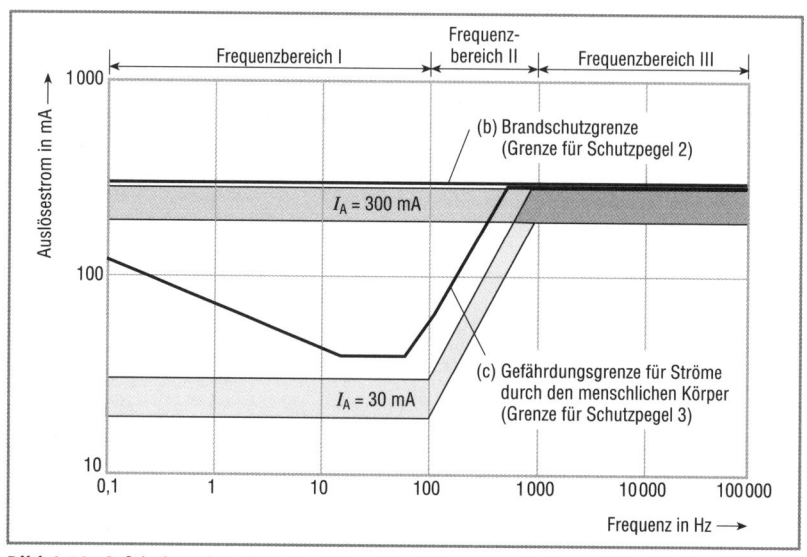

Bild 6.10 *Gefährdungskennlinie durch Brand und Personenschaden und Auslösekennlinie von Fehlerstrom-Schutzeinrichtungen Typ B*

nungsbetrieb ausgestattet sind und deren Gleichfehlerstrom den Wert von 10 mA nicht übersteigt. Dabei kann es sich sich zum Beispiel um Haushaltsgeräte wie Waschmaschinen u.s.w. handeln. Bei höheren Gleichfehlerströmen ist der RCD Typ B einzusetzen.

6.1.6 Motorschutz

Motoren müssen gegen Überlast und Kurzschluss geschützt werden. Schmelzsicherungen und Leitungsschutzschalter können diese Aufgabe nicht übernehmen. Motorschutzschalter dienen dem Schutz von Motoren gegen Kurzschluss und Überlast. **Bild 6.11** zeigt verschiedene Möglichkeiten des Motorschutzes.

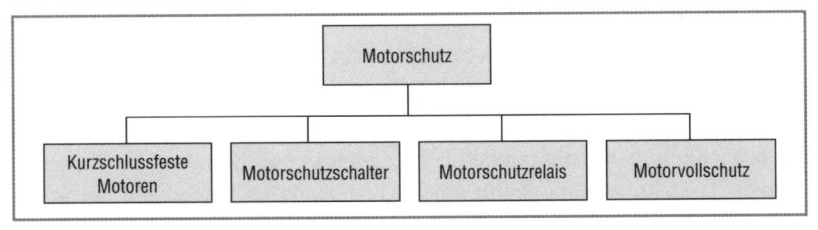

Bild 6.11 *Schutzmittel für Motoren*

6.1.6.1 Kurzschlussfeste Motoren

Motoren kleinerer Bauart werden oft „kurzschlussfest" hergestellt. Sie benötigen keinen Motorschutz. Lediglich die Zuleitung muss gegen Kurzschluss und Überlast durch eine Schmelzsicherung oder einen Leitungsschutzschalter geschützt werden.

6.1.6.2 Motorschutzschalter

Der Motorschutzschalter erfüllt mehrere Funktionen gleichzeitig:
- Schaltfunktion,
- Motorschutzfunktion gegen Überlast,
- Motorschutzfunktion bei Zweiphasenlauf und
- Leitungsschutzfunktion.

Dazu hat der Motorschutzschalter (**Bild 6.12**) wie auch der Leitungsschutzschalter, zwei Auslösemechanismen:
- den thermischen Überstromauslöser mittels Bimetall für den Überlastfall und
- den elektromagnetischen Schnellauslöser für den Kurzschlussfall.

Bild 6.12 *Motorschutzschalter*

Beide Auslösefunktionen sind mit den Hauptkontakten des Motorschutzschalters verbunden, die beim Auslösen den Motor vom Netz trennen. Motorschutzschalter weisen ein sehr hohes Schaltvermögen auf. Sie benötigen deshalb nur selten eine Vorsicherung.

Motorschutzschalter wie auch Motorschutzrelais werden individuell auf die tatsächliche Stromaufnahme im normalen Lastbetrieb der Maschine eingestellt. Deshalb werden sie für einen Einstellbereich hergestellt, der in **Tabelle 6.8** dargestellt ist. In **Bild 6.13** ist die Auslösekurve dargestellt.

Wird der Strom größer als der Einstellwert des Motorschutzschalters, löst er aus. Die Zeit zwischen dem Auftreten des erhöhten Stromes bis zum Auslösen ist abhängig von der Höhe des Stromes. Ein Motorschutzschalter löst beim 14-fachen Strom sofort aus. Dabei wird der Motor über die Hauptkontakte vom Netz getrennt. Ein Motorschutzrelais unterbricht die Versor-

Einstellbereich in A
0,1 ... 0,16
0,16 ... 0,24
0,24 ... 0,4
0,4 ... 0,6
0,6 ... 1
1 ... 1,6
1,6 ... 2,4
2,4 ... 4
4 ... 6
6 ... 10
10 ... 16
16 ... 20
20 ... 25

Tabelle 6.8 *Einstellbereiche für Motorschutzschalter*

6.1 Schutzgeräte

gungsspannung des Lastschützes und trennt damit den Motor vom Netz. **Bild 6.14** zeigt Motorschutzschalter in einem Schaltschrank.

Ein Motorschutzschalter (Bild 6.14) schützt den Motor auch vor Schäden, wenn ein Außenleiter ausfällt. Da die Motorschutzschalter ausschließlich für dreiphasige Motoren gebaut werden, muss bei Anschluss eines einphasigen Motors eine besondere Schaltung angewendet werden.

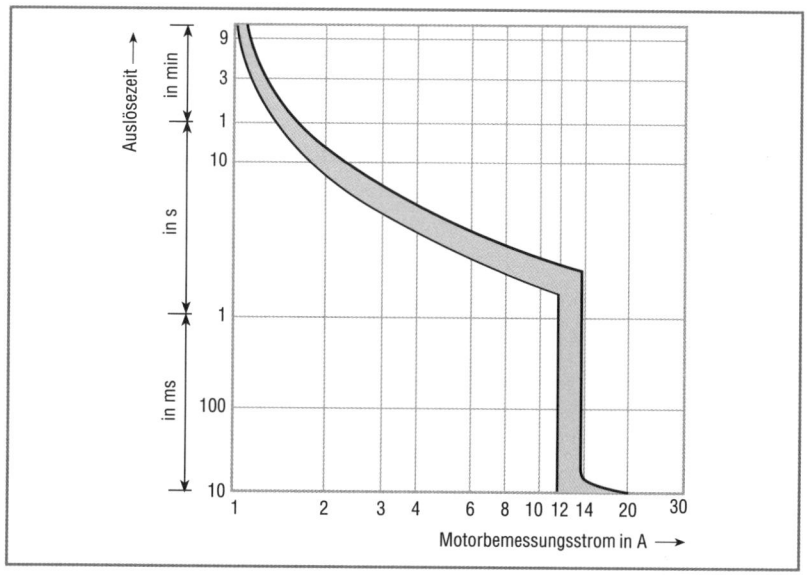

Bild 6.13 *Auslösecharakteristik von Motorschutzschaltern*

Bild 6.14 *Motorschutzschalter Schützkombination im Schaltschrank einer Maschine*

6.1.6.3 Motorschutzrelais

Eine weitere Möglichkeit, einen Motor zu schützen, besteht im Einsatz von Motorschutzrelais nach **Bild 6.15**. Im Gegensatz zum Motorschutzschalter besitzt das Motorschutzrelais keine Schaltkontakte für den Laststromkreis. Deshalb wird es immer in Verbindung mit einem Lastschütz verwendet. Auch fehlt der Kurzschlussschnellauslöser. Der Schutz gegen Kurzschluss ist deshalb mit einer zusätzlichen Sicherung erforderlich. Diese übernimmt auch den Leitungsschutz. Die Schaltung des Schützes erfolgt über den Hilfskontakt der Motorschutzrelais. Dieser ist meist als Wechsler ausgelegt. Der Öffner besitzt die Kontaktbezeichnung 95-96.

Einstellbereiche und Auslösekennlinien entsprechen, mit Ausnahme der Kurzschlussschnellauslösung, denen der Motorschutzschalter.

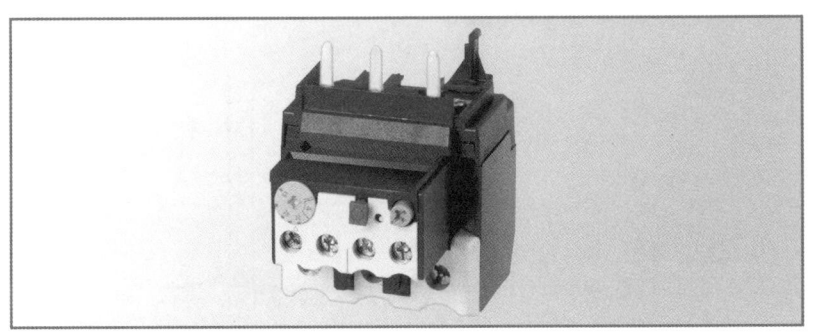

Bild 6.15 *Motorschutzrelais*

6.1.6.4 Motorvollschutz

Beim Motorvollschutz wird der Motor durch die Überwachung der Wicklungstemperatur überwacht. Dazu müssen dem Motor jedoch spezielle Temperaturfühler in den Wicklungen eingebaut werden. Das geschieht bei der Herstellung des Motors. Diese Temperaturfühler werden an ein Überwachungsrelais angeschlossen, das die Temperatur auswertet. Übersteigt die Wicklungstemperatur den Grenzwert, so schaltet das Überwachungsrelais über einen Hilfskontakt das Motorschütz ab.

Der Einsatz eines Motorvollschutzes ist bei der Dimensionierung der Leitung zwischen Schaltschrank und Motor bereits zu berücksichtigen. Um die Temperaturfühler vom Motor in den Schaltschrank zu führen, sind in der Zuleitung zum Motor zusätzlich zu den drei Außenleitern und dem PE-Leiter zwei weitere Adern erforderlich. Dies können auch in einer separaten Leitung verlegt werden.

Diese Art des Motorschutzes findet überall dort Anwendung, wo mit einer erhöhten Umgebungstemperatur oder mit einer zu geringen Kühlung des Motors gerechnet werden muss. Auch bei starken Lastwechseln, die den Motor kurzzeitig überlasten können und damit einen erheblich höheren Strom erwarten lassen, ist dieses Verfahren das zuverlässigste, um einen Motor zu schützen.

6.2 Kabel und Leitungen

Kabel und Leitungen müssen aus einem großen Sortiment ausgewählt werden. Eine Vielzahl von Gründen führt zur richtigen Auswahl.

Da ist zunächst der Einsatzort
- außerhalb oder innerhalb von Gebäuden,
- nach den Vorgaben der Arbeitssicherheit,
- fest verlegt oder beweglich.

Daraus ergibt sich die Leitungsart.

Dann ist da die Frage:
- Welche Betriebsmittel müssen versorgt werden?
- Welcher Art ist der Stromkreis?
- Einphasig? Dreiphasig? Mit oder ohne Neutralleiter?

Daraus ergibt sich die Aderzahl.

Auch der Querschnitt ist auszuwählen. Kriterien sind:
- Mindestquerschnitt nach den Anforderungen der Normen,
- Mindestbelastbarkeit nach den Anforderungen von Normen,
- notwendige Absicherung für das zu versorgende Betriebsmittel,
- Strombelastbarkeit zur Verhinderung von Bränden,
- Abschaltbedingung der Schutzmaßnahme,
- Spannungsfall.

Darüber hinaus ist noch die Verlegung zu berücksichtigen:
- maximaler Befestigungsabstände bei der Verlegung der Leitung,
- minimaler Biegeradius,
- Zugentlastung.

Daraus ergeben sich die Abstände der Befestigungspunkte.

6.2.1 Harmonisierte Leitungen

Elektrische Leitungen wurden 1976 von CENELEC innerhalb Europas harmonisiert und einheitlich gekennzeichnet. Die Kennzeichnung gibt Informationen über die zulässige Spannung und den Aufbau der Leitung. Im Folgenden werden die einzelnen Kernbuchstaben erklärt. **Bild 6.16** zeigt die möglichen Kennzeichnungen einer Leitung.

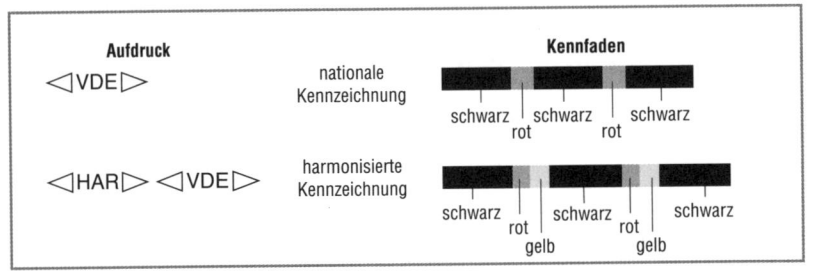

Aufdruck	nationale Kennzeichnung	Kennfaden
◁VDE▷		schwarz | schwarz | schwarz, rot, rot
◁HAR▷ ◁VDE▷	harmonisierte Kennzeichnung	schwarz | schwarz | schwarz, rot, rot, gelb, gelb

Bild 6.16 *Kennzeichnung von Kabeln und Leitungen*

Kennzeichnung der Bestimmung
- A: anerkannter nationaler Typ
- H: harmonisierter Typ

Bemessungsspannung
Die erste Zahl gibt den maximal zulässigen Effektivwert der Spannung zwischen eine aktiven Leiter, dem Schutzleiter oder dem Erdpotential an. Die zweite Zahl gibt den maximal zulässigen Effektivwert der Spannung zwischen zwei aktiven Leitern in der Leitung an.
- 01: 100 V
- 03: 300 V/300 V
- 05: 300 V/500 V
- 07: 450 V/750 V
- 08: 700 V/1.000 V

Isolierwerkstoff für die Aderisolierung
- B: Ethylen-Propylen-Kautschuk
- G: Ethylen-Vinylacetat-Copolymer
- J: Glasfasergeflecht
- N: Chloropren-Kautschuk
- T: Textilgewebe

- N2: Chloropren-Kautschuk für Schweißleitungen
- R: Natur- und synthetischer Kautschuk
- S: Silikon-Kautschuk
- V: Polyvinylchlorid (PVC)
- V2: PVC, wärmebeständig
- V3: PVC, kältebeständig
- V4: PVC, vernetzt
- Z: Polyethylen (PE)
- Q: Polyurethan

Aufbauelemente

Zusätzliche Elemente, die über die normale Verseilung hinausgehen, werden benannt.
- C: Schirm
- Q4: zusätzliche Polyamidaderumhüllung
- T: zusätzliches Textilgeflecht über verseilten Adern
- T6: zusätzliches Textilgeflecht über Einzelader

Mantelwerkstoff

Hier finden sich die gleichen Kennzeichen wie bei den Isolierstoffen der Aderisolierung. Zusätzlich sind die folgenden Werkstoffe üblich:
- J: Glasfasergeflecht
- N4: Chloropren-Kautschuk, wärmebeständig
- Q: Polyurethan
- T: Textilgewebe
- T2: Textilgeflecht, flammwidrig
- V5: PVC, ölbeständig

Aufbauart

Die Aufbauart gibt die Besonderheiten des Aufbaus an, wenn dieser von der Standardverseilung abweicht und besondere Formen oder auch zusätzliche Elemente enthält.
- D3: Zugentlastungselemente
- D5: Kerneinlauf (kein Tragelement)
- FM: Fernmeldeadern in Starkstromleitungen
- H: flache, aufteilbare Leitung (Zwillingsleitung)
- H2: flache, nicht aufteilbare Leitung (zweiadrige Mantelleitung)
- H6: flache, nicht aufteilbare Leitung (mehr- oder vieladrige Mantelleitung)

- H7: Isolierhülle zweischichtig
- H8: Wendelleitung

Leiterwerkstoff:
Es werden nur von Kupfer abweichend Werkstoffe gekennzeichnet:
- ohne Kennzeichen: Kupfer,
- A: Aluminium.

Leiterart
Die Kennzeichnung der Leiterart folgt in der Bezeichnung nach dem Bindestrich.
- D: feindrähtig, für Schweißleitungen
- E: feinstdrähtig, für Schweißleitungen
- F: feindrähtig, Leitungen flexibel
- H: feinstdrähtig
- K: feindrähtig, bei Leitungen für feste Verlegung
- R: mehrdrähtig, rund
- U: eindrähtig, rund
- Y: Lahnlitzenleiter
- Ö: Ölbeständig

Aderzahl
Die Ziffer entspricht der Gesamtzahl der insgesamt vorhandenen Adern.

Schutzleiter:
- G: mit grün-gelbem Schutzleiter
- X: ohne grün-gelben Schutzleiter

Aderquerschnitt
Ziffern = Leiterquerschnitt in mm^2
Folgende Standardquerschnitte sind verfügbar:
0,75 mm^2, 1 mm^2, 1,5 mm^2, 2,5 mm^2, 4 mm^2, 6 mm^2, 10 mm^2, 16 mm^2, 25 mm^2, 35 mm^2, 50 mm^2, 70 mm^2, 95 mm^2, ...

Beispiel für eine harmonisierte Leitungsbezeichnung (Bild 6.17)

Häufig verwendete Leitungstypen nach europäischer Kennzeichnung
In der **Tabelle 6.9** sind einige häufig verwendete Leitungstypen gelistet.

6.2 Kabel und Leitungen

```
H 07 R N - F 3 G 1,5
              │ │ │  └─ 1,5 = Leiterquerschnitt in mm²
              │ │ └──── G  = mit grün-gelben Schutzleiter
              │ │       X  = ohne grün-gelben Schutzleiter
              │ └────── 3  = Anzahl der Adern
              └──────── F  = feindrähtig (Leitung flexibel)
                        N  = Mantel der Leitung aus N: Chloropren-Kautschuk
                        R  = Isolierung der Adern aus Natur- und synthetischem Kautschuk
                        07 = zugelassen für 450 V Spannung zwischen Außenleiter (L1, L2, L3)
                             und dem Schutzleiter (PE) und 750 V Spannung zwischen
                             den Außenleitern (L1, L2, L3)
                        H  = harmonisierter Typ
```

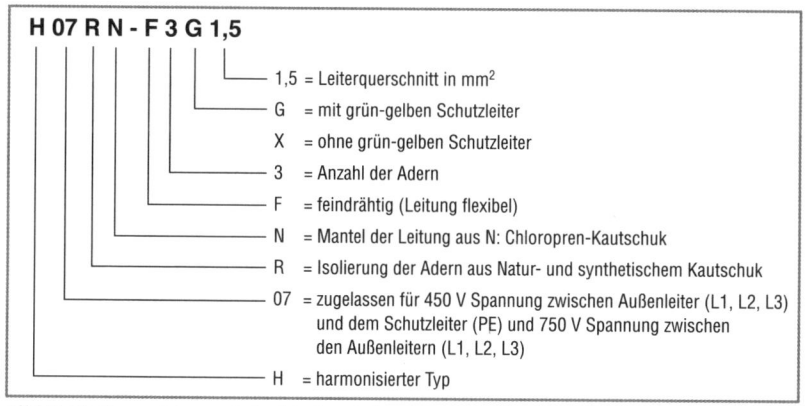

Bild 6.17 *Kennzeichnungsbeispiel einer Leitung*

Kurzzeichen	Verwendung
	Gummischlauchleitungen
H05RR-F	für geringe mechanische Belastung, nicht für die Verwendung im Freien
H05RN-F	für geringe mechanische Belastung, auch für die dauerhafte Verwendung im Freien
H07RN-F	für mittlere mechanische Belastung, auch für die dauerhafte Verwendung im Freien
	Kunststoffschlauchleitung
H05-VV-F	Verwendung als mittelschwere Anschlussleitung für Betriebsmittel, z. B. in Büroumgebung
H03VV-F	Verwendung als leichte Anschlussleitung für Betriebsmittel, z. B. in Haushaltsumgebung

Tabelle 6.9 *Häufig verwendete Leitungstypen*

6.2.2 Nationale Kennzeichnung von Leitungen

In Deutschland existiert ein zusätzliches Kennzeichnungssystem. Zuständig sind die Normen der Reihe DIN VDE 0292 [12] „System für Typkurzzeichen von isolierten Leitungen" und DIN VDE 0293-308 [13] „Kennzeichnung der Adern von Kabeln/Leitungen und flexiblen Leitungen".
Nach VDE-Normung ist der erste Buchstabe der Kennzeichnung ein „N". Das bedeutet, dass es sich um eine Normenleitung nach den VDE-Vorschriften handelt. Weitere Buchstaben geben den Aufbau des Kabels von der Aderisolierung nach Außen an.

Die einzelnen Kurzzeichen bedeuten:
1. Block für Leitungen
A: Ader, Aluminiumumhüllung, Aluminiumader (Al)
B: Bleimantelleitung
C: konzentrische Leiter (abgeschirmt)

D: Drillingsleitung
F: feindrähtig, Fassungsader, Flachleitung
G: Gummihülle, 2-G-Silikonkautschuk (mit erhöhter Wärmebeständigkeit)
H: Hülle (Schirmgeflecht für Abschirmungszwecke, verwendbar für Handgeräte, z. B. Bohrmaschinen usw.)
I: Verlegung im Putz
(J) Zusatz bei Mehraderleitungen mit grün-gelbem Schutzleiter
K: Korrosionsschutz
L: für leichte mechanische Beanspruchung (z. B. Leuchtröhren)
M: Mantel, mittlere mechanische Beanspruchung
N: Normenleitung
(O): Zusatz bei Mehraderleitungen ohne grün-gelben Schutzleiter
ö: ölfest
P: Papierumhüllung
R: Rohrdraht, gefalzte Rohrumhüllung, gerillte Umhüllung
S: Schnur, Segeltuchhülle, für schwere mechanische Beanspruchung
T: Trosse
U: Umhüllung
U: unflammbar bzw -flammwidrig
V: Verdrahtungsleitung, verdrehbeanspruchungsfest
W: wetterfest
Y: Kunststoffisolierung (Thermoplaste wie z. B. PVC usw.)
Z: Zinkmantel, Zwillingsader, Zugentlastung

Fehlt das A in der Bezeichnung, dann handelt es sich um Cu-Leiter.

1. Block für Kabel
A: nach N: Al-Leiter, am Ende: Außenhülle aus Jute
B: Stahlbandbewehrung
C: konzentrischer Leiter bzw. Schirm aus Kupferdrähten oder -bändern
CW: konzentrischer Leiter aus Kupfer, wellenförmig aufgebracht
CE: Einzeladerschirmung
D: Druckbandage aus Metallbändern
E: nach N: Einzeladerschirmung, am Ende: Schutzhülle aus Kunststoffband
F: Flachdrahtbewehrung
fl: flammwidrig
Gb: Stahlbandgegenwendel
H: Kabel mit metallisierten Einzeladern (Höchstädter Kabel)
K: Kabel mit Bleimantel

L: glatter Aluminiummantel
N: Kabel nach Norm
O: offene Stahldrahtbewehrung
Ö: Ölkabel
Q: Beflechtung aus verzinktem Stahldraht
R: Runddrahtbewehrung, Rostschutzanstrich
S: Kupferschirm ($\geq 6\,\text{mm}^2$) zwecks Berührungsschutz oder zur Fortleitung von Fehlerströmen
SE: anstatt H; analog zu S, jedoch für Mehraderkabel; dann jeweils für jede Ader
u: unmagnetisierbar
WK: Stahlwellenmantel
W: Kupferwellenmantel
w: wärmebeständig
2X: Isolierung aus vernetztem Polyethylen (VPE)
Y: Isolierung oder Mantel aus PVC
2Y: Isolierung oder Mantel aus thermoplastischem Polyethylen (PE)
4Y: Mantel aus Polyamid (Nylon)

2. Block: Leiterquerschnitt

Ziffer = Anzahl der Adern
x = Trennzeichen
Zahl = Adernquerschnitt in mm^2
Folgende Standardquerschnitte sind verfügbar:
$0.75\,\text{mm}^2$, $1\,\text{mm}^2$, $1.5\,\text{mm}^2$, $2.5\,\text{mm}^2$, $4\,\text{mm}^2$, $6\,\text{mm}^2$, $10\,\text{mm}^2$, $16\,\text{mm}^2$, $25\,\text{mm}^2$, $35\,\text{mm}^2$, $50\,\text{mm}^2$, $70\,\text{mm}^2$, $95\,\text{mm}^2$, ...

6. Block: Leiteraufbau

RE: eindrähtiger Rundleiter
RF: feindrähtiger Rundleiter
RM: mehrdrähtiger Rundleiter
SE: eindrähtiger Sektorleiter
SM: mehrdrähtiger Sektorleiter

4. Block: Schutzleiter

J: Leitung hat grün-gelb gekennzeichnete Ader
O: Leitung hat keine grün-gelb gekennzeichnete Ader

Beispiel für eine Leitungskennzeichnung (Bild 6.18)

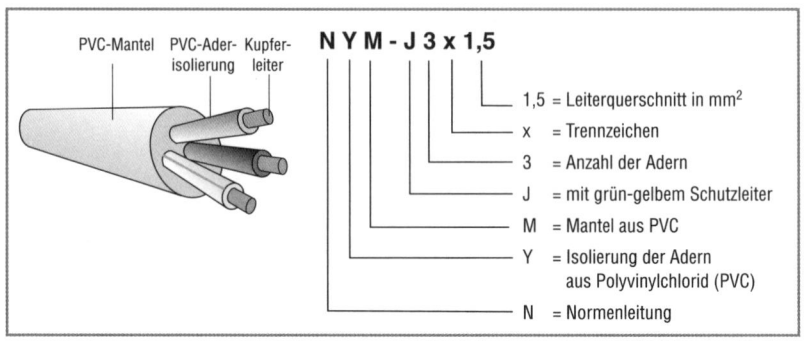

```
PVC-Mantel  PVC-Ader-  Kupfer-    N Y M - J 3 x 1,5
            isolierung leiter
                                        1,5 = Leiterquerschnitt in mm²
                                        x   = Trennzeichen
                                        3   = Anzahl der Adern
                                        J   = mit grün-gelbem Schutzleiter
                                        M   = Mantel aus PVC
                                        Y   = Isolierung der Adern
                                              aus Polyvinylchlorid (PVC)
                                        N   = Normenleitung
```

Bild 6.18 *Aufbau einer Mantelleitung vom Typ NYM*

Verwendung von Aderfarben

Bei den meisten Leitungen und Kabeln sind die Adern farblich gekennzeichnet. Die Adern werden für folgende Aufgaben verwendet:

- Außenleiter = Braun, Schwarz, Grau,
- Neutralleiter = Blau,
- Schutzleiter und Schutzpotentialausgleichsleiter = Grün-Gelb.

Leitungen und Kabel mit mehr als 5 Adern sind dagegen meist mit einer Nummerierung gekennzeichnet. Zusätzlich zu den nummerierten Adern ist in diesen Leitungen ein Leiter farblich grün-gelb gekennzeichnet. Werden in diesen Leitungen Neutralleiter geführt, so ist eine Ader mit beliebiger Nummerierung verwendbar. Die Ader ist jedoch an der Klemmstelle zusätzlich blau, z. B. mittels blauem Isolierband, als Neutralleiter zu kennzeichnen.

Bei älteren Leitungen können auch andere Farbkennzeichnungen auftreten (**Tabelle 6.10**).

6.2.3 Belastbarkeit von Leitungen

Wenn ein Strom durch einen Leiter fließt, wird dieser erwärmt. Dabei gilt folgender Zusammenhang:

Je kleiner der Querschnitt des Leiters und je größer der Strom, umso höher ist der Temperaturanstieg. **Bild 6.19** zeigt die Zusammenhänge. Dabei ist auch die Umgebung und die Umgebungstemperatur des Leiters zu berücksichtigen.

Die Kunststoffe, mit denen die Leitungen isoliert sind, dürfen nur einer bestimmten maximalen Temperatur ausgesetzt werden. Sonst werden sie zerstört.

6.2 Kabel und Leitungen

Jahr	Farbe
Ab 1930	Für isolierte Leitungen in Niederspannungsanlagen: – zwei Adern: Hellgrau, Schwarz – drei Adern: Hellgrau, Schwarz, Rot – vier Adern: Hellgrau, Schwarz, Rot, Blau Für den „Nullleiter" (entsprach in etwa dem PEN-Leiter) ist die hellgraue Ader zu verwenden.
Ab 1939	Isolierte Leitungen: – zwei Adern: Hellgrau, Schwarz – drei Adern: Hellgrau, Schwarz, Rot – vier Adern: Hellgrau, Schwarz, Rot, Blau – fünf Adern: Hellgrau, Schwarz, Rot, Blau, Schwarz Für den Nullleiter (entsprach in etwa dem PEN-Leiter) ist in der festen Anlage die hellgraue Ader, bei ortsveränderlichen Geräten für den Schutzleiter die rote Ader zu verwenden. Die rote Ader wurde damals zum Teil auch in der fest errichteten elektrischen Anlage als Schutzleiter verwendet – wenn Schutz und Neutralleiter getrennt verlegt wurden –, obwohl das normativ nicht vorgesehen war.
Ab 1965	In den Normen der Reihe DIN VDE 0100 (VDE 0100) sind nur noch Aussagen zu Schutzleitern (PE), Nullleitern (PEN) und Mittel- oder Sternpunktsleitern (Mp) enthalten: – Nullleiter: Grün-Gelb – Mittelleiter: Hellblau – Schutzleiter: Grün-Gelb
Ab 1973	– Nullleiter (Mp/SL): Grün-Gelb – Mittelleiter (Mp): Hellblau – Schutzleiter (SL): Grün-Gelb

Tabelle 6.10 *Aderfarben der letzten Jahrzehnte in Deutschland*
Quelle: de-Jahrbuch Elektrotechnik für Handwerk und Industrie 2012, S. 121

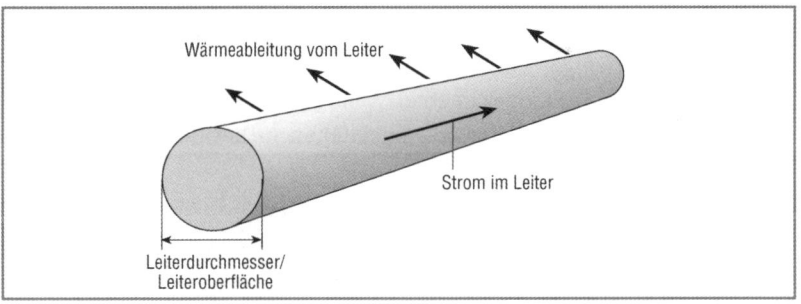

Bild 6.19 *Wärmeentwicklung einer Leitung*

Neben dem Verhältnis von Leiterquerschnitt und Stromhöhe existieren noch weitere Faktoren, die die Belastbarkeit einer Leitung bestimmen.

Zunächst ist dies die maximale Temperatur am Leiter. Diese beträgt bei PVC-isolierten Leitungen 70 °C.

Die Umgebungstemperatur, in der die Leitung verlegt ist, spielt eine wesentliche Rolle, welche Wärmemenge vom Leiter abgeführt werden kann.

Die Verlegeart spielt eine große Rolle. Sie beschreibt die Art und Umgebung, in der die Leitung verlegt ist, z. B. in einer wärmegedämmten Wand, im Putz einer Wand oder auf der Wand.

Die Anzahl der belasteten Adern in der Leitung führt dem Leiter unterschiedliche Wärmeenergie zu.

Die genannten Faktoren sind in dem Tabellenwerk der VDE-Vorschriften über die Belastbarkeit von Leitungen berücksichtigt.

Zusätzlich spielen aber weitere Faktoren eine Rolle:
1. die Häufung der Leitungen,
2. die geänderten Umgebungstemperaturen,
6. die Anzahl der belasteten Adern wenn dies mehr als drei Adern sind,
4. die Größe der Oberwellen in dem Netz.

6.2.3.1 Strombelastbarkeit von Leitungen

Die Strombelastbarkeit von Leitungen ist in DIN VDE 0298-4 [14] festgelegt. Bei der Dimensionierung von Leitungen sind ausschließlich die dort abgedruckten Tabellen in der jeweils gültigen Fassung zu verwenden. Die **Tabellen 6.11, 6.12** und **6.13** sind ausschließlich für die Übung in der Ausbildung verwendbar. Sie stellen einen kleinen Auszug aus dem gesamten Tabellenwerk dar.

Für mehradrige Kabel oder mehradrige ummantelte Installationsleitungen in einem Elektro-Installationsrohr in einer wärmegedämmten Wand, Verlegeart A2 bei 25 °C, gilt Tabelle 6.11.

Für die Verlegung mehradriger Kabel oder mehradriger, ummantelter Installationsleitungen in einem Elektro-Installationsrohr auf einer Wand, Verlegeart B2 bei 25°C, gilt Tabelle 6.12.

Für die Verlegung auf oder in einer Wand von ein- oder mehradrigen Kabeln oder ein- oder mehradrigen, ummantelten Installationsleitungen, Verlegeart C bei 25 °C, gilt Tabelle 6.13.

Querschnitt in mm²	Strombelastbarkeit bei Wechselstrom in A	Sicherung bei Wechselstrom in A	Strombelastbarkeit bei Drehstrom in A	Sicherung bei Drehstrom in A
1,5	16,5	16	14	13
2,5	19,5	16	18,5	16
4	27	25	24	20
6	34	32	31	25
10	46	40	41	40
16	60	50	55	50
25	80	80	72	63

Tabelle 6.11 *Belastbarkeit von Leitungen, Verlegeart A2 bei 25 °C (Übungstabelle)*

6.2 Kabel und Leitungen

Querschnitt in mm²	Strombelastbarkeit bei Wechselstrom in A	Sicherung bei Wechselstrom in A	Strombelastbarkeit bei Drehstrom in A	Sicherung bei Drehstrom in A
1,5	17,5	16	16	16
2,5	24	20	21	20
4	32	32	29	25
6	40	40	36	32
10	55	50	49	40
16	73	63	66	63
25	95	80	85	80

Tabelle 6.12 *Belastbarkeit von Leitungen, Verlegeart B2 bei 25 °C (Übungstabelle)*

Querschnitt in mm²	Strombelastbarkeit bei Wechselstrom in A	Sicherung bei Wechselstrom in A	Strombelastbarkeit bei Drehstrom in A	Sicherung bei Drehstrom in A
1,5	21	20	18,5	16
2,5	29	25	25	25
4	38	35	34	32
6	49	40	43	40
10	67	63	63	63
16	90	80	81	80
25	119	100	102	100

Tabelle 6.13 *Belastbarkeit von Leitungen, Verlegeart C bei 25 °C (Übungstabelle)*

Wichtiger Hinweis: Die aufgelisteten Belastbarkeitswerte und zugeordneten Sicherungen gelten nur als Lernbeispiel. Für die Dimensionierung sind die Werte grundsätzlich aus den aktuellen VDE-Vorschriften zu entnehmen. Diese Tabellen sind in DIN VDE 0298-4 [14] abgedruckt.

6.2.3.2 Geänderte Umgebungsbedingungen

Der Begriff „geänderte Umgebungstemperatur" bezieht sich auf die, in den Standardtabellen der Norm, zugrunde gelegte Normaltemperatur von 30°C. In Deutschland sind jedoch 25°C als Standardtemperatur festgelegt.

Bei von der in der Belastbarkeitstabelle abweichenden Umgebungstemperatur ist ein Korrekturfaktor nach **Tabelle 6.14** erforderlich.

Umgebungstemperatur in °C	10	15	20	25	30	35	40	45	50
Korrekturfaktor	1,22	1,17	1,12	1,06	1,00	0,94	0,87	0,79	0,71

Tabelle 6.14 *Korrekturfaktor für andere Umgebungstemperaturen bezogen auf 30°C (Übungstabelle)*

6.2.3.3 Häufung von Leitungen

Werden mehrere voll belastete Leitungen in einem Kabelkanal oder einem Rohr verlegt, gelten Korrekturfaktoren nach **Tabelle 6.15** für die Häufung von mehradrigen Kabeln oder Leitungen.

Anzahl Leitungen	1	2	3	4	5	6	7	8	9	10
Korrekturfaktor	1,00	0,80	0,70	0,65	0,60	0,57	0,54	0,52	0,50	0,48

Tabelle 6.15 *Korrekturfaktoren für Häufung von Leitungen*
(Übungstabelle)

6.2.3.4 Anzahl der belasteten Adern

Die Belastbarkeit von Leitungen mit zwei und drei belasteten Adern ist in den Standardtabellen enthalten. Werden jedoch mehr Adern in einem Kabel belastet, gelten zusätzliche Korrekturfaktoren für mehr als drei belastete Adern nach **Tabelle 6.16**. Die Tabelle zeigt die Korrekturfaktoren nach Anzahl der belasteten Adern bei Verlegung in Luft bis zu einem Leiterquerschnitt von $10\,mm^2$.

Anzahl der belasteten Adern	5	6	7	10	14	19	24	40
Korrekturfaktor	0,75	0,70	0,65	0,55	0,50	0,45	0,40	0,35

Tabelle 6.16 *Korrekturfaktoren für mehr als drei belastete Adern*
(Übungstabelle)

6.2.4 Festes Verlegen von Leitungen

Leitungen in einer elektrotechnischen Anlage zu verlegen, ist grundsätzlich keine Aufgabe für eine Elektrofachkraft für festgelegte Tätigkeiten, die eigenverantwortlich ausgeführt werden kann. Nach den Regeln der NAV dürfen elektrotechnische Anlagen nur von den in ein Installateurverzeichnis eingetragenen Unternehmen unter Leitung einer verantwortlichen Elektrofachkraft ausgeführt werden.

Werden allerdings Maschinen verkabelt, so kann dies eine Aufgabe der EFKffT sein. Dazu werden im folgenden Abschnitt die spezifischen Fragestellungen zur Verkabelung von Maschinen behandelt.

Grundsätzlich gelten für die Verlegung von Kabeln und Leitungen Vorschriften für die Umgebungsbedingungen für die Belastbarkeit der Leitung und deren Befestigung.

Zusätzlich gelten für die feste Verlegung die Mindestquerschnitte in **Tabelle 6.17**.

Anwendung	Querschnitt Cu in mm²	Querschnitt Al in mm²
Leistungs- und Beleuchtungsstromkreise	1,5	16
Melde- und Steuerstromkreise	0,5	

Tabelle 6.17 *Mindestquerschnitte für feste Verlegung*

6.2.5 Biegeradien

Kabel und Leitungen dürfen nicht zu eng gebogen werden, weil sich die Leitung sonst verformt. Die Folgen sind Isolationsfehler.

6.2.5.1 Kabel NYY oder NYCWY

Die DIN VDE 0276-603 (VDE 0276 Teil 603) [15] enthält in Teil 3, Hauptabschnitt 3G, Abschnitt IV Tabelle 3, lfd. Nr. 4 folgende Angaben:

a) Zulässiger Biegeradius beim Verlegen:
- einadrige Kabel: 15-facher Kabeldurchmesser,
- mehradrige Kabel: 12-facher Kabeldurchmesser.

b) Verringerung des Biegeradius um 50 % unter den folgenden Voraussetzungen:
- einmaliges Biegen,
- fachgerechte Verlegung,
- Erwärmung des Kabels auf 30 °C,
- Biegen des Kabels über Schablonen.

6.2.5.2 Leitungen

Die zulässigen Biegeradien bei fester Verlegung müssen **Tabelle 6.18** entsprechen.

Dabei ist „D" der Außendurchmesser der Leitung. Der Biegeradius ist der Radius an der Innenseite des Bogens.

Leitungsart	Leitungsdurchmesser in mm		
	$D \leq 8$	$8 < D \leq 12$	$D > 12$
Leitungen mit starren Leitern	4D	5D	6D
Leitungen mit flexiblen Leitern	3D	3D	4D

Tabelle 6.18 *Kleinster Biegeradius von Leitungen*

6.2.6 Befestigungsabstände

Befestigungsabstände für Kabel und Leitungen sind unterschiedlich. Ebenfalls unterschiedlich sind die Befestigungsabstände für leicht zugängliche und verdeckt angeordnete Kabel und Leitungen.

6.2.6.1 Befestigungsabstände für Kabel

DIN VDE 0276-603 (VDE 0276 Teil 603) [15] enthält folgende Angaben:
Waagerechter Abstand zwischen Schellen: 20-facher Kabeldurchmesser. Diese Abstände gelten auch für Auflagestellen bei Verlegung auf Kabelpritschen oder Gerüsten.
Ein Abstand von 80 cm sollte nicht überschritten werden.
Senkrechter Abstand zwischen Schellen: Bei senkrechter Verlegung an Wänden dürfen die Schellenabstände vergrößert werden. Es sollten jedoch Abstände von 1,5 m nicht überschritten werden.

6.2.6.2 Befestigungsabstände für Leitungen

Empfehlung für maximal zulässige Befestigungsabstände von Leitungen, die leicht zugänglich sind, gehen aus **Tabelle 6.19** hervor. In den VDE-Vorschriften stehen die Werte in DIN VDE 0298-300 (VDE 0298 Teil 300) [16]:1999-04, Tabelle 5.

Für die Befestigung der Leitungen sollten die Maße aus **Bild 6.20** angewendet werden. Vor einem Betriebsmittel gilt ein maximaler Abstand der Schelle vor der Einführung von 8 cm. Die erste Befestigung hinter einem Bogen ist nicht weiter als 5 cm vom Ende des Bogens entfernt. Beweglich eingeführte Leitungen sind direkt an der Einführungsstelle mit einer Zugentlastung zu versehen. Das geschieht entweder mit der Kabelverschraubung oder im Gerät.

Außendurchmesser der Leitungen in mm	Maximaler Abstand der Befestigung in mm	
	waagerecht	senkrecht
≤ 9	250	400
10 ... 15	300	400
16 ... 20	350	450
21 ... 40	400	550

Tabelle 6.19 *Maximale Befestigungsabstände bei frei zugänglichen Leitungen*

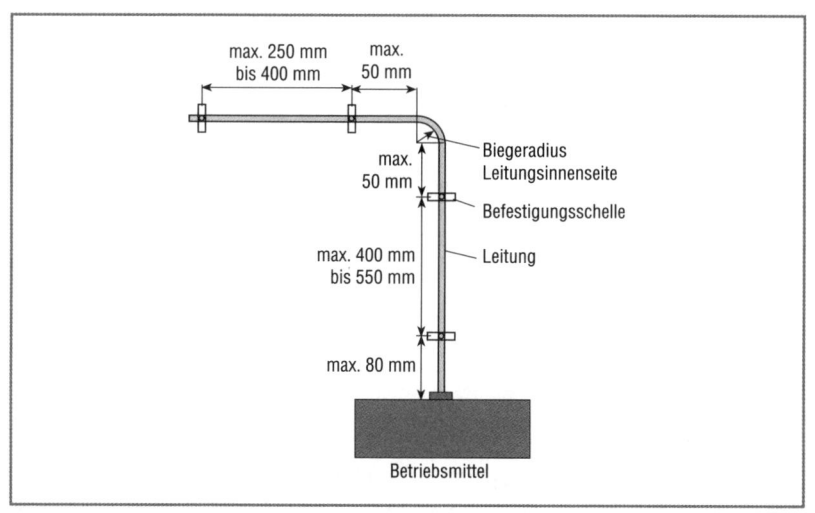

Bild 6.20 *Leitungsverlegung, Befestigungsabstände zugänglich verlegter Leitungen*

6.2.6.3 Verdeckte Leitungsführung
Befestigungsabstände von verdeckt geführten Kabeln und Leitungen:
- vertikaler Abstand der Befestigungen 1.500 mm,
- horizontaler Abstand der Befestigungen 800 mm.

6.2.6.4 Mantelleitungen (NYM)
Diese Leitungen sind zur Verlegung über, auf, im und unter Putz in trockenen, feuchten und nassen Räumen sowie im Mauerwerk und im Beton, ausgenommen für direkte Einbettung in Schütt-, Rüttel- oder Stampfbeton bestimmt. Diese Leitungen sind auch für die Verwendung im Freien geeignet, sofern sie vor direkter Sonneneinstrahlung geschützt sind.

6.3 Steckverbindungen

6.3.1 Schutzkontakt-Steckverbindungen

Schutzkontakt-Steckverbindungen dienen zum Anschluss von Betriebsmitteln der Schutzklasse 1 mit Schutzleiteranschluss. Sie sind für eine Spannung von 230 V gebaut und können mit 16 A belastet werden. Schutzkontakt-Stecker wurden in Deutschland entwickelt. Dabei galt es zunächst, eine gegen Berührung geschützte Steckverbindung zu schaffen (**Bild 6.21**). Die-

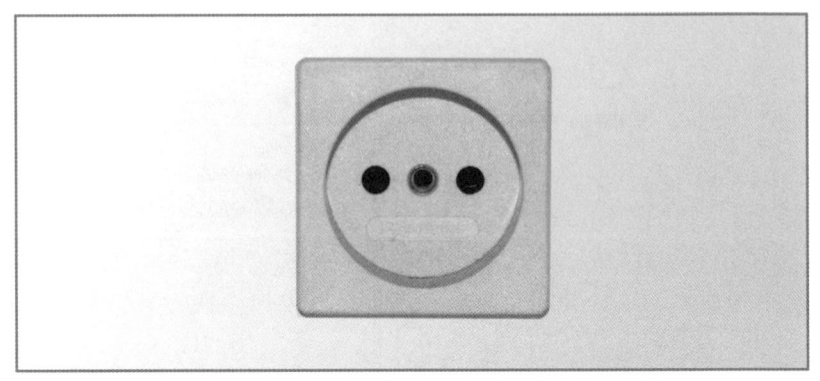

Bild 6.21 *Steckdose ohne Schutzkontakt, der Vorläufer der „Schuko"-Steckdose*

ser Steckverbindung wurde später ein Kontakt hinzugefügt, der Schutzkontakt, der vor den beiden aktiven Kontakten Verbindung bekommt und nach dem Trennen der beiden spannungsführenden Kontakte getrennt wird.

Die Steckdose ohne Schutzkontakte findet heute nur noch in ganz speziellen Fällen Anwendung.

Für höhere mechanische Belastungen, wie sie auf Baustellen vorkommen, werden Schutzkontakt-Gummistecker nach **Bild 6.22** verwendet. Im Gegensatz zu den Hartkunststoffen, die im Haushaltsbereich (**Bild 6.23**) oft anzutreffen sind, werden die Gummistecker nicht so schnell zerstört.

Steckverbindungen anderer Länder haben einen Schutzkontakt, der eine Buchse im Stecker erfordert. In diesen Fällen kann ein Stecker nach **Bild 6.24** verwendet werden.

Der Konturenstecker nach **Bild 6.25** findet dann Anwendung, wenn ein schutzisoliertes Gerät mit einer höheren Strombelastbarkeit als 2,5 A angeschlossen werden muss.

Bild 6.22 *Schutzkontakt-Gummistecker*    **Bild 6.23** *Schutzkontakt-Kupplung zur Anwendung im Haushalt*

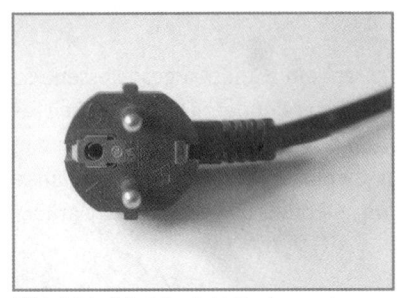

Bild 6.24 *Schutzkontakt-Stecker nach CEE 7-7 für internationale Anwendungen*

Bild 6.25 *Konturenstecker*

Anschluss von Betriebsmitteln der Schutzklasse 2

Häufig werden schutzisolierte Betriebsmittel eingesetzt. Diese sind dann an eine zweiadrige Leitung angeschlossen, die am Ende einen Eurostecker oder Konturenstecker besitzt. Beim Auswechseln der Anschlussleitung werden dann oft dreiadrige Leitungen und Schutzkontakt-Stecker verwendet. Das hat den Vorteil, dass auch die Leitung bei einem Defekt über den Schutzleiter geschützt ist. Der Schutzleiter darf in dem Gerät allerdings nicht verklemmt werden. Er muss isoliert auf eine Klemme geführt werden. Er darf im Gerät nicht berührbar sein.

6.3.2 Eurostecker

Der Eurostecker ist nach IEC 60906-1 [17] europaweit genormt. Er ist im **Bild 6.26** dargestellt und dient zum Anschluss von schutzisolierten Betriebsmitteln (Schutzklasse 2) mit einer Stromaufnahme bis 2,5 A. Müssen Geräte mit einer höheren Stromstärke versorgt werden, ist der in Bild 6.25 dargestellte Konturenstecker zu verwenden. Der Eurostecker passt in die Schutzkontakt-Steckdose ebenso wie in viele im europäischen Raum national genormte Steckdosen.

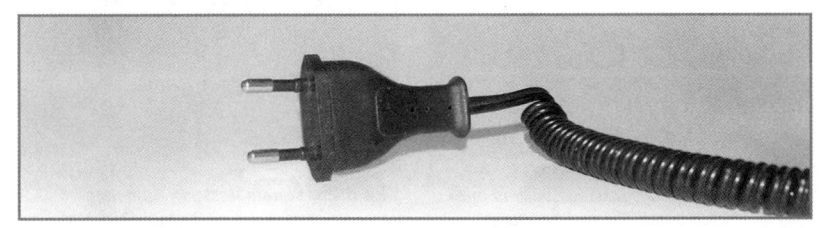

Bild 6.26 *Eurostecker*

6.3.3 Gerätesteckverbindungen

Werden Anschlussleitungen nicht direkt an ein Gerät angeschlossen, so werden zum Anschluss Steckverbindungen verwendet. Dabei handelt es sich um eigenständige Betriebsmittel. Eine Vielzahl von verschiedenen Steckverbindungen ist genormt. Sie sind jeweils auf die Leistungsaufnahme der anzuschließenden Geräte und auf die Geräteart abgestimmt. Darüber hinaus wird in

- Kaltgerätesteckverbindungen,
- Warmgerätesteckverbindungen und
- Heißgerätesteckverbindungen

unterschieden.

Der Stecker befindet sich bei Gerätesteckdosen in dem Betriebsmittel. Die Kupplung (Steckdose) ist Teil der Anschlussleitung. **Bild 6.27** zeigt eine Anschlussleitung mit Stecker und Kupplung (Buchse).

Der Stecker des Gerätes, in den die in Bild 6.27 gezeigte Kupplung passt, hat die Bezeichnung C 14.

Die maximale Temperatur an den Verbindungsstiften des Steckers darf 70 °C nicht überschreiten. Die maximale Strombelastbarkeit beträgt 10 A. Kaltgerätestecker passen nicht in Warm- oder Heißgerätebuchsen. Die Kaltgeräteanschlüsse werden zum Beispiel in Computernetzteilen oder Zusatzgeräten verwendet.

Die Steckvorrichtung nach **Bild 6.28** kann bis 2,5 A verwendet werden. Die Kontakte sind zugeordnet, was jedoch in Deutschland wegen des symmetrischen Schutzkontakt-Steckers keine Bedeutung hat.

Die in **Bild 6.29** gezeigte Steckverbindung kann bis 2,5 A belastet werden. Da sie häufig zum Anschluss von Rasierapparaten verwendet wird, trägt sie auch die umgangssprachliche Bezeichnung „Rasierapparatstecker".

Die Nase an dem Gerätestecker aus **Bild 6.30** verhindert das Einstecken einer Kaltgerätekupplung C16. Auch wird die Verwendung einer Warmge-

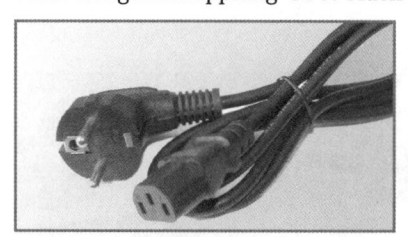

Bild 6.27 *Kaltgeräteanschlussleitung mit Kupplung (Gerätesteckdose) nach IEC 60320-C13 [18]*

Bild 6.28 *Kaltgerätesteckverbindung nach IEC-60320-C5 [18]*

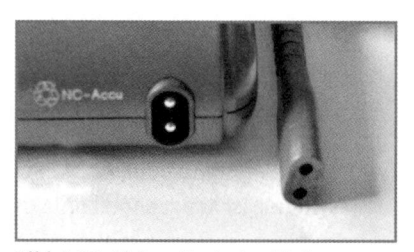

Bild 6.29 Kleingerätesteckverbindung nach IEC-60320-C1 [18]

Bild 6.30 Warmgerätesteckdose nach IEC C15

rätekupplung in einem Heißgerätestecker durch eine besondere Nasenform verhindert. Die Kupplung besitzt dazu eine Einkerbung an der Oberseite. Das Steckersystem ist mit Warmgerätestecker (C15) für den Betrieb bis 120 °C und einer Stromstärke bis 10 A zugelassen. Heißgerätestecker (C15A) dürfen für Verbraucher mit einer Betriebstemperatur von bis zu 155 °C und bis zu 16 A verwendet werden.

6.3.4 CEE-Steckverbindungen

CEE-Steckverbindungen (**Bild 6.31**) werden überall dort verwendet, wo robuste Betriebsmittel erforderlich sind. Das ist im gewerblichen Bereich immer der Fall. In verschiedenen Errichternormen und in den Unfallverhütungsvorschriften sind diese Steckvorrichtungen zwingend vorgeschrieben.

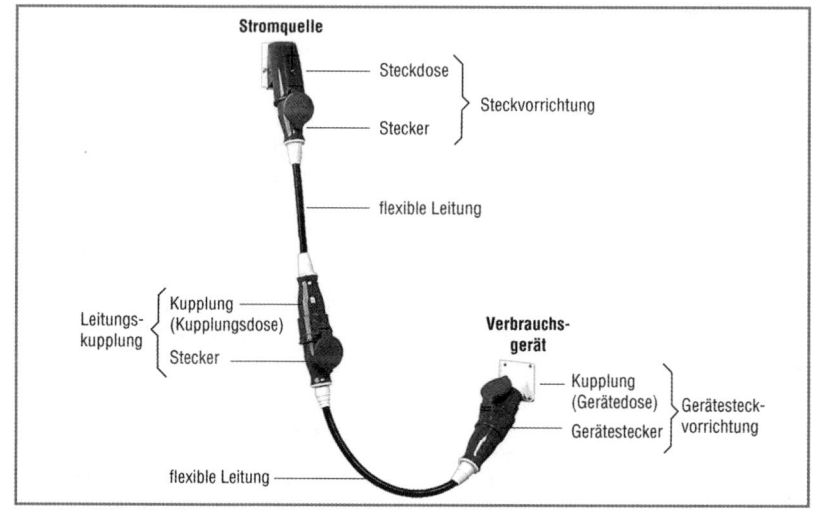

Bild 6.31 Kennzeichnung von Betriebsmitteln des CEE-Steckersystems

CEE-Steckvorrichtungen werden, beginnend bei 16 A, für Anwendungen bis 125 A, hergestellt. Sie weisen drei, vier oder fünf Pole auf. Die dreipoligen CEE-Steckverbindungen haben gegenüber den Schutzkontakt-Steckverbindungen den Vorteil, dass sie vertauschungssicher sind. Das bedeutet, der Außenleiter und der Neutralleiter sind festen Anschlusspunkten zugeordnet. Sie können im Gegensatz zu den symmetrischen Schutzkontakt-Steckern nicht vertauscht werden. Das ist bei einigen Geräten wichtig.

Für die verschiedenen Stecker und Buchsen werden die Begriffe nach Bild 6.31 verwendet.

Eine Steckdose muss in einer Anlage immer so angeschlossen werden, dass an ihr ein Rechtsdrehfeld liegt. Das bedeutet, wenn ein Motor durchgängig mit der Reihenfolge der Außenleiter L1-L2-L3 an den Klemmen U1-V1-W1 angeschlossen wird, dreht er rechts herum. So ist es möglich, ohne Änderungsarbeiten an der Anlage oder Maschine, diese an jede Steckdose anzuschließen und gefahrlos zu betreiben. Leider halten sich nicht alle an diese Vorschrift. Aus diesem Grund gibt es „Phasenwender", die mithilfe eines Umschalters zwei Außenleiter vertauschen und so die richtige Drehrichtung ohne Klemmarbeiten herstellen. **Bild 6.32** zeigt einen fünfpoligen Stecker für den Anschluss eines Drehstrombetriebsmittels 3, N, PE, 400 V, 16 A.

Mit Hilfe der Grafik in **Bild 6.33** lassen sich die Stecksysteme im Hinblick auf Steckerfarben, Polzahl, Spannungen und Frequenzen der zu Übertragung anstehenden Systeme auswählen.

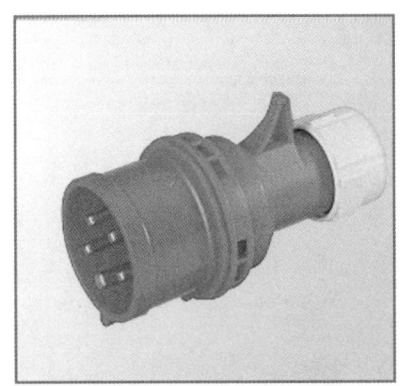

Bild 6.32 *Fünfpoliger CEE-Stecker mit Kabelverschraubung, in die die Zugentlastung integriert ist*
Quelle: Fa. Mennekes Elektrotechnik GmbH & Co. KG

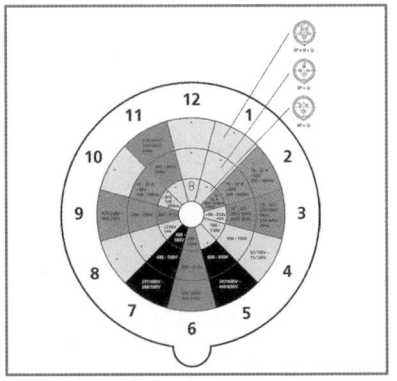

Bild 6.33 *Farbschema und Lage der Schutzleiteranschlüsse*
Quelle: Fa. Mennekes Elektrotechnik GmbH & Co. KG

6.3.5 Geräteanschlussdosen

Fest angeschlossene Geräte werden über Geräteanschlussdosen nach **Bild 6.34** angeschlossen. Das gilt nicht nur für Elektroherde, sondern für alle Geräte, die über eine flexible Anschlussleitung mit der festen Installation verbunden werden müssen.

Über flexible Anschlussleitungen müssen alle Geräte angeschlossen werden, die betriebsbedingt oder zum Anschluss sowie in besonderen Fällen bewegt werden. Auch schwingende Geräte, sind mit flexiblen Leitungen anzuschließen. Das gilt zum Beispiel für Pumpen oder Ventilatoren, die in Schwingungselementen gelagert sind.

Ein Herd wird mit einer fünfadrigen Anschlussleitung vom Typ H05VV-F 5G2,5 angeschlossen. Die Enden der Adern sind mit Aderendhülsen gegen Aufspleißen geschützt. Die Geräteanschlussdose verfügt über eine Zugentlastungsschelle, mit der die Klemmen gegen Zug geschützt werden. Auch wenn an einer Anschlussdose alle drei Außenleiter zur Verfügung stehen, darf nur ein Betriebsmittel angeschlossen werden. Jeder Wechselstromkreis muss mit einem separaten Neutralleiter ausgestattet sein, der am Stromkreisverteiler beginnt. Werden mehrere Wechselstromverbraucher an einen Drehstromkreis angeschlossen, ist das nicht gewährleistet. Sie benutzen den einen vorhandenen Neutralleiter gemeinsam. Das ist nicht erlaubt.

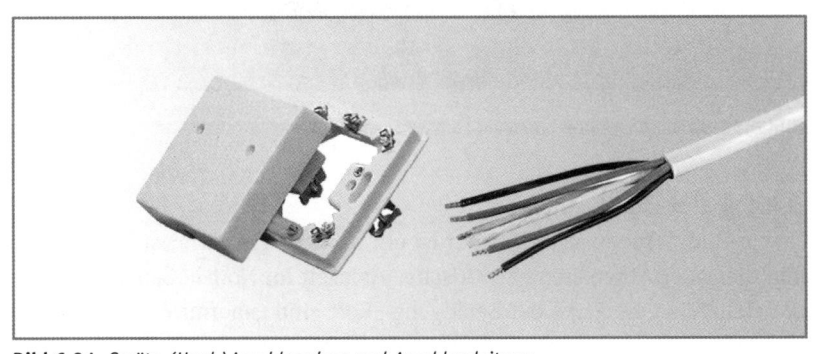

Bild 6.34 *Geräte-(Herd-)Anschlussdose und Anschlussleitung*

6.4 Schalt- und Steuergeräte

Aus der Vielzahl von Schalt- und Steuergeräten sollen im Folgenden zwei für die EFKffT wichtige Betriebsmittel aufgeführt werden.

6.4.1 Schalter

6.4.1.1 Reparaturschalter

Reparaturschalter nach **Bild 6.35** werden überall dann eingesetzt, wenn ein Antrieb freigeschaltet und gegen Wiedereinschalten gesichert werden soll. Das ist besonders wichtig, wenn zu Reparaturarbeiten nicht die gesamte Anlage freigeschaltet werden kann. Der Reparaturschalter ist mit einer Verriegelung ausgerüstet, in die ein Vorhängeschloss eingehakt werden kann, das das Wiedereinschalten verhindert. So können Arbeiten ungefährdet durchgeführt werden.

Die Größe des Reparaturschalters ist abhängig vom Bemessungsstrom des Stromkreises, in dem er eingesetzt ist. Es stehen Reparaturschalter von 16 A bis 250 A zur Verfügung.

Der Anschluss erfolgt direkt in der Zuleitung des abzuschaltenden Gerätes. Dazu werden alle aktiven Leiter geschaltet.

Bild 6.35 *Reparaturschalter an einem Lüfterantrieb*

6.4.1.2 Not-Aus-Schalter

Der in **Bild 6.36** gezeigte Schalter ist ein Not-Aus-Taster. Er ist verriegelbar und dient der Abschaltung elektrischer Anlagen im Notfall. Seine Grundfarbe „Gelb" und die Farbe der Betätigung „Rot" sind genormt.

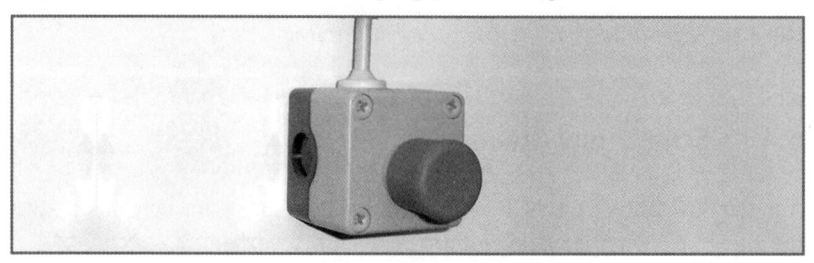

Bild 6.36 *Not-Aus-Taster*

6.4.2 Schütze und Relais

Schütze nach **Bild 6.37** werden meist dann verwendet, wenn mit einem einphasigen Schaltkreis ein mehrphasiges Betriebsmittel, wie zum Beispiel ein Drehstrommotor, geschaltet werden muss.

Dazu besteht das Schütz aus vier für die elektrische Funktion wesentlichen Elementen:
- den Hauptkontakten,
- den Hilfskontakten,
- der Schützspule sowie
- dem Gehäuse.

Relais werden in Kleinspannungssystemen eingesetzt. Sie arbeiten wie Schütze, sind jedoch für kleinere Schaltleistungen gebaut und haben oftmals mehrere Kontaktsätze.

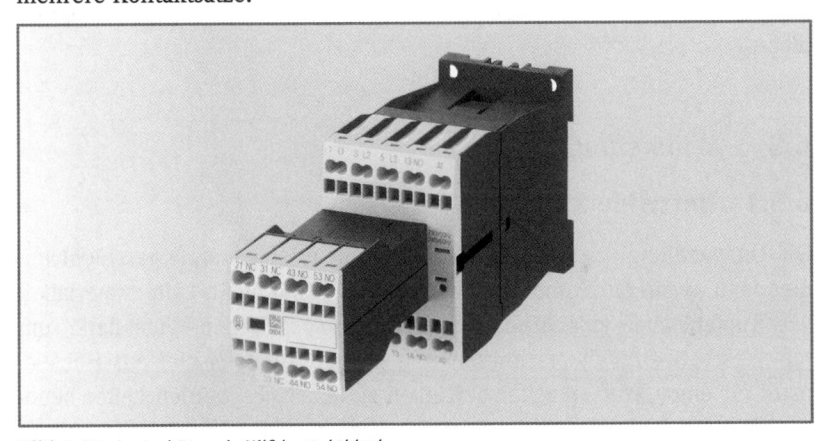

Bild 6.37 *Lastschütz mit Hilfskontaktblock*

6.4.2.1 Hauptkontakte

Die Hauptkontakte sind so ausgelegt, dass sie den Laststrom schalten können. Ihre Größe bestimmt die mechanische Abmessung des Schützes. Die Kennzeichnung der Hauptkontakte erfolgt mit den Zahlen 1-2, 3-4, 5-6. Hauptkontakte sind meist als Schließer ausgelegt. Das bedeutet, wenn an die Schützspule Spannung gelegt wird, schalten die Kontakte ein.

6.4.2.2 Hilfskontakte

Hilfskontakte haben eine geringere Belastbarkeit als Hauptkontakte. Sie werden in „Schließer" und „Öffner" unterteilt.

Schließer schließen den Kontakt bei Erregung der Schützspule. Sie sind im Ruhezustand offen. Die Kontaktbezeichnung endet mit den Ziffern 3 und 4, zum Beispiel 13-14.

Öffner öffnen den Kontakt bei Erregung der Schützspule. Sie sind im Ruhezustand geschlossen. Die Kontaktbezeichnung endet mit den Ziffern 1 und 2, zum Beispiel 21-22.

6.4.2.3 Schützspule

Schützspulen sind für verschiedene Spannungen hergestellt. Häufig sind die Spannungen 24 V und 230 V zu finden. Bei Defekt der Schützspule wird der Anker, der die Kontakte betätigt, nicht angezogen. Das Schütz arbeitet nicht.

6.5 Widerstände

6.5.1 Heizwiderstände

Die Umwandlung von elektrischer Energie in Wärmeenergie geschieht immer dann, wenn ein Strom durch einen Widerstand fließt. Leitermaterialien wie Kupfer haben jedoch einen zu geringen spezifischen Widerstand, um mit verarbeitbaren Querschnitten und Längen zum Beispiel ein Heizelement für einen Wasserkocher herstellen zu lassen. Es werden Leiter benötigt, die große Widerstände bei kurzen Längen und großen Querschnitten aufweisen.

Diese Anforderungen werden von Widerstandslegierungen erfüllt. Dabei handelt es sich auch um Legierungen, die bei hohen Temperaturen möglichst geringes Korrosionsverhalten zeigen. Beispielhaft können dazu folgende Widerstandslegierungen genannt werden.

NiCr8020 ist eine Nickel-Chrom-Legierung, die zu 80 % aus Nickel und zu 20 % aus Chrom besteht und über eine spezifische Leitfähigkeit von 0,89 MS/m (1,1 µΩm) verfügt. Im Vergleich dazu weist das Leitermaterial Kupfer eine spezifische Leitfähigkeit von 58 MS/m (0,018 µΩm) auf. Da das Material kein Eisen enthält, ist es sehr korrosionsbeständig und für hohe Temperaturen geeignet.

Neben Metall-Legierungen werden auch Graphit und spezielle Kunststoffe als Heizleiter verwendet. Besondere Bedeutung haben dabei Kunststoffe, deren Widerstand sich bei steigender Temperatur erhöht. Mit ihnen lassen sich sogenannte „selbstregulierende Heizbänder" herstellen, die bei der Rohrbegleitheizung eingesetzt werden.

Durch den steigenden Widerstand bei Temperaturanstieg sinkt die Stromaufnahme des Heizelements. Dadurch wird auch die Leistung reduziert. Bei sinkender Temperatur sinkt der Widerstand wieder und die Leistung erhöht sich. Derartige Heizbänder werden für festgelegte Temperaturen zum Beispiel für die Beheizung einer Kaltwasser-Rohrleitung zum Frostschutz bei +5 °C mit einer Leistung von 10 W/m hergestellt. Auch in einer Warmwasser-Zirkulationsleitung kann eine Temperatur von ca. 60 °C mit einem Heizband konstant gehalten werden.

6.5.2 Heißleiter (NTC-Widerstände)

Heißleiter dienen in der Messtechnik und Regelungstechnik dazu Temperaturen zu erfassen. Der Widerstand des Heißleiters sinkt bei steigender Temperatur. Der Verlauf ist, wie **Bild 6.38** zeigt, relativ linear. Die Widerstandsangabe erfolgt bei 25 °C. Die Heißleiter werden in verschiedene Bauformen hergestellt. Die **Bilder 6.39** und **6.40** zeigen einige Beispiele.

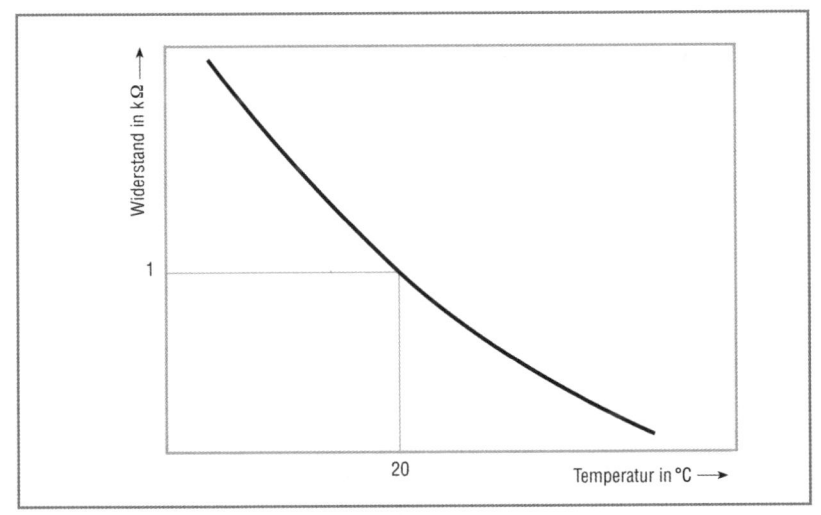

Bild 6.38 *Widerstandskennlinie eines Heißleiters*

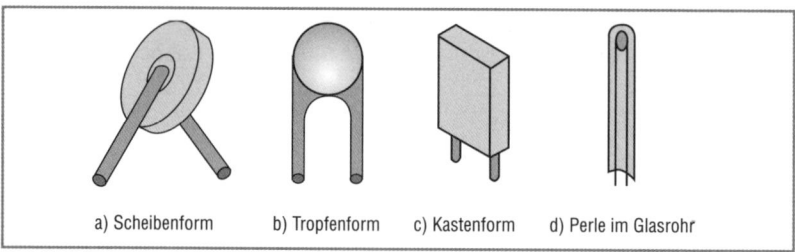

a) Scheibenform   b) Tropfenform   c) Kastenform   d) Perle im Glasrohr

Bild 6.39 *Bauformen von Heißleitern*

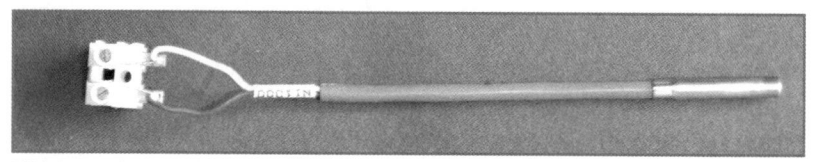

Bild 6.40 *Ni 1000 Widerstand in einem Außentemperaturfühler*

6.5.3 Kaltleiter (PTC-Widerstände)

Kaltleiter dienen in der Mess-Steuer-Regelungstechnik dazu Temperaturen zu erfassen. Durch die sehr stark ansteigende Kennlinie nach **Bild 6.41** kann der Kaltleiter auch direkt zum Schalten verwendet werden. Bei steigender Temperatur wird der Widerstand stark ansteigen. So kann er beispielsweise, wenn er in Motorwicklungen eingebaut wird, diese gegen Erwärmung schützen. Verschiedene Bauformen (**Bild 6.42**) sind möglich.

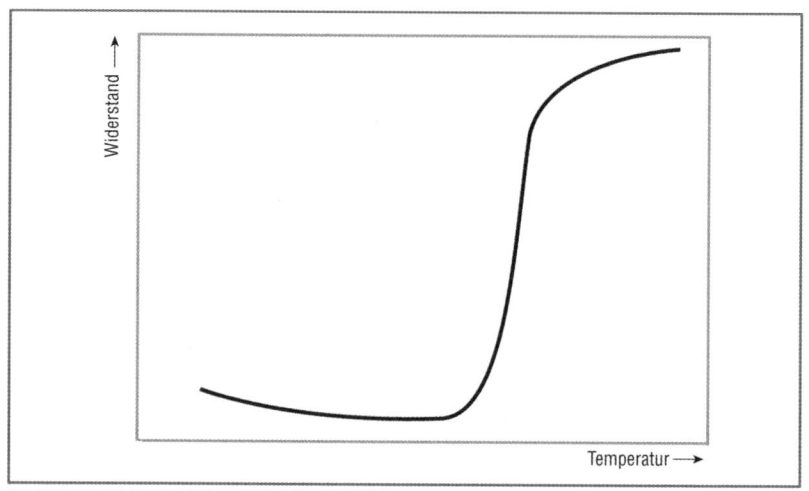

Bild 6.41 *Widerstandskennlinie eines Kaltleiters*

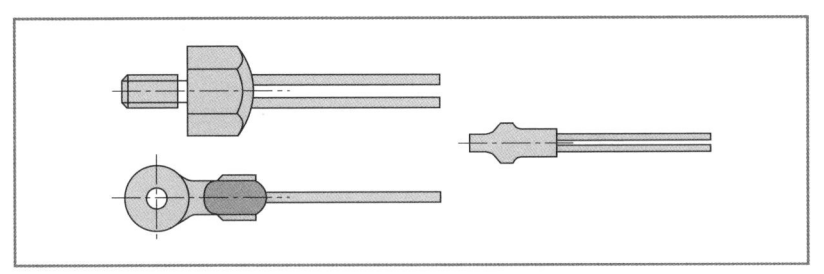

Bild 6.42 *Bauformen von Kaltleitern*

6.6 Leuchten

6.6.1 Leuchtenklemmen

Leuchten werden über Leuchtenklemmen nach **Bild 6.43** oder Lüsterklemmen angeschlossen. Die Klemmstellen dieser Klemmen sind jeweils nur für den Anschluss einer Ader pro Seite vorgesehen.

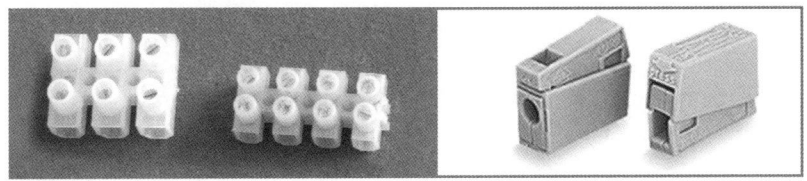

Bild 6.43 *Leuchtenklemmen*

6.6.2 Sicherheitskennzeichnung von Leuchten

Die größte Gefahr, die von Leuchten ausgeht, ist die Brandgefahr. Deshalb tragen Leuchten Symbole und Hinweise, die sich auf die Montage beziehen. Diese sind bei der Montage unbedingt zu beachten.

Die in **Tabelle 6.20** gezeigten Symbole werden für die Verwendung in bestimmten Räumen verwendet.

Viele Leuchten dürfen nicht auf brennbaren Unterlagen montiert werden. **Tabelle 6.21** gibt einen Überblick der Kennzeichnung solcher Leuchten.

Kennzeichnung von Vorschaltgeräten

Vorschaltgeräte werden oft auch separat montiert. Die **Tabelle 6.22** zeigt die Symbole, die dem Brandschutz dienen.

Sonstige Kennzeichnungen an Leuchten zeigt **Tabelle 6.23**.

Symbol	Bedeutung
▽D	Leuchte mit begrenzter Oberflächentemperatur
▽F	Leuchte zur direkten Montage auf normal entflammbaren Oberflächen
▽F ▽F	Leuchten mit begrenzter Oberflächentemperatur. In den vom Hersteller angegebenen Montagearten dürfen mit dem Zeichen gekennzeichnete Leuchten in feuergefährdeten Betriebsstätten angebracht werden.
▽M	Leuchten mit Entladungslampen, die für die Installation in und an Einrichtungsgegenständen, z. B. Möbeln, geeignet sind.
▽M ▽M	Leuchten mit begrenzter Oberflächentemperatur zur Installation in und an Einrichtungsgegenständen, z. B. Möbeln, Bei Einhaltung einer der vom Hersteller angegebenen Montagearten dürfen die Leuchten an Einrichtungsgegenständen angebracht werden, selbst wenn das Brandverhalten der Werkstoffe dieser Einrichtungsgegenstände nicht bekannt ist und diese beschichtet, lackiert oder furniert sind.
▽F (durchgestrichen)	Leuchten sind nicht für direkte Montage auf normal entflammbaren Oberflächen geeignet. Sie sind nur für nicht entflammbare Oberflächen geeignet.

Tabelle 6.20 *Kennzeichnung von Leuchten*

▽F	▽F	▽D	▽M	▽M ▽M	▽F (durchgestrichen)

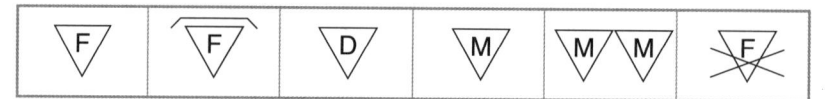

Tabelle 6.21 *Leuchten ohne diese Kennzeichnung dürfen nur auf nicht brennbaren Baustoffen montiert werden.*

Symbol	Bedeutung
⊖	Unabhängiges Vorschaltgerät DIN
▽110	Unabhängiges Vorschaltgerät für direkte Montage auf leicht entflammbaren Oberflächen und in feuergefährdeten Betriebsstätten
▽130	Unabhängiges Vorschaltgerät für direkte Montage auf normal entflammbaren Oberflächen
▽F	Leuchte, geeignet für direkte Montage auf nicht entflammbaren Oberflächen, wo Wärmedämm-Material die Leuchte abdecken kann

Tabelle 6.22 *Kennzeichnung von Vorschaltgeräten*

Symbol	Bedeutung
(Symbol Sicherheitstransformator)	Bedingt oder unbedingt kurzschlussfester Sicherheitstransformator
(Symbol Kopfspiegellampe)	Leuchten für die Anwendung von Kopfspiegellampen
(Symbol P im Dreieck)	Thermisch geschütztes Lampenbetriebsgerät/geschützter Transformator (Klasse P)
(Symbol t ..... °C)	Verwendung von wärmefesten Netz-Anschlussleitungen, Verbindungsleitungen oder äußeren Leitungen
(Symbol ---m)	Kleinster Abstand zu einer angestrahlten Fläche
(Symbol Hammer)	Leuchte für rauen Betrieb

Tabelle 6.23 *Kennzeichnung von besonderen Montagebedingungen*

Leuchten mit der Kennzeichnung M̌ oder M̌/M̌ erhalten eine Zusatzkennzeichnung aus der die vorgesehene oder verbotene Montage erkennbar ist. Die durchgestrichen Montageart ist verboten. **Tabelle 6.24** zeigt Beispiele dazu.

6.6.3 Leuchten in besonderen Räumen

In landwirtschaftlichen Betriebsstätten besteht eine besondere Brandgefahr. Deshalb müssen Leuchten und Beleuchtungsanlagen besondere Bedingungen erfüllen.

Leuchten müssen entsprechend den Anforderungen am Montageort das F-Zeichen tragen.

In Bereichen, in denen mit Staubablagerung zu rechnen ist, müssen sie das D-Zeichen tragen. Auch das FF-Zeichen ist möglich, da das D-Zeichen das FF-Zeichen ersetzt.

Die Ein- und Ausschaltzustände der Leuchten, die zum Beispiel auf Heuböden nicht eingesehen werden können, müssen am Schalter ein optisches Signal aufweisen, welches eine Überwachung der Leuchte gestattet.

Symbol		Montageart
erlaubt	nicht erlaubt	
		Montage an der Decke
		Montage an der Wand
		Waagerechte Montage an der Wand
		Senkrechte Montage an der Wand
		Montage an der Decke Waagerechte Montage an der Wand
		Montage an der Decke Senkrechte Montage an der Wand
		Waagerechte Montage in der Ecke, Lampe seitlich
		Waagerechte Montage in der Ecke, Lampe unterhalb
		Waagerechte Montage in der Ecke, Lampe unterhalb und seitlich
		Montage im U-Profil
		Montage am Pendel

Tabelle 6.24 *Zusatzkennzeichnung der Montagebedingungen von Leuchten*

6.7 Elektrische Maschinen

Elektrische Maschinen werden eingeteilt in Transformatoren, Motoren und Generatoren.

6.7.1 Transformatoren

Transformatoren werden verwendet, um die Höhe von Wechselspannungen zu verändern. Auch wenn Ausgangsspannung und Eingangsspannung gleich hoch sind, finden sie als Trenntransformator Verwendung. Das Bauprinzip und die Funktion sind schematisch in den **Bildern 6.44** und **6.45** dargestellt.

Das Verhältnis der Wicklungen von Primär- und Sekundärseite bestimmt das Verhältnis der Spannungen. Die Ströme verhalten sich dazu umgekehrt. Die folgende Gleichung zeigt den Zusammenhang.

$$\frac{n_1}{n_2} = \frac{U_1}{U_2} = \frac{I_2}{I_1}$$

Spartransformator ist ein Transformator, bei dem Eingangs- und Ausgangswicklung Teile einer gemeinsamen Wicklung sind. Der Trenntransformator ist ein Transformator, dessen Eingangs- und Ausgangswicklungen durch doppelte oder verstärkte Isolierung elektrisch getrennt sind. Ein Sicherheitstransformator ist ein Trenntransformator zur Versorgung von SELV- und PELV-Stromkreisen. Der Transformator mit getrennter Wicklung weist zwischen der Primär- und der Sekundärwicklung eine galvanische Trennung auf.

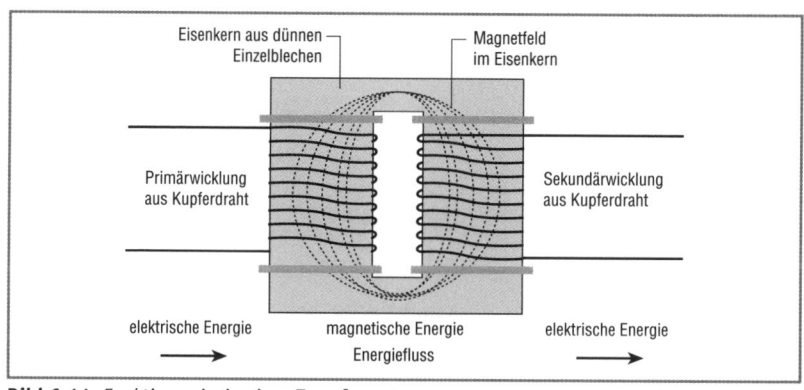

Bild 6.44 *Funktionsprinzip eines Transformators*

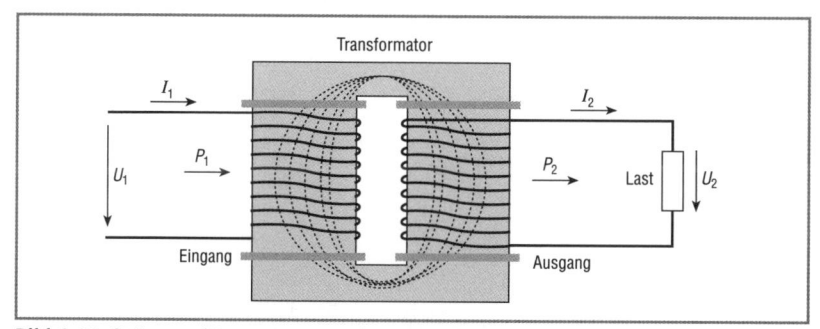

Bild 6.45 *Ströme und Spannungen an einem Transformator*

Tabelle 6.25 zeigt die Sicherheitskennzeichnung von Transformatoren. Werden Transformatoren in besonderen Bereichen montiert oder verwendet, müssen diese besonderen Anforderungen genügen. Die Einhaltung der Anforderungen wird mit dem Symbol dargestellt.

Symbol	Bedeutung
	Transformator für Spielzeuge Ausgangsspannung bis höchstens 24 V
	Faile-Safe-Sicherheitstransformator (fallen im Fehlerfall dauerhaft aus) Ausgangsspannung bis höchstens 50 V
	Sicherheitstrenntransformator kurzschlussfest Ausgangsspannung bis höchstens 50 V
	Sicherheitstrenntransformator nicht kurzschlussfest Ausgangsspannung bis höchstens 50 V
	Trenntransformator nicht kurzschlussfest
	Netztransformator nicht kurzschlussfest
	Symbol für den Schutzleiteranschluss
	Gerät besitzt doppelte oder verstärkte Isolierung (schutzisoliert)
	Betriebsmittel der Schutzklasse 3 für Spannungen bis 50 V

Tabelle 6.25 *Symbole für Transformatoren*

6.7.2 Einsatz von Transformatoren in Steuerungen von Maschinen

Nach DIN VDE 0113 (DIN EN 60204) [19] sind Steuertransformatoren für die Versorgung der Steuerkreise zu verwenden, wenn die Steuerstromkreise von einer Wechselstromquelle gespeist werden. Solche Transformatoren müssen getrennte Wicklungen haben. **Bild 6.46** zeigt beispielhaft einen Steuertransformator. Wenn Gleichspannungs-Steuerstromkreise, die von einer Wechselstromquelle gespeist werden, an das Schutzleitersystem angeschlossen sind, müssen diese von einer getrennten Wicklung des Wechselstrom-Steuertransformators oder von einem anderen Steuertransformator versorgt werden. Schaltnetzgeräte, die mit einem Transformator mit getrennten Wicklungen nach IEC 61558-2-17 ausgerüstet sind, entsprechen dieser Anforderung.

Transformatoren sind nicht gefordert für Maschinen mit einem einzigen Motorstarter und/oder maximal zwei Steuergeräten (z. B. ein Verriegelungsgerät, Start/Stopp-Bedienstation).

Der Nennwert der Steuerspannung muss mit dem ordnungsgemäßen Betrieb des Steuerstromkreises vereinbar sein. Die Nennspannung darf 277 V nicht übersteigen, wenn sie von einem Transformator gespeist wird. Die Steuerstromkreise müssen mit einem Überstromschutz ausgerüstet sein.

Der Bemessungsstrom oder Einstellstrom einer Überstromschutzeinrichtung ist für die Strombelastbarkeit der zu schützenden Leiter festzulegen. Zusätzlich ist die maximal zulässige Zeit t bis zur Abschaltung zu berücksichtigen. Die Selektivität der Schutzeinrichtungen ist unter Sicherheitsgesichtspunkten zu beachten.

Um die Steuerung gegen auftretende Fehler sicher zu errichten, ist der Steuerstromkreis zu erden.

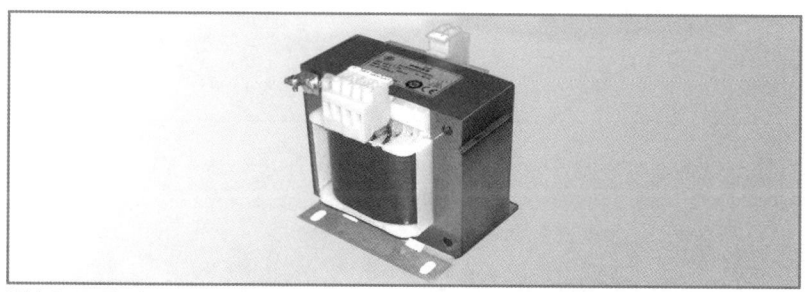

Bild 6.46 *Einphasen-Transformator zur Erzeugung einer Steuerspannung*
Quelle: Fa Walcher Eichenzell

6.7.3 Motoren

6.7.3.1 Allgemeines zu Motoren

Die Funktion der Motoren lässt sich zunächst am einfachsten anhand eines Drehstrommotors erklären. **Bild 6.47** zeigt den Ständeraufbau. Der Rotor kann als Magnetnadel erklärt werden.

Liegt ein dreiphasiger Drehstrom an, bildet dieser ein wechselndes resultierendes Feld im Ständer. Mit der Phasenlage der drei anliegenden Wechselspannungen entsteht ein rotierendes, resultierendes Magnetfeld. Dieses ist in **Bild 6.48** gezeigt. Die „Magnetnadel" versucht dem Feld zu folgen.

Jeder Motor ist mit einem Leistungsschild gekennzeichnet, auf dem die wichtigen technischen Daten stehen. **Bild 6.49** zeigt ein Leistungsschild eines Drehstrommotors.

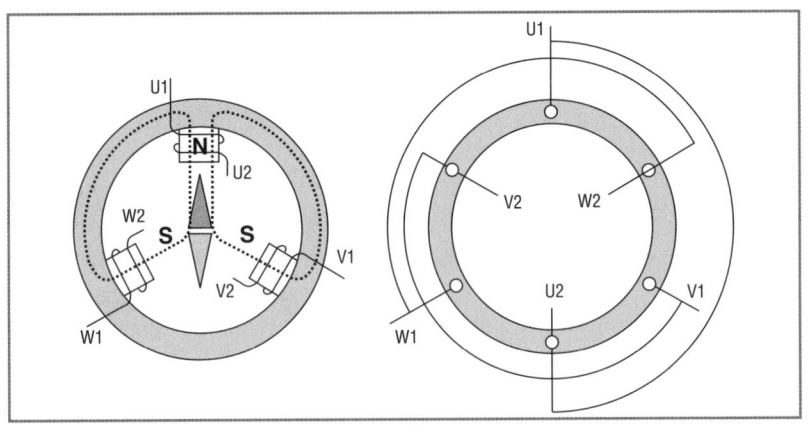

Bild 6.47 *Ständeraufbau eines zweipoligen Drehstrommotors*

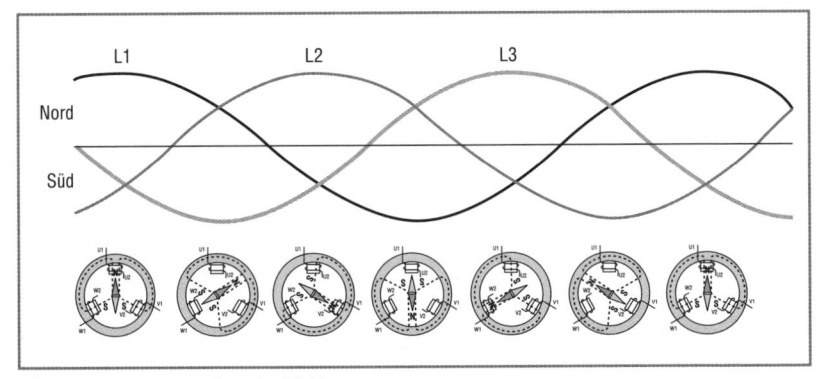

Bild 6.48 *Erzeugung eines Drehfeldes*

6.7 Elektrische Maschinen

Die Drehrichtung eines Motors wird als rechts definiert, wenn beim Blick auf das Lagerschild der Antriebsseite die Welle rechts dreht. **Bild 6.50** zeigt die Blickrichtung und die rechte Drehrichtung.

Bei Elektromotoren gibt es verschiedene Bauformen. Diese werden mit Buchstaben und Zahlen nach **Tabelle 6.26** abgekürzt. Es existieren zwei unterschiedliche Bezeichnungen, eine nach IEC Code II und eine nach der alten DIN 42950.

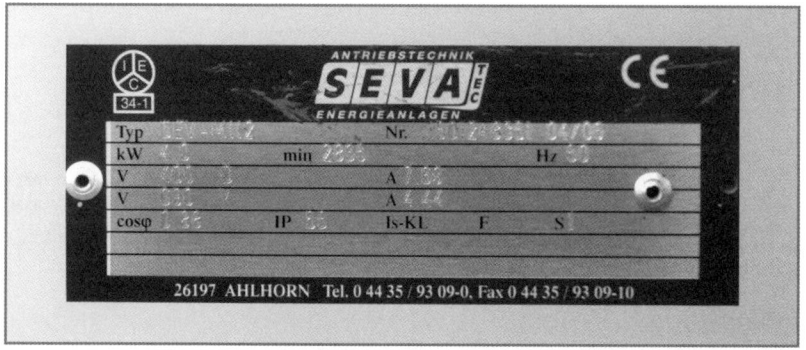

Bild 6.49 *Leistungsschild eines Motors*

Bild 6.50 *Drehrichtung eines Motors*

IEC –Code II								
	IM 1001	IM 3001	IM 1051	IM 1071	IM 3011			IM 1011
DIN 42950: 1964-04								
	B3	B5	B6	B8	V1			V5
Erläuterungen	Zwei Schildlager, freies Wellenende, Gehäuse mit Füßen	Zwei Schildlager, freies Wellenende, Befestigungsflansch Gehäuse ohne Füße	Zwei um 90° gedrehte Schildlager, Wandbefestigung Gehäuse mit Füßen	Zwei um 180° gedrehte Schildlager, Deckenbefestigung Gehäuse mit Füßen	Zwei Führungslager, Befestigungsflansch, freies Wellenende unten			Zwei Führungslager, freies Wellenende unten, Gehäuse mit Füßen, Wandbefestigung

Tabelle 6.26 *Bauformen elektrischer Maschinen*

6.7.3.2 Betriebsarten von Motoren

Motoren können in verschiedenen Betriebsarten betrieben werden. Die Zuordnung erfolgt nach dem im Motor entstehenden Temperaturverlauf. **Bild 6.51** zeigt die verschiedenen Varianten.

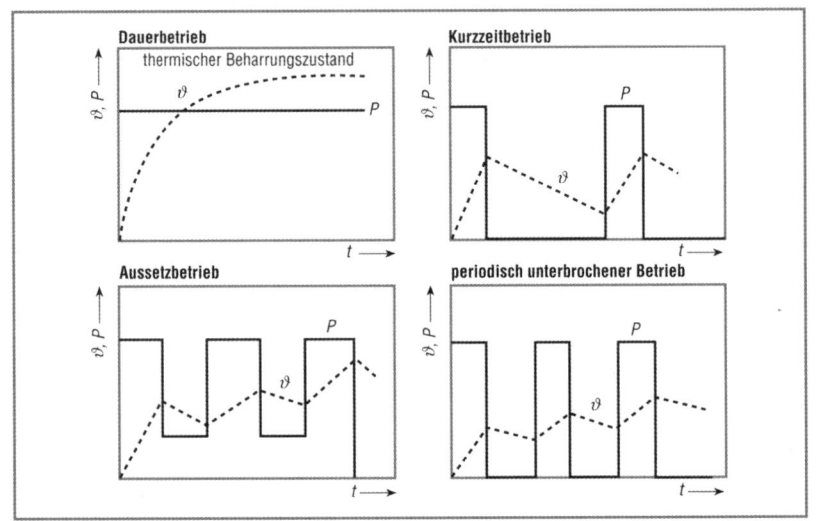

Bild 6.51 *Betriebsarten von Motoren*

6.7.3.3 Kurzschlussläufer

Der meist eingesetzte Drehstrommotor ist der Kurzschlussläufer. Der Läufer eines Kurzschlussläufers ist in **Bild 6.52** dargestellt.

Motoren haben ein Drehmoment, das abhängig von der Drehzahl ist. Der Zusammenhang zwischen Drehzahl und Drehmoment ist in der Drehmoment-Kennlinie dargestellt. **Bild 6.53** zeigt die wesentlichen Punkte einer Drehmomentkennlinie eines Elektromotors.

Die Stromaufnahme eines Motors ist im Anlauf sehr groß. Sie kann das 6- bis 8-fache des Stromes betragen, der im Normalbetrieb aufgenommen wird. **Bild 6.54** zeigt beispielhaft die Stromaufnahme eines Kurzschlussläufers.

Bild 6.52 *Läufer eines Kurzschlussläufer-Motors*

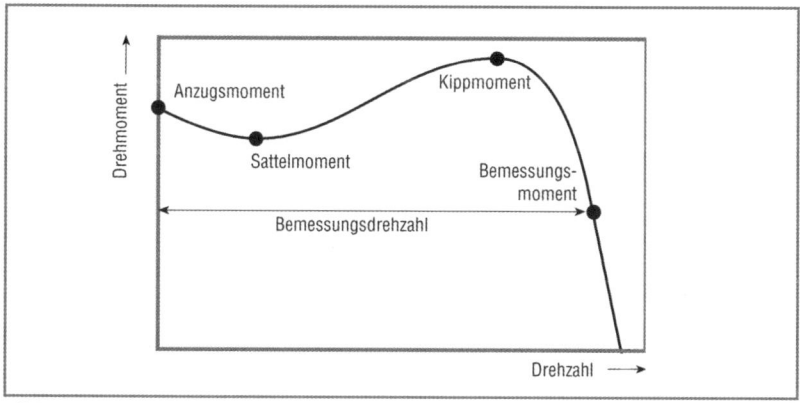

Bild 6.53 *Drehmomentkennlinie eine Kurzschlussläufers*

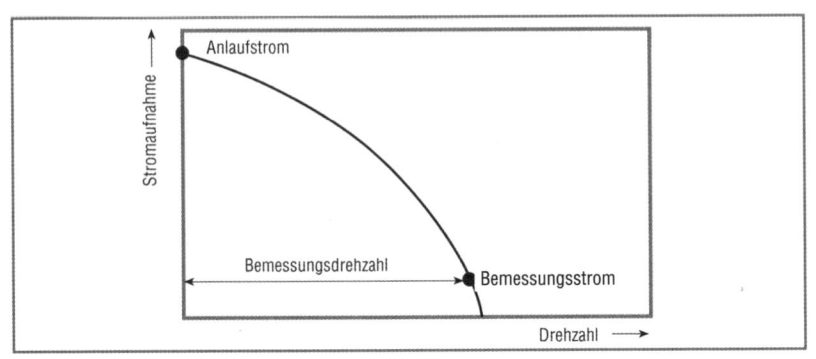

Bild 6.54 *Stromaufnahme eines Kurzschlussläufers*

6.7.3.4 Anschlussbilder von Motoren

Die **Bilder 6.55** bis **6.57** zeigen die Klemmbetter und die Anschlussbilder an verschiedenen Motoren.

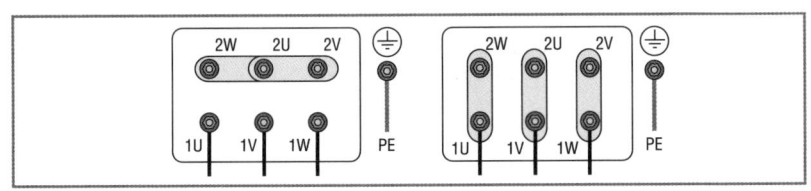

Bild 6.55 *Motorklemmbrett eines Motors in Sternschaltung oder Dreieckschaltung*

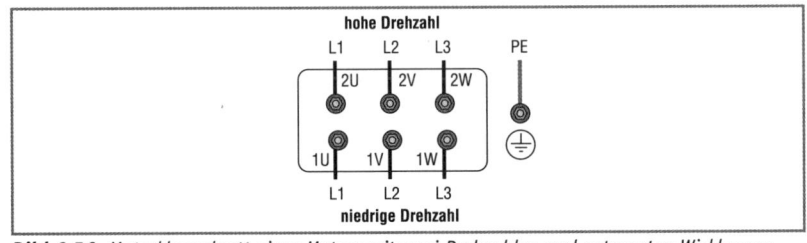

Bild 6.56 *Motorklemmbrett eines Motors mit zwei Drehzahlen und getrennten Wicklungen*

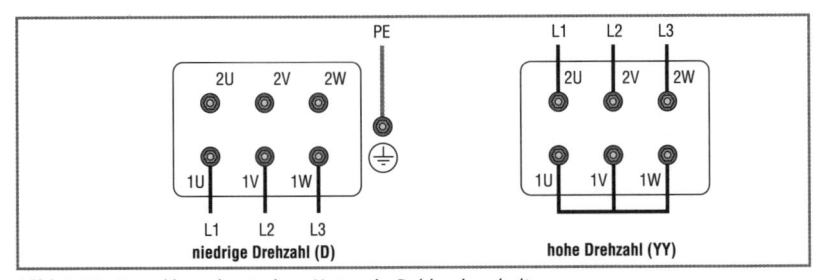

Bild 6.57 *Motorklemmbrett eines Motors in Dahlanderschaltung*

Die **Tabelle 6.27** zeigt die notwendigen Sicherungen, die zum Kurzschlussschutz wegen der Anlaufstromhöhe mindestens eingesetzt werden müssen. Nach diesen Sicherungen ist auch die Motorzuleitung zu dimensionieren. Der Schutz gegen Überlast mit einem Motorschutzschalter oder einem Motorvollschutz ist zusätzlich erforderlich.

Motorleistung in kW	Leistungsfaktor $\cos \varphi$	Wirkungsgrad η in %	Motorbemessungsstrom in A	Sicherung Direktanlauf in A	Sicherung Stern-Dreieck-Anlauf in A
0,06	0,7	58	0,21	2	–
0,09	0,7	60	0,31	2	–
0,12	0,7	60	0,41	2	–
0,18	0,7	62	0,6	2	–
0,25	0,7	62	0,8	4	2
0,37	0,72	66	1,1	4	2
0,55	0,75	69	1,5	4	2
0,75	0,79	74	1,9	6	4
1,1	0,81	74	2,6	6	4
1,5	0,81	74	3,6	6	4
2,2	0,81	78	5	10	6
3	0,82	80	6,6	16	10
4	0,82	83	8,5	20	10
5,5	0,82	86	11,3	25	16
7,5	0,82	87	15,2	32	16
11	0,84	87	21,7	40	25
15	0,84	88	29,3	63	32
18,5	0,84	88	36	63	40
22	0,84	92	41	80	50
30	0,85	92	55	100	63

Tabelle 6.27 *Drehstrom-Normmotoren von 0,06 kW bis 30 kW bei 400 V*

6.7.3.5 Einphasen-Wechselstrommotoren

Einphasige Wechselstrommotoren benötigen zum Lauf ebenfalls ein Drehfeld. Dieses wird im Gegensatz zum Drehfeld des Drehstrommotors selbst erzeugt. Kondensatoren und zusätzliche Wicklungen dienen dazu.

Durch ihren Einsatz entsteht ein verzögerter Stromfluss in den Wicklungen. Dadurch entsteht ein sprunghaftes Feld, das einem Drehfeld gleichkommt. Unterschieden werden Kondensatormotoren, Spaltpolmotoren und Universalmotoren, die eigentlich Gleichstrommotoren sind.

6.7.3.6 Kondensatormotor

Kondensatormotoren werden hinsichtlich der Schaltung in Kondensatormotor mit Betriebskondensator oder in Anlaufkondensator unterschieden. Einphasen-Motoren mit Betriebskondensator nach **Bild 6.58** eignen sich besonders für leicht anlaufende Maschinen. Schwer anlaufende Maschinen werden meist mit einem Anlauf und einem Betriebskondensator ausgestattet. Die Schaltung entspricht dann **Bild 6.59**. In Abhängigkeit von dem eingeschalteten Kondensator ändert sich die Stromaufnahme (**Bild 6.60**).

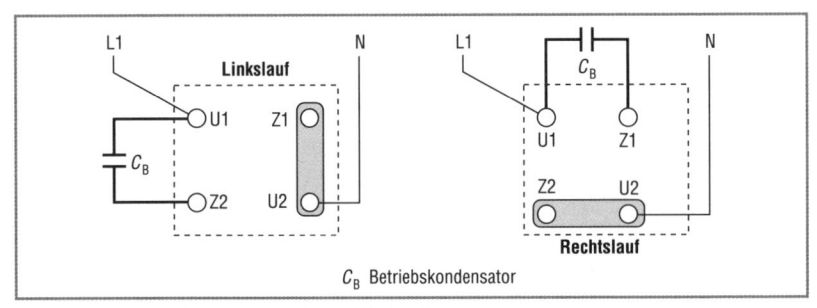

Bild 6.58 *Wechselstrommotor mit Betriebskondensator*

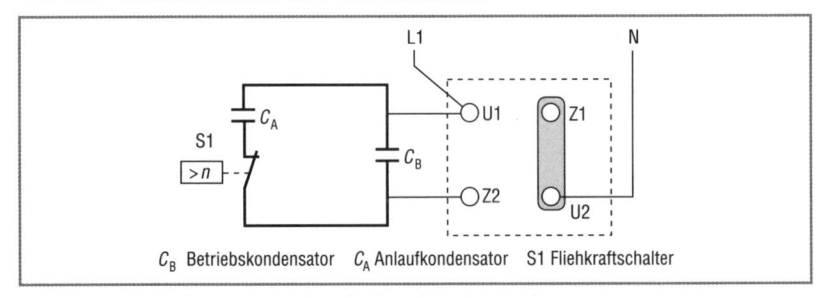

Bild 6.59 *Wechselstrommotor mit Anlauf- und Betriebskondensator*

6.7.3.7 Spaltpolmotor

Beim Spaltpolmotor sorgt ein Kurzschlussring auf dem Ständer für die verzögerte Entstehung eines zusätzlichen Magnetfeldes, das den Kurzschlussläufer rotieren lässt. **Bild 6.61** zeigt den grundsätzlichen Aufbau eines Spaltpolmotors.

Die Leistung des Spaltpolmotors ist wegen der relativ geringen Drehmomente und den sehr schlechten Wirkungsgraden bei 10 % auf Kleinantriebe bis 500 W beschränkt. Sie werden häufig zum Antrieb in Heizlüftern und kleinen Pumpen eingesetzt.

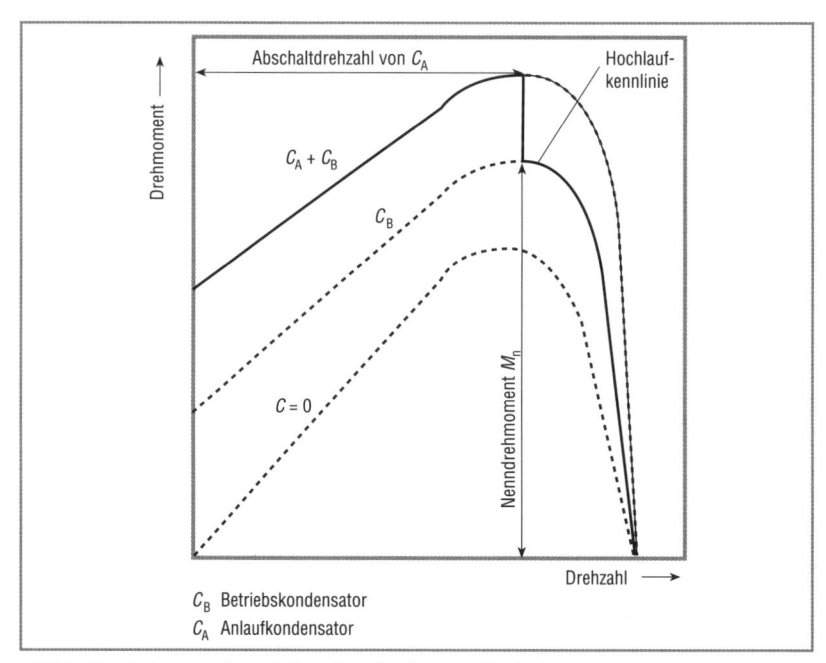

Bild 6.60 *Drehmomentkennlinien eines Kondensator-Wechselstrommotors*

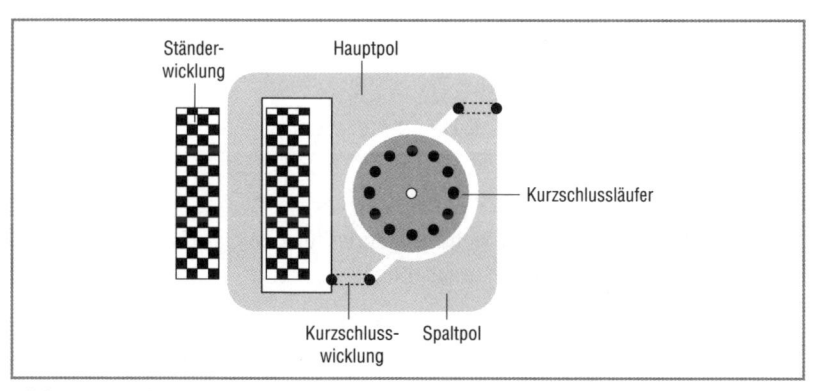

Bild 6.61 *Spaltpolmotor*

6.7.3.8 Universalmotor

Der Universalmotor ist vom Aufbau her ein Gleichstrommotor. Er gleicht dem Reihenschlussmotor. Universalmotoren haben im Gegensatz zu den Kondensatormotoren und Spaltpolmotoren ein sehr hohes Anzugsmoment. Allerdings ist die Drehzahl stark lastabhängig. Sie dient meist zum Antrieb von Elektrowerkzeugen und Haushaltsmaschinen. Der Rotor eines Universalmotors ist in **Bild 6.62** dargestellt.

Neben Gleichstrommotoren, die einen gewickelten Läufer haben, sind insbesondere im Kleinspannungsbereich und bei Motoren geringerer Leistung Gleichstrommotoren mit Permanentmagnet verbreitet.

Bild 6.62 *Läufer eines Universalmotors*

6.8 Übungsaufgaben
(Die Lösungen zu den Aufgaben finden Sie im Anhang.)

Aufgabe 6.1
Nennen Sie zwei Niederspannungs-Schmelzsicherungssysteme.

Aufgabe 6.2
Was kann aus dem Strom-Zeit-Diagramm einer Sicherung abgelesen werden?

Aufgabe 6.3
Welche Betriebsklasse von Sicherungen ist für den Ganzbereichs-, Kabel- und Leitungsschutz vorzusehen?

Aufgabe 6.4
Welche Bedingung muss ein LS-Schalter erfüllen, der zum Leitungsschutz eingesetzt werden soll?

Aufgabe 6.5
Wie hoch darf der Betriebsstrom eines oder die Summe mehrerer Betriebsmittel maximal sein, wenn diese gemeinsam über eine Schutzkontakt-Steckverbindung an das Netz angeschlossen werden sollen?

Aufgabe 6.6
Ihrer Schnittstelle zur Spannungsversorgung sind ein Leitungsschutzschalter B 16A und ein Fehlerstromschutzschalter mit der Kennzeichnung

6.8 Übungsaufgaben

25 A/0,3 A vorgeschaltet. Welches der beiden Geräte hat die Aufgabe den Schutz gegen elektrischen Schlag, den Schutz gegen Kurzschluss und den Schutz gegen Überlast zu erbringen?

Aufgabe 6.7
Welche Schutzmöglichkeiten bietet ein thermischer Motorschutzschalter für den Motor?

Aufgabe 6.8
Was bedeutet der Kennzeichnungsteil „H 07"?

Aufgabe 6.9
Beschreiben Sie die Leitung mit der folgenden Kennzeichnung: H07 RN-F 3 G 2,5?

Aufgabe 6.10
Sie sollen ein dreiphasiges Betriebsmittel an ein Netz 400 V/230 V anschließen. Es steht Ihnen Leitungsmaterial mit der Kennzeichnung H05VV-F 5G1,5 und H03VV F 5G2,5 sowie H07 RN F 3G1,5 zur Verfügung. Welches Leitungsmaterial verwenden Sie?

Aufgabe 6.11
Welche Faktoren beeinflussen die Belastbarkeit einer Leitung? Nennen Sie mindestens drei.

Aufgabe 6.12
Beschreiben Sie drei Verlegearten, die Einfluss auf die Absicherung einer Leitung haben.

Aufgabe 6.13
Welches ist der Mindestquerschnitt für eine fest verlegte Cu-Leitung?

Aufgabe 6.14
Durch welches Symbol wird ein Motor gekennzeichnet?

Aufgabe 6.15
Bei der Neuinstallation eines Betriebsmittels in der Anlage mit einem TN-System sollen Sie die Zuleitung für einen Motor verlegen. Welche Faktoren nehmen Einfluss auf die Dimensionierung des Leitungsquerschnitts?

de das elektrohandwerk

MAGAZIN BUCH DIGITAL VERANSTALTUNG

www.elektro.net

Fachbücher, E-Books, Apps, WissensFächer für das Elektrohandwerk und de-Abonnement

Das volle Programm rund um die Uhr online bestellen: www.elektro.net/shop

Ihre Bestellmöglichkeiten auf einen Blick:

- Fax: +49 (0) 6221 489-443
- E-Mail: buchservice@huethig.de
- www.elektro.net/shop

Hier Ihr Fachbuch direkt online bestellen!

Gleich im Buch-Shop bestellen: elektro.net/shop

de das elektrohandwerk
www.elektro.net

Hüthig GmbH,
Im Weiher 10,
D-69121 Heidelberg,
Tel.: +49 (0) 800 2183-333

7 Prüfen der fertigen Arbeiten

Grundsätzlich ist die fertige Arbeit auf die sichere und normenkonforme Ausführung sowie auf die Funktion der Sicherheitseinrichtungen zu prüfen. Dazu existieren neben den Anforderungen des Kunden auch Normen, die sich im Hinblick auf die Art der Arbeit unterscheiden. Dazu werden Prüfungen als Erstprüfungen, Prüfungen nach Instandsetzung und Prüfungen in bestimmten Zeitabständen (Wiederholungsprüfungen) durchgeführt. [2] [5] [8]

Der Auftrag definiert den Installationsaufwand und damit den Umfang der Prüfungen. Darin formuliert ein Kunde die Anforderungen an die zu installierende Anlage. Anforderungen können sein:

- Qualität der Betriebsmittel,
- Eigenschaften der Betriebsmittel,
- Position der Betriebsmittel,
- Funktion der Anlage,
- Koordination mit anderen Einrichtungen und
- Einhaltung gesetzlicher Anforderungen

Aus diesen Anforderungen ergeben sich eindeutige Prüfschritte für die Erstprüfung. Basis der Prüfungen ist die jeweilige Errichternorm oder Produktnorm. Grundsätzlich werden dazu

- elektrische Niederspannungsanlagen nach DIN VDE 0100-600,
- informationstechnische Anlagen, Normen der VDE-Gruppe 800,
- Maschinen, Normen der Reihe DIN EN 60204 (VDE 0113),
- Betriebsmittel (Arbeitsmittel), Normen der Reihe DIN EN 50335 (DIN VDE 0701/0702),
- Niederspannungsschaltgerätekombinationen; Norm der Reihe DIN EN 60947 (VDE 0660)

unterschieden.

7.1 Gesetze und Verordnungen

Zur Durchführung der Prüfungen besteht auch eine gesetzliche Verpflichtung. Diese ergibt sich aus dem Arbeitsschutzgesetz [2] und der darauf basierenden Betriebssicherheitsverordnung [3], dem Sozialgesetzbuch und dem Energiewirtschaftsgesetz sowie aus weiteren technischen Gesetzen. Auch die in den europäischen Richtlinien festgelegten Anforderungen stellen eine Grundlage zur Prüfung dar. Die Anforderungen aus dem deutschen Recht betreffend der Anlagen und Betriebsmittel ergeben sich aus Bild 2.1.

7.2 Technische Regeln zum Prüfen

Die Prüfungen werden im Hinblick auf die Art und den Umfang auch danach unterschieden, ob es sich um eine elektrotechnische Anlage, eine Maschine oder ein Betriebsmittel (Arbeitsmittel) handelt. Zu jeder dieser Arten existieren unterschiedliche Prüfnormen.

Zu den einzelnen Grundnormen existieren für spezielle elektrotechnische Anlagen wie auch für spezielle Betriebsmittel und auch für spezielle Maschinen besondere Prüfanforderungen, auf die in diesem Zusammenhang nicht weiter eingegangen werden soll. Diese Anforderungen sind aus den jeweiligen Errichternormen für die Anlagen und den Produktnormen zu entnehmen. Für diese Prüfungen sind entsprechende Arbeitsanweisungen zu erstellen.

Dabei ist zu beachten, dass die Prüfungen auch nach Änderungen oder Instandsetzungen vorgeschrieben sind. Der Prüfumfang richtet sich nach dem Umfang der ausgeführten Arbeiten. Für die Prüfung unterschiedlicher Systeme gelten die in **Bild 7.1** genannten Normen.

So erfordert das Prüfen nach dem Auswechseln einer defekten Steckdose nicht, dass die gesamte Anlage zu prüfen ist. Die an der Steckdose vorhandenen Sicherheitsfunktionen sind jedoch in jedem Fall zu prüfen. Das bedeutet, dass mindestens die niederohmige Schutzleiterverbindung zum Schutzpotentialausgleich und die Abschaltung im Fehlerfall geprüft werden müssen. Die Verfahren in den unterschiedlichen Netzsystemen wie Messung der Schleifenimpedanz und Auswertung der Messergebnisse sowie die notwendigen Messungen zum Nachweis der Funktionsfähigkeit einer Schutzmaßnahme mit FI-Schutzschalter werden im Folgenden beschrieben.

Elektrotechnische Anlagen DIN VDE 0100-600	Maschinen DIN VDE 0113 EN 60204	Betriebsmittel (Arbeitsmittel) DIN VDE 0701/0702	Fernmeldetechnik DIN VDE 0800-1

Bild 7.1 *Basisregeln für die Prüfung*

Dabei ist die Prüfung des Isolationswiderstands sicherlich eine Maßnahme, die zum Beispiel in einem mit Fehlerstromschutzeinrichtung geschützten Stromkreis keinen wesentlichen Aufwand erfordert und schnell und einfach durchzuführen ist, in einem TN-System ohne Fehlerstromschutzeinrichtung jedoch für die Elektrofachkraft für festgelegte Tätigkeiten eine Herausforderung darstellt. Ähnliches gilt auch für andere Instandsetzungsarbeiten. Für den Neuanschluss eines Betriebsmittels müssen in Abhängigkeit von der Aufgabe an Maschinen oder Anlagen entsprechende Prüfverfahren in der Arbeitsanweisung festgelegt werden.

7.3 Prüfen und Messen

In diesem Zusammenhang sollen die beiden Begriffe *Prüfen* und *Messen* genauer betrachtet werden.

Unter *Messen* wird das Erfassung einer physikalischen Größe verstanden. Das Messergebnis beinhaltet eine Zahl und eine Einheit, zum Beispiel 120 V oder 50 Ω. Messergebnisse können auch für weitere Berechnungen verwendet werden, wenn beispielsweise die Spannung und der Strom gemessen sind, könnte aus diesen eine Leistung oder ein Widerstand berechnet werden.

Prüfen umfasst das Vorhandensein eines Ist-Zustands sowie den Vergleich mit dem Soll-Zustand und die Bewertung der Abweichung zwischen Ist-Zustand und Soll-Zustand. Eine Prüfung kann somit auch das Feststellen des Ist-Zustands durch eine Messung umfassen.

Der Soll-Zustand des Prüfobjekts richtet sich dabei nach den Anforderungen, die an das Prüfobjekt zu stellen sind. Hier sind die vorgenannten Gesetze, Verordnungen und technischen Regeln wie auch die Kundenanforderung zu nennen. [20]

7.4 Übungsaufgaben

(Die Lösungen zu den Aufgaben finden Sie im Anhang.)

Aufgabe 7.1
Nennen Sie drei Kriterien, nach denen die Prüfung zum Kundenauftrag durchzuführen ist.

Aufgabe 7.2
Welche gesetzlichen Verpflichtungen bestehen im Zusammenhang mit der Änderung und Instandsetzung von Teilen einer elektrotechnischen Anlage in einem Gewerbebetrieb?

Aufgabe 7.3
Welche Anlagenteile sind nach dem Auswechseln einer Steckdose in einer Wohnungsinstallation zu prüfen?

Aufgabe 7.4
Worin liegt der Unterschied zwischen *Messen* und *Prüfen*?

8 Prüfung elektrischer Anlagen nach DIN VDE 0100-600

Wird der EFKffT zum Anschluss der Betriebsmittel eine Versorgungsleitung oder ein Anschlusspunkt zur Verfügung gestellt, so hat die installierende, in das Installateurverzeichnis eines VNB eingetragene Elektrofachkraft, diesen Anschluss auf die Einhaltung der Sicherheitsregeln gemäß DIN VDE 0100-600 zu prüfen. Darüber ist ein Prüfprotokoll vorzulegen. Da wir wissen, dass derartige Prüfungen oft nur unzureichend durchgeführt werden, die EFKffT aber die Gefahr kennt, die bei einer nicht einwandfrei arbeitenden Schutzmaßnahme gegen elektrischen Schlag besteht, sollte sie über Kenntnisse verfügen, die ein Prüfen der Schutzmaßnahmen ermöglicht. Auch wenn die EFKffT selbst in ihren Anlagen Betriebsmittel anschließt oder Instandhaltungen durchführt, muss sie die Funktionsfähigkeit der Schutzmaßnahmen gewährleisten können.

8.1 Allgemeines, Prinzip der Prüfung

8.1.1 Grundsätzliches

Jede Arbeit an einer elektrotechnischen Anlage muss mit einer Prüfung abschließen, die die sichere und regelkonforme Installation feststellt. Der Umfang der Prüfung ist abhängig von den ausgeführten Arbeiten.
Die Prüfung teilt sich in zwei Abschnitte auf:
- Besichtigung sowie
- Erproben und Messen.

Dabei ist jedoch zu berücksichtigen, dass eine derartige Prüfung nicht als Prüfung an einem Stück erfolgen kann. Das gilt besonders für die Besichtigung. Diese muss, weil ja viele Betriebsmittel nach der Montage durch nachfolgende Gewerkeleistungen verdeckt werden, schon während der Montage erfolgen. Prüfen ist also ein kontinuierlicher Prozess. Für die Auswahl elektrischer Betriebsmittel gilt DIN VDE 0100-510. [21] Die Hauptstichpunkte dazu sind:
- Betriebsbedingungen,
- Zugänglichkeit,

- Kennzeichnung,
- Schaltpläne und
- Vermeidung gegenseitiger nachteiliger Beeinflussung.

Hier ist auch eine Verbindung zu DIN VDE 0100-100 [22] zu sehen. Diese Vorschrift enthält insbesondere Angaben, die zur Planung elektrischer Anlagen erforderlich sind, wie z. b. Leistungsbedarf und Gleichzeitigkeitsfaktor, Art der Erdverbindungen, Aufteilung in Stromkreise, Möglichkeiten zur Instandhaltung, Klassifizierung äußerer Einflüsse, Art und Anzahl aktiver Leiter, Stromversorgungen, Verträglichkeit, Stromquellen für Sicherheitszwecke.

8.1.1.1 Notwendige Unterlagen

Um eine Prüfung durchführen zu können, sind eine Reihe von Unterlagen z. B. gemäß DIN EN 61082-1 (VDE 0040-1) erforderlich. Dies sind Schaltpläne, Diagramme oder Tabellen aus denen insbesondere

- Art und der Aufbau der Stromkreise (Verbrauchsstellen, Anzahl und Querschnitt der Leiter, Art der Kabel- und Leitungsverlegung),
- die zur Identifizierung der Schutz-, Trenn- und Schalteinrichtungen erforderlichen Kennbuchstaben bzw. Zählnummern
- sowie die Anordnung dieser Einrichtungen

ersichtlich sind.

Das bedeutet also, dass Installationspläne, Übersichtspläne und Stromlaufpläne für die Anlage vorhanden sein müssen. Bei einfachen Anlagen müssen mindestens die Listen oder Tabellen mit den entsprechenden Angaben vorhanden sein. Die verwendeten Schaltzeichen sind DIN EN 60617 zu entnehmen.

8.2 Besichtigung

Durch Besichtigung soll festgestellt werden:

- ob die Anlagenteile sowie deren Eigenschaften, die zur elektrischen Sicherheit beitragen, den generellen Sicherheitsanforderungen entsprechen und
- ob die Anlage den Grundsätzen von DIN VDE 0100-510 entspricht.

Dies kann durch Prüfen des CE-Kennzeichens und der sonstigen Aufschriften geschehen. Der Vergleich mit den technischen Dokumentationen zeigt, ob das Betriebsmittel zweckentsprechend eingesetzt ist.

Die Besichtigung umfasst dabei folgende Bereiche:
- allgemeine Besichtigung,
- Schutzmaßnahme gegen direktes Berühren,
- Schutzmaßnahmen mit Schutzleiter und
- Schutzmaßnahmen ohne Schutzleiter.

8.2.1 Allgemeine Besichtigung

Zur allgemeinen Besichtigung sind folgende Fragen zu beantworten:
- Sind die Schaltungsunterlagen vollständig vorhanden?
- Sind alle notwendigen Dokumentationen der Betriebsmittel vorhanden?
- Sind die Betriebsmittel nach den Umgebungsbedingungen ausgewählt?
- Sind die Schutzeinrichtungen den Betriebsmitteln richtig zugeordnet?
- Entspricht der Leiterquerschnitt den zugeordneten Überstromschutzeinrichtungen?
- Sind die Betriebsmittel gekennzeichnet?
- Sind die Stromkreise gekennzeichnet?
- Entspricht die Kennzeichnung der Betriebsmittel und Stromkreise denen der Dokumentationen?
- Ist die Befestigung der Leitungen und aller anderen Teile fachgerecht?
- Sind die Sicherheitskennzeichnungen vorhanden?

Auch erkennbare Mängel, die zu einer mechanischen Gefährdung oder Brandgefahr führen können, müssen beurteilt werden.

8.2.2 Schutzmaßnahme gegen direktes Berühren

Zur Besichtigung des Schutzes gegen direktes Berühren sind folgende Fragen zu beantworten:
- Ist der Schutz durch Isolierung an allen aktiven Teilen vollständig vorhanden?
- Sind alle Abdeckungen und Umhüllungen vollständig vorhanden und nur mit Werkzeug entfernbar?
- Sind bei Schutz durch Abstand alle Teile mit unterschiedlichem Potential außerhalb des Handbereichs?

8.2.3 Schutzmaßnahmen mit Schutzleiter

Zur Besichtigung der Schutzmaßnahmen mit Schutzleiter sind folgende Fragen zu beantworten:

- Sind alle Erdungsleiter einwandfrei verlegt und zuverlässig angeschlossen?
- Sind alle Potentialausgleichsleiter einwandfrei verlegt und zuverlässig angeschlossen?
- Sind alle Schutzleiter einwandfrei verlegt und zuverlässig angeschlossen?
- Ist der Schutzleiter mit aktiven Teilen verbunden?
- Sind die Schutzleiter und Neutralleiter untereinander vertauscht?
- Sind die PEN-Leiter richtig gekennzeichnet?
- Sind die Schutzeinrichtungen, wie RCD, entsprechend den Errichternormen ausgewählt?
- Sind die Schutzkontakte von Steckdosen in Ordnung?
- Sind Schalter oder Sicherungen in PE- oder PEN-Leitern vorhanden?
- Sind Schutzleiter und PE-Leiter in den Stromkreisverteilern eindeutig den Stromkreisen zugeordnet und gekennzeichnet?

8.2.4 Schutzmaßnahmen ohne Schutzleiter

Zur Besichtigung der Schutzmaßnahmen ohne Schutzleiter sind folgende Fragen zu beantworten:
- Ist die doppelte oder verstärkte Isolierung unbeschädigt?
- Ist die Spannungsquelle der SELV-Versorgung richtig ausgewählt?
- Ist die Spannungsquelle der PELV-Versorgung richtig ausgewählt?
- Sind die Steckvorrichtungen der SELV- und PELV-Stromkreise verwechslungssicher?
- Ist die Spannungsquelle der Schutztrennungs-Versorgung richtig ausgewählt?
- Ist nur ein Betriebsmittel an den Schutztrennungsstromkreis angeschlossen?
- Ist der Potentialausgleichsleiter bei Schutztrennung mit mehreren Betriebsmitteln vorhanden und erdfrei?
- Entspricht die Isolierung von Wänden und Böden bei Schutz durch nicht leitende Räume den Errichternormen?

Diese Fragen müssen, sofern sie für die Anlage zutreffen, beantwortet werden. Eine Dokumentation der Antworten ist, wie später noch beschrieben wird, notwendig.

8.3 Erproben und Messen

Durch Erproben und Messen müssen, sofern zutreffend, die folgenden Prüfungen durchgeführt werden. Um eine Gefährdung bei der Erprobung und Messung gemäß DIN VDE 0100-600 zu reduzieren, sollte folgende Reihenfolge eingehalten werden:

- Durchgängigkeit der Schutzleiter, der Verbindungen des Hauptpotentialausgleichs und des zusätzlichen Potentialausgleichs (DIN VDE 0100-600 – Abschnitt 6.4.3.2),
- Isolationswiderstand der elektrischen Anlage (DIN VDE 0100-600 – Abschnitt 6.4.3.3),
- Schutz durch SELV und PELV oder Schutztrennung sowie isolierende Fußböden und Wände (DIN VDE 0100-600 – Abschnitt 6.4.3.4),
- Spannungspolarität (DIN VDE 0100-600 – Abschnitt 6.4.3.6),
- Schutz durch automatische Abschaltung der Stromversorgung (DIN VDE 0100-600 – Abschnitt 612.6),
- Prüfung des zusätzlichen Schutzes (DIN VDE 0100-600 – Abschnitt 6.4.3.8),
- Prüfung der Phasenfolge (DIN VDE 0100-600 – Abschnitt 6.4.3.9),
- Funktionsprüfung (DIN VDE 0100-600 – Abschnitt 6.4.3.10),
- Spannungsfall entsprechend den vertraglichen Festlegungen, (DIN VDE 0100-600 – Abschnitt 6.4.3.11).

In den zu prüfenden Anlagen finden sich nicht immer alle Systeme, für die eine Prüfung vorgeschrieben ist. So ist die vorgenannte Liste ein Anhaltspunkt, welche Prüfungen insgesamt in Frage kommen. Werden nur Teilarbeiten ausgeführt, so sind auch nur diese mit den Abhängigkeiten der jeweiligen Anlage zu prüfen.

8.3.1 Eigenschaften der Messgeräte

Um diese Messungen durchführen zu können, sind Messgeräte zu verwenden, die für den Einsatzfall geeignet sind. Die Geräte für diese Messungen sind dem VDE-Vorschriftenwerk entsprechend hergestellt und verfügen über die notwendigen Eigenschaften. Das sind zum Beispiel der Mindeststrom von 200 mA bei der Widerstandsmessung der Schutzleiter und die Mindestspannung von 500 V bei der Isolationswiderstandsmessung. Nur speziell für diesen Zweck gebaute Geräte erfüllen diese Bedingungen.

8.3.2 Schutzleiterdurchgang

Bevor diese Messung durchgeführt wird, ist eine Besichtigung der Potentialausgleichsanlage nötig. Die Verbindungen und Leiterquerschnitte müssen einwandfrei sein und den gültigen Regeln entsprechen. Wird die Messung im frühen Stadium durchgeführt, bevor Betriebsmittel eingebaut worden sind, kann diese Messung bei Trennung der PE-N-Brücke im TN-System sogar die Verwechselung des Schutzleiters mit anderen Leitern identifizieren. Die Messung erfolgt an jedem Schutzleiteranschluss. In einem Stromkreis mit mehreren Steckdosen kann der Schutzleiterwiderstand zwischen den benachbarten Steckdosen gemessen werden (Bild 8.1).

Die Messung beginnt sinnvoller Weise an der PA-Schiene und erfasst alle Punkte der neuen Installation oder des ausgetauschten Betriebsmittels, die mit dem Hauptpotentialausgleich in Verbindung stehen müssen. Eine Messung zwischen einem in den Schutzpotentialausgleich einbezogenen Rohrleitungssystem und einem Schutzleiterkontakt zeigt dabei nicht unbedingt die durchgängige Schutzleiterverbindung. Es könnte sich auch um eine Schutzleiterunterbrechung in Energieflussrichtung vor geerdeten Betriebs-

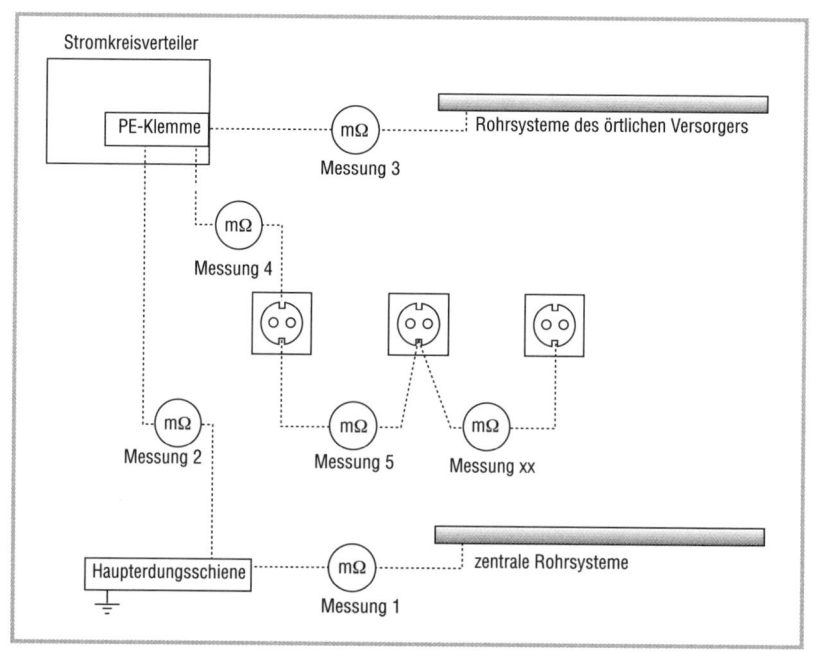

Bild 8.1 *Beispielhafte Messung der Schutzleiterverbindungen*

mitteln handeln. Dann wäre nur die Schutzleiterverbindung zum geerdeten Betriebsmittel und dessen Verbindung zum Schutzpotentialausgleich nachgewiesen, nicht aber die Durchgängigkeit des Schutzleiters bis zum Stromkreisverteiler.

Die Messungen sind mit Messgeräten auszuführen, die eine Spannung von 4 V bis 24 V bei einem Messstrom von mindestens 200 mA bereitstellen. Die Messungen mit 10 A Messstrom sind wegen der möglichen Brandgefahren nicht mehr zulässig.

Die Messungen werden einen sehr kleinen Widerstand ergeben. Besonders zu beachten sind dabei Korrosionserscheinungen, die sich als Fremdspannungen bei der Messung bemerkbar machen. Bei einer Spannung von nur 1 V an einer Korrosionsstelle und einer Messspannung von 4 V beträgt ein möglicher Messfehler 25 %. Diese Fremdspannungen werden erfasst, indem die Polarität der Messspannung umgeschaltet wird. **Bild 8.2** zeigt die Anordnung im Ersatzschaltbild. In einer Wohnung sind Werte in der Größenordnung von 0,8 Ω bis 1,0 Ω zu erwarten. Die Länge der Messleitung ist dabei bereits abgezogen. Sie darf nicht mit in die Messung eingehen und ist vorher zu kompensieren.

Die zu erwartenden Werte einer Verbindung lassen sich mit Hilfe der **Tabelle 8.1** nachrechnen. Dabei sind die Übergangswiderstände zu berücksichtigen.

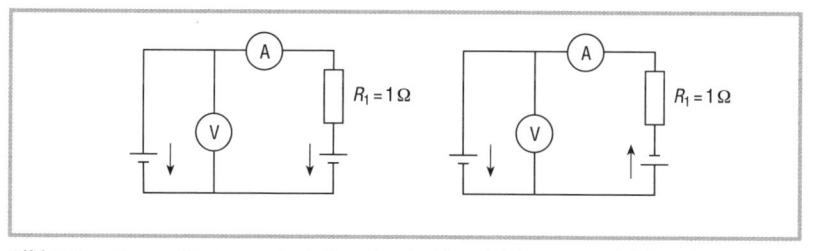

Bild 8.2 *Messwertänderung durch Umpolen der Messgleichspannung bei Fremdspannungen im Messkreis (Ersatzschaltbild)*

8.3.3 Isolationswiderstand der elektrischen Anlage

Die Isolationsfähigkeit soll zeigen, dass der fließende Strom nicht über den Schutzleiter oder andere Wege abfließen kann. Die Betriebsmittel sind vorzugsweise aus den Endstromkreisen zu entfernen. Verfälschungen können durch verschiedene Betriebsmittel auftreten, nicht zuletzt durch Überspannungsschutzeinrichtungen innerhalb der Stromkreise.

Leiternennquerschnitt S in mm²	Leiterwiderstandsbeläge R' bei 30 °C in mΩ/m
1,5	12,575
2,5	7,566
4	4,739
6	3,149
10	1,881
16	1,185
25	0,752
35	0,546
50	0,404
70	0,281
95	0,204
120	0,163
150	0,134
185	0,109

Tabelle 8.1 *Widerstandsbeläge von Leitern*

Die Messung darf mit den verbundenen aktiven Leitern durchgeführt werden. Es ist jedoch sinnvoll, wenn auch etwas aufwändiger, die aktiven Leiter separat zu messen. Eine Messung der aktiven Leiter untereinander ist nur dann erlaubt, wenn kein Betriebsmittel angeschlossen ist. Mögliche Schäden der Isolierung zwischen den aktiven Leitern, die später zu einem Brand führen können, werden damit frühzeitig entdeckt. Alle Schalter sind einzuschalten, damit auch die Schalterleitungen in die Prüfung einbezogen werden.

Als Mindestwerte des Isolationswiderstands in elektrischen Anlagen sind die Werte aus der **Tabelle 8.2** einzuhalten.

Das bedeutet aber bei der Qualität der heutigen Installationsmaterialien, dass es sich dabei nur um einen rein theoretischen Wert handelt. In der Praxis liegt der Isolationswiderstand um ein Vielfaches höher. Meist werden die Messbereiche der verwendeten Messgeräte überschritten. Sollte dies einmal nicht der Fall sein, so muss sich der Prüfer Gedanken über die Ursache der Messergebnisse machen. Darüber hinaus sind auch die Geräte-

Nennspannung des Stromkreises	Zu verwendende Messgleichspannung in V	Isolationswiderstand in MΩ
SELV, PELV	250	0,5
bis 500 V (einschließlich FELV), außer in obigen Fällen	500	1,0
über 500 V	1.000	1,0

Tabelle 8.2 *Isolationswiderstand und Messspannungen*

8.3 Erproben und Messen

und Verfahrensfehler zu berücksichtigen. Diese liegen bei Werten bis 30 %. Eine Dokumentation eines den Messbereich von z. B. 20 MΩ überschreitenden Wertes erfolgt dann im Protokoll mit größer als 20 MΩ (>20 MΩ). Die Messrichtung spielt bei der Isolationswiderstandsmessung keine Rolle. Während mit Multifunktionsgeräten und entsprechenden Steckdosenadaptern von dem Endstromkreis in Richtung Stromkreisverteiler gemessen wird, kann auch mit individuellen Geräten von der Abgangsklemme des Stromkreisverteilers zum Ende des Endstromkreises gemessen werden. Die Messung mit Multifunktionsgeräten bietet dabei auch weitere Messungen und Prüfungen rationell an.

Grundsätzlich ist bei der Isolationswiderstandsmessung zu beachten, dass bei angeschlossenen Betriebsmitteln diese Messung nur dann durchgeführt werden darf, wenn der Gerätehersteller keine Einwände dagegen hat. Oftmals sind in Betriebsmitteln elektronische Bauteile auch in der Netzseite verbaut. Diese könnten Schaden nehmen, wenn mit einer Prüfspannung von 500 V gemessen wird. **Bild 8.3** zeigt unterschiedliche Meßverfahren.

Bei Neuanschluss von Betriebsmitteln ist eine Isolationswiderstandsmessung erst dann sinnvoll, wenn der Anschluss vollständig erfolgte und die Abdeckungen fest angeschraubt sind. Eventuell eingequetschte Leiter lassen sich so identifizieren. Dazu ist aber die Messung am Stromkreisanfang in der Verteilung oder an der Übergabestelle, zum Beispiel am Hauptschalter, durchzuführen.

Ein immer wieder zu Fehlern führender Umstand ist, dass die Neutralleiter üblicherweise stromkreisübergreifend in dem Stromkreisverteiler ver-

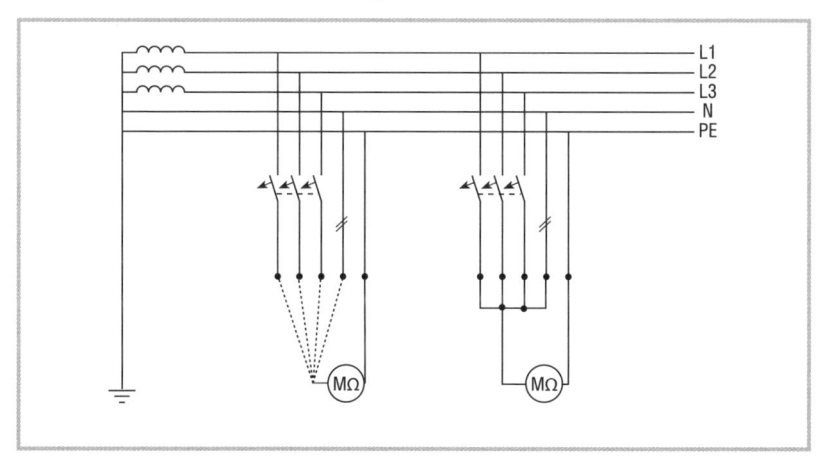

Bild 8.3 *Messung des Isolationswiderstands*

bunden sind. Das führt dazu, dass bei der Messung des Isolationswiderstands eines Stromkreises aus der Anlage in Richtung Stromkreisverteiler nicht der Isolationswiderstand des einzelnen Stromkreises, sondern der Isolationswiderstand aller in dieser Stromkreisgruppe liegenden Neutralleiter gemessen werden.

Dabei kann es passieren, dass sogar eine Verbindung bis zum Transformator besteht und die Messung total unbrauchbar wird. Die Trennung des Neutralleiters im Stromkreisverteiler von den Neutralleitern der anderen Stromkreise ist die Voraussetzung für eine korrekte Messung.

8.3.4 Messung des Anlagenerdungswiderstandes

Zur Messung des Erdungswiderstandes steht eine Reihe von Messverfahren zur Verfügung. Eine Messung durch die Elektrofachkraft für festgelegte Tätigkeiten ist jedoch im Regelfall nicht erforderlich. Die Messung soll die maximale Berührungsspannung bei Anwendung der Fehlerstromschutzeinrichtung nachweisen. Dies kann jedoch auch bei der Überprüfung der Auslösefunktion der Fehlerstromschutzeinrichtung erfolgen. Üblicherweise werden die Werte der Berührungsspannung und des sich daraus ergebenden Erdungswiderstands bei der Messung mitangezeigt.

8.3.5 Abschaltbedingung im TN-System

Die Schutzmaßnahmen, die im Fehlerfall die Abschaltung der Versorgungsspannung erfordern, werden unterschiedlich geprüft. Im TN-System ohne Fehlerstromschutzeinrichtung sind die Schleifenimpedanz und der daraus resultierende Kurzschlussstrom mit dem Abschaltstrom der Schutzeinrichtung zu vergleichen.

Eine niedrige Schleifenimpedanz sorgt im Körperschlussfall für einen Kurzschluss und damit zur Abschaltung des Außenleiters innerhalb der vorgegebenen Zeit. Diese Abschaltung ist nachzuweisen. Dies geschieht, indem die Schleifenimpedanz gemessen wird. **Bild 8.4** zeigt die prinzipielle Durchführung der Messung. Diese Messung spiegelt jedoch nicht den tatsächlichen Zustand bei einem Fehler wider. Im Fehlerfall wird die Leitung durch den erhöhten Kurzschlussstrom warm. Dadurch steigt der Leiterwiderstand und der Kurzschlussstrom wird kleiner. Deshalb sind Korrekturfaktoren nötig, die die Erwärmung und die Höhe des Kurzschlussstromes berücksichtigen.

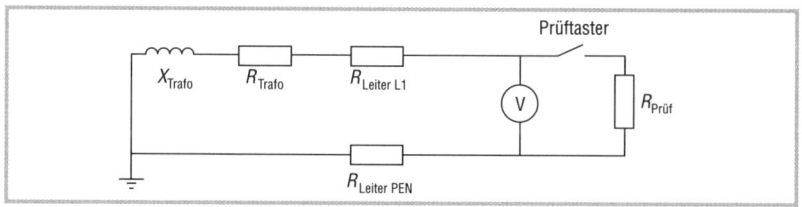

Bild 8.4 *Messprinzip der Schleifenimpedanzmessung*

Bei der Verwendung der berechneten Schleifenimpedanz wie auch bei der gemessenen Schleifenimpedanz ist mit einer Widerstandserhöhung von ca. 30 %, die durch die Erwärmung des Leiters bei einem Kurzschlussstrom entsteht, zu rechnen.

Bei der Messung der Schleifenimpedanz sind die Messgerätefehler ebenfalls zu berücksichtigen. Bei der korrekten Messung betragen die Werte ungefähr 5 %. Diese Messgerätefehler können aber auch sehr groß werden. Das ist insbesondere dann der Fall, wenn die zur Messung verwendeten Ströme sehr klein sind. Messungen der Schleifenimpedanz bei Messströmen, die so klein sind, dass eine Fehlerstromschutzeinrichtung nicht auslöst, können mit einem Fehler von $\pm 1\,\Omega$ behaftet sein. Damit sind diese Einstellungen bei Schleifenimpedanzwerten, wie sie in TN-Systemen zu erwarten sind, nicht geeignet.

Die folgende Bedingung ist als Abschaltbedingung einzuhalten.

Gleichung 5.1: Maximalwert der gemessenen Schleifenimpedanz

$$Z_{s(m)} \leq \frac{2}{3} \cdot \frac{U_0}{I_a}$$

Messung der Schleifenimpedanz

Die Messung erfolgt in zwei Stufen:
1. Messung der Leerlaufspannung der Spannungsquelle (ohne Last),
2. Messung der Klemmspannung mit Last.

Aus dem Wert der Leerlaufspannung, dem Spannungsfall unter Last und dem Wert des Lastwiderstandes kann die Schleifenimpedanz errechnet werden.

Der mit der gemessenen Schleifenimpedanz ermittelte und korrigierte Kurzschlussstrom ist mit dem Wert des Auslösestromes zu vergleichen.

Der Wert für den Auslösestrom I_a ist dabei aus den Tabellen der Hersteller für die Zeit zu ermitteln, in der eine Auslösung nach DIN VDE 0100-410 erfolgen muss. Die Tabelle NB.1 aus DIN VDE 0100-600, Seite 48 kann ersatzweise verwendet werden.

Wird in einem Endstromkreis eines TN-Systems ein Fehlerstromschutzschalter zur Abschaltung verwendet, so ist die Abschaltbedingung für diesen zu prüfen. Eine Messung der Berührungsspannung führt in aller Regel zu einem äußerst kleinen Wert von unter 1 V.
Die **Tabellen 8.3** und **8.4** geben eine Hilfestellung bei der Bewertung der Abschaltbedingungen im TN-System.

I_N in A	I_a 5 s gG	I_k gemessen in A zur Auslösung einer gG Sicherung in 5 s	$Z_{S\,max}$ gemessen in Ω zur Auslösung einer gG Sicherung in 5 s	I_a 0,4 s gG	I_k gemessen in A zur Auslösung einer gG Sicherung in 0,4 s	$Z_{S\,max}$ gemessen in Ω zur Auslösung einer gG Sicherung in 0,4 s
2	9,2	12	19,23	16	21	11,06
4	19	25	9,31	32	42	5,53
6	27	35	6,55	47	61	3,76
10	47	61	3,76	82	107	2,16
16	65	85	2,72	107	139	1,65
20	85	111	2,08	145	189	1,22
25	110	143	1,61	180	234	0,98
32	150	195	1,18	265	345	0,67
35	173	224	1,02	295	384	0,60
40	190	247	0,93	310	403	0,57
50	260	338	0,68	460	598	0,38
63	320	416	0,55	550	715	0,32

Tabelle 8.3 *Auslöseströme und Maximalwerte von Kurzschlussströmen und Schleifenimpedanzen zur Auslösung von Sicherungen des Typs gG*

I_N in A	Typ B I_a zur Auslösung 0,4 s und 5 s	I_k gemessen in A	$Z_{S\,max}$ gemessen in Ω	Typ C I_a zur Auslösung 0,4 s und 5 s	I_k gemessen in A	$Z_{S\,max}$ gemessen in Ω
2	10	15	15,33	20	30	7,67
4	20	30	7,67	40	60	3,83
6	30	45	5,11	60	90	2,56
10	50	75	3,07	100	150	1,53
16	80	120	1,92	160	240	0,96
20	100	150	1,53	200	300	0,77
25	125	188	1,23	250	375	0,61
32	160	240	0,96	320	480	0,48
35	175	263	0,88	350	525	0,44
40	200	300	0,77	400	600	0,38
50	250	375	0,61	500	750	0,31
63	315	473	0,49	630	945	0,24

Tabelle 8.4 *Auslöseströme und Maximalwerte von Kurzschlussströmen und Schleifenimpedanzen zur Auslösung von Leitungsschutzschaltern*

8.3.6 Abschaltbedingung im TT-System

Der Mensch soll bei Berührung eines fehlerhaften Betriebsmittels durch die Auslösung des Fehlerstromschutzschalters geschützt werden. Das Auslöseverhalten von Fehlerstromschutzschaltern ist in verschiedenen Normen geregelt. Nach DIN VDE 0100-410 beträgt die Auslösezeit bei einem Fehler im TT-System maximal 0,2 s. Nach DIN VDE 0664 beträgt die Auslösezeit eines Fehlerstromschutzschalters $I_F = 5 \cdot I_{\Delta N}$ maximal 0,04 s. Damit wird bei einem Bemessungsdifferenzstrom von 30 mA der Zeit/Strom-Gefährdungsbereich 3 nicht überschritten. Der Fehlerstrom beträgt bei einem angenommenen Körperwiderstand von 1.000 Ω ungefähr 230 mA. Das ist mehr als $5 \cdot I_{\Delta N}$. Es kommt zu keiner tödlichen Stromwirkung.

8.3.6.1 Prüfverfahren von Fehlerstromschutzeinrichtungen

Hinter dem Fehlerstromschutzschalter ist ein Fehlerstrom zu erzeugen. Es ist nachzuweisen, dass die Fehlerstromschutzeinrichtung bei Erreichen des Bemessungsdifferenzstromes $I_{\Delta N}$ auslöst und dabei die Berührungsspannung den maximal zulässigen Wert nicht überschreitet.

Folgende Bedingungen müssen erfüllt sein:
- Der Auslösestrom $I_\Delta \leq$ Bemessungsdifferenzstrom $I_{\Delta N}$.
- Die Berührungsspannung $U_B \leq$ zulässige Berührungsspannung U_L.

Grundsätzlich setzt die zweite Bedingung voraus, dass der Widerstand des Anlagenerders so klein ist, dass die zulässige Berührungsspannung nicht überschritten werden kann. Die Bedingung

Gleichung 5.4: Abschaltbedingung im TT-System

$$R_a \leq \frac{U_L}{I_{\Delta N}}$$

wird demzufolge auch Abschaltbedingung genannt.

Zu den beiden vorgenannten Prüfungen stehen mehrere Verfahren zur Auswahl: Methode 1 mit ansteigendem Prüfstrom. Methode 2 mit einer Impulsmessung. Darüber hinaus bieten viele Prüfgeräte zusätzlich noch die Messung der Abschaltzeit an. Die Messung der Abschaltzeit ist jedoch bei der Erstprüfung von Anlagen nicht gefordert.

8.3.6.2 Mögliche gefährliche Situationen

Gefährliche Situationen können auch ungewollt bei einer Fehlerstromschutzeinrichtung auftreten.

Werden in einem Versorgungssystem mehrere Fehlerstromschutzeinrichtungen parallel an einem Erder betrieben, so addieren sich die Ableitströme der einzelnen Anlagen. Eine Spannung über den Erdungswiderstand lässt sich mithilfe einer Sonde feststellen, die außerhalb des Wirkungsbereichs des Anlagenerders liegt. Im TT-System müssen alle PE-Leiter und Betriebsmittelgehäuse hinter einer Fehlerstromschutzeinrichtung an demselben Erder angeschlossen werden.

Bei einer Verbindung des Neutralleiters mit dem PE-Leiter hinter der Fehlerstromschutzeinrichtung wird ein Teil des Fehlerstromes über den Neutralleiter zurückgeführt. Damit steht ein kleinerer Fehlerstrom zur Auslösung des Fehlerstromschutzschalters zur Verfügung. Eine rechtzeitige Auslösung kann verhindert werden. Eine Isolationswiderstandsmessung zeigt diesen Fehler auf. Grundsätzlich führt eine solche Verbindung aber auch zur Auslösung in dem Fall, in dem auf dem Neutralleiter ein hoher Strom fließt. Dieser teilt sich an der Fehlerstelle in den N- und PE-Leiter auf. Der Anteil über den PE-Leiter wird von den Fehlerstrom-Schutzeinrichtungen als Fehlerstrom erkannt und führt zur Auslösung.

Eine weitere Gefahr ist durch eine Verbindung zwischen Außenleiter und PE-Leiter in Energieflussrichtung vor der Fehlerstromschutzeinrichtung zu sehen. In diesem Fall fließt bereits ein Strom über den Anlagenerder. Dieser sorgt für einen Spannungsfall am Anlagenerder, der gegenüber einem neutralen Erdungspunkt Spannungen höher als die zulässige Berührungsspannung annehmen kann. Diese bleibt jedoch auch nach Abschalten des Fehlerstromschutzschalters bestehen.

8.3.7 Drehfeldmessung

Das Drehfeld der Drehstromsteckdosen ist zu überprüfen. Es muss ein Rechtsdrehfeld vorliegen. Diese Verpflichtung zur Einhaltung des Rechtsdrehfeldes in elektrischen Anlagen besteht nach DIN VDE 0100-600 ausschließlich für Steckdosen. Sofern weitere Anforderungen aus vertraglichen Vereinbarungen bestehen, sind diese natürlich ebenfalls zu prüfen.

Darüber hinaus ist es natürlich sinnvoll, auch innerhalb der übrigen Installation, beginnend von der Einspeisung, die Außenleiterfolge L1, L2, L3, einzuhalten und so auch innerhalb der Stromkreisverteiler ein rechtes Drehfeld zu erzeugen.

Ein rechtes Drehfeld liegt immer dann vor, wenn die Außenleiterreihenfolge L1, L2 und L3 ist. Damit ist aber nicht gesagt, das dies auch mit der tatsächlichen Reihenfolge der Leiter übereinstimmt. Auch die Reihenfolgen L3 – L1 – L2 und L2 – L3 – L1 bilden ein rechtes Drehfeld.

Wird an die Motorklemmen U1, V1, W1 ein rechtes Drehfeld angelegt, so dreht dieser Motor rechts, das bedeutet, bei Blick auf den Motor von vorne auf die Welle, dreht sich diese rechts herum.

8.3.8 Auswertung

Die Einhaltung der vorgeschriebenen Grenzwerte der einzelnen Messungen ist zu überprüfen. Dabei sind auch die jeweiligen Messfehler der Messverfahren und Messgeräte zu berücksichtigen. Das gilt besonders für die stark fehlerbehafteten Messungen von Erdungswiderstand, Isolationswiderstand und Schleifenimpedanz.

8.3.9 Dokumentation

Die Prüfungen und Messungen sind in geeigneter Weise zu dokumentieren. Hierzu stehen bei vielen Herstellern automatisch dokumentierende Prüfgeräte zur Verfügung. Dazu werden für die Dokumentation auf die Prüfgeräte abgestimmte Computerprogramme angeboten. Diese sind jedoch nur für umfangreiche Prüfungen sinnvoll. Alternativ sind entsprechende handgeschriebene Prüfprotokolle zu erstellen. Diese sind anlagenspezifisch herstellbar. Das gilt insbesondere für die Sichtprüfung und eine mit der Messung verbundene Dokumentation der Anlage. Das Protokoll ist dem Kunden auszuhändigen.

8.4 Übungsaufgaben

(Die Lösungen zu den Aufgaben finden Sie im Anhang.)

Aufgabe 8.1

Warum sind die Prüfungen nach einer elektrotechnischen Arbeit erforderlich?

Aufgabe 8.2

Geben Sie drei Beispiele für Arbeiten an elektrotechnischen Anlagen an, die vor Fertigstellung eine Prüfung erfordern.

Aufgabe 8.3
Welche Anforderungen werden an einen Prüfer gestellt, der technische Prüfungen in einem Gewerbebetrieb eigenverantwortlich durchführen soll?

Aufgabe 8.4
Beschreiben Sie am Beispiel „Anschließen einer Maschine" die Arbeitsschritte einer Elektrofachkraft für festgelegte Tätigkeiten. Geben Sie hierzu detailliert die notwendigen Prüfschritte sowie die Grenzwerte und die zu erwartenden Messwerte an.

Aufgabe 8.5
Nach Abschluss der Verlegearbeiten prüfen Sie mit einem Installationstester die Schleifenimpedanz an der Montagestelle im Hinblick auf den Schutz gegen elektrischen Schlag. Sie ermitteln einen Widerstand von $1,8\,\Omega$. Wie groß darf danach ein Leitungsschutzschalter Typ B maximal sein, wenn er in $0,4\,s$ auslösen soll?

Aufgabe 8.6
Welche Prüfungen und Messungen müssen unabhängig von der Schutzmaßnahme gegen indirektes Berühren bei der Inbetriebnahme eines neu angeschlossenen Betriebsmittels durchgeführt werden?

Aufgabe 8.7
Welcher Widerstandswert ist bei der Messung der durchgängigen Verbindung eines Schutzleiters zu erwarten, wenn die Zuleitung $17\,m$ lang und der Querschnitt $1,5\,mm^2$ ist?

Aufgabe 8.8
Welche Prüfungen und Messungen müssen mindestens durchgeführt werden, bevor ein Herd in einer Wohnung in Betrieb genommen werden kann, um die elektrotechnische Sicherheit zu gewährleisten?

9 Prüfen von Maschinen nach Errichtung und Änderung

Die EFKffT hat in ihrem Aufgabengebiet auch mit Arbeiten an Maschinen zu tun. Prüfgrundlage ist die EN 60204 (DIN VDE 0113).

9.1 Abgrenzung zur Anlage

Während die Bezeichnung *elektrotechnische Anlagen* die Betriebsmittel zur Spannungsversorgung in einem Gebäude oder auch im Außenbereich, die fest mit dem Gebäude verbunden sind, beschreibt, ist eine Maschine ein eigenständiges System, das an die elektrotechnische Anlage angeschlossen wird. In EN 60204 – Sicherheit von Maschinen ist beschrieben, was eine Maschine ist.

Danach ist eine Maschine die Gesamtheit von miteinander verbundenen Teilen oder Baugruppen, von denen mindestens ein Teil beweglich ist. Dazu gehören entsprechende Maschinen-Antriebselemente und Steuer- und Energiekreise, die für eine bestimmte Anwendung zusammengefügt sind. [23]

Der Ausdruck „Maschine" deckt auch eine Zusammenstellung von Maschinen ab, die so angeordnet und gesteuert werden, dass sie, um das gleiche Ziel zu erreichen, als einheitliches Ganzes funktionieren. Beispiele sind Heizungsmaschinen, Lüftungsmaschinen, Verpackungsmaschinen, Bearbeitungsmaschinen usw.

Grundsätzlich stellt sich für den Elektrotechniker natürlich die Frage, wie eine Unterscheidung zu einem Betriebsmittel erfolgen kann. Dabei ist die Konformitätserklärung hilfreich, die für jede Maschine zur Verfügung steht. Je nach dem, auf welche Normen oder Richtlinien Bezug genommen wird, handelt es sich bei dem Produkt um eine Maschine oder ein Betriebsmittel. Entsprechend ist auch bei der Prüfung der fertigen Arbeit zu verfahren.

Eine Maschine wird in besonderen Fällen auf Grundlage einer Herstellernorm gebaut. Das führt auch dazu, dass besondere Prüfungen erforderlich werden, die in der Norm als Wahlprüfungen vorgesehen sind.

9.2 Erforderliche Prüfungen

9.2.1 Überprüfung der technischen Dokumentation

Zunächst ist die Überprüfung, dass die elektrische Ausrüstung mit ihrer technischen Dokumentation übereinstimmt, durchzuführen. Aus der Dokumentation der Maschine sind folgende Angaben zu entnehmen:

Es muss ein Hauptdokument existieren, in dem alle weiteren Dokumente aufgelistet sind. Das schließt eine Stückliste mit ein. Zusätzlich sind Dokumente mit folgenden Inhalten erforderlich:

1) eine klare, umfassende Beschreibung der Ausrüstung, der Errichtung und Montage sowie des Anschlusses an die elektrische(n) Versorgung(en),
2) Anforderungen an die elektrische(n) Versorgung(en),
3) wo zutreffend: Angaben zur physikalischen Umgebung (z. B. Beleuchtung, Erschütterung, atmosphärische Schadstoffe),
4) wo zutreffend: Übersichts-(Block-)Schaltplan(-pläne),
5) Stromlaufplan(-pläne),
6) Angaben (falls zutreffend)
   - zur Programmierung (soweit notwendig für die Benutzung der Ausrüstung)
   - zum(zu) Arbeitsablauf (-abläufen)
   - zu Überprüfungsintervallen
   - zur Häufigkeit und zu Verfahren von Funktionsprüfungen
   - zur Anleitung zur Einstellung, Instandhaltung und Reparatur, speziell für Einrichtungen und Stromkreise mit Schutzfunktionen
   - Liste der empfohlenen Ersatzteile und
   - Liste der mitgelieferten Werkzeuge
7) eine Beschreibung der Schutzeinrichtungen (einschließlich Verbindungspläne), der gegeneinander verriegelten Funktionen und der Verriegelung von trennenden Schutzeinrichtungen gegen Gefährdungen, insbesondere für Maschinen, die koordiniert zusammenarbeiten,
8) eine Beschreibung der technischen Schutzmaßnahmen und der vorgesehenen Mittel, die wenn es notwendig ist, die technischen Schutzmaßnahmen unwirksam machen (z. B. zum Einrichten oder zur Wartung),
9) Arbeitsanleitungen um die Maschine für die sichere Durchführung von Wartungsarbeiten zu sichern,

10) Informationen über Handhabung, Transport und Lagerung
11) soweit anwendbar, Informationen bezüglich der Lastströme, der Spitzenströme beim Anlauf und zulässiger Spannungseinbrüche,
12) Informationen über die Restrisiken auf Grund der angenommenen Schutzmaßnahmen, Hinweise ob irgendeine spezielle Ausbildung erforderlich ist und eine Aufstellung aller notwendigen persönlichen Schutzausrüstungen.

Nachdem die vorliegenden Dokumente auf die Vollständigkeit und Richtigkeit geprüft worden sind, kann mit den technischen Prüfungen begonnen werden.

9.2.2 Prüfung des Schutzes durch automatische Abschaltung der Versorgungsspannung

9.2.2.1 Prüfung 1 – Überprüfung der Durchgängigkeit des Schutzleitersystems

Diese Prüfung der Durchgängigkeit des Schutzleitersystems erfolgt wie bei der Prüfung elektrotechnischer Anlagen und Betriebsmittel mit einem Messgerät, das mindestens 0,2 A Messstrom bereitstellt.

Der gemessene Widerstand muss in dem Bereich liegen, der entsprechend der Länge, dem Querschnitt und dem Material des entsprechenden Schutzleiters bzw. der Schutzleiter zu erwarten ist.

9.2.2.2 Prüfung 2 – Überprüfung der Impedanz der Fehlerschleife und der Eignung der zugeordneten Überstrom-Schutzeinrichtung

Die Überprüfung ist identisch mit der Überprüfung einer elektrotechnischen Anlage im TN-System. Dazu sind die Anschlüsse der Energieversorgung und des ankommenden externen Schutzleiters an die PE-Klemme der Maschine durch Sichtprüfung zu kontrollieren.

Die Einhaltung der Anschaltung der Spannungsversorgung im Fehlerfall erfolgt durch eine Messung der Schleifenimpedanz und dem Nachweis, dass die vorgeschaltete Schutzeinrichtung abschaltet. Das ist im TN-System die Sicherung oder der Leitungsschutzschalter.

9.2.3 Isolationswiderstandsprüfungen

Anstelle der Isolationswiderstandsprüfungen darf auch eine Spannungsprüfung durchgeführt werden. Um eine Isolationswiderstandsprüfung durchzuführen, wird mit einer Gleichspannung von 500 V zwischen den Leitern der Hauptstromkreise und dem Schutzleitersystem gemessen. Der Isolationswiderstand darf dabei nicht kleiner sein als 1 MΩ.

Für bestimmte Teile der elektrischen Ausrüstung, wie z. B. Sammelschienen, Schleifleitungssysteme oder Schleifringkörper, ist ein niedrigerer Wert erlaubt. Dieser darf jedoch nicht kleiner als 50 kΩ sein.

Falls die elektrische Ausrüstung der Maschine Geräte für den Überspannungsschutz enthält, die während der Prüfung voraussichtlich ansprechen, ist es erlaubt, entweder
- diese Geräte abzuklemmen oder
- die Prüfspannung auf einen niedrigeren Wert zu reduzieren.

Das sind üblicherweise 250 V für Geräte, die zwischen dem Außenleiter und dem Schutzleiter installiert sind.

9.2.4 Spannungsprüfungen

Bei einigen Maschinen ist eine Spannungsprüfung aufgrund der Produktnormen vorgeschrieben. Sollte diese nicht vorgeschrieben sein, so wird entweder die Isolationswiderstandsmessung oder die Spannungsprüfung durchgeführt. Die Nennfrequenz der Prüfspannung muss 50 Hz oder 60 Hz betragen.

Die maximale Prüfspannung muss entweder dem zweifachen Wert der Bemessungsspannung für die Energieversorgung der Ausrüstung entsprechen oder 1.000 V betragen, je nachdem, welcher Wert der größere ist. Die maximale Prüfspannung muss zwischen den Leitern der Hauptstromkreise und dem Schutzleitersystem für eine Zeit von ungefähr 1 s angelegt werden. Die Anforderungen sind erfüllt, wenn kein Lichtbogendurchschlag erfolgt.

Manche Baugruppen und Geräte sind nicht für eine solch hohe Prüfspannung bemessen. Sie müssen vor der Prüfung abgetrennt werden.

9.2.5 Schutz gegen Restspannungen

Sind in der Maschine Kondensatoren vorhanden, die nach Abschalten der Versorgungsspannung noch eine Restspannung führen, ist diese zu prüfen.

Aktive Teile, die nach dem Ausschalten der Versorgung eine Restspannung von mehr als 60 V aufweisen, müssen innerhalb einer Zeit von 5 s nach Ausschalten der Versorgung auf 60 V oder weniger entladen werden, vorausgesetzt, dass diese Entladerate nicht die ordnungsgemäße Funktion der Ausrüstung stört.

Bauteile, die eine gespeicherte Ladung von 60 µC oder weniger haben, sind von dieser Anforderung ausgenommen. Wo diese definierte Entladerate die ordnungsgemäße Funktion der Ausrüstung beeinflusst, muss ein dauerhafter Warnhinweis an einer leicht sichtbaren Stelle auf oder unmittelbar neben dem Gehäuse, das die Kapazitäten enthält, angebracht werden. Er muss auf die Gefährdung hinweisen und den Zeitverzug angeben, der notwendig ist, bis das Gehäuse geöffnet werden darf.

Wenn das Ziehen von Steckern oder ähnlichen Geräten zum Freilegen von Leitern (z. B. Steckerstifte) führt, darf die Entladezeit 1 s nicht überschreiten. Anderenfalls müssen solche Leiter gegen direktes Berühren mindestens nach dem Schutzgrad IP2X oder IPXXB geschützt werden. Falls weder eine Entladezeit von 1 s noch ein Schutz von mindestens IP2X oder IPXXB erreicht werden kann (z. B. bei abklappbaren Stromabnehmern von Schleifleitungen oder Schleifringkörpern), müssen zusätzliche Schalteinrichtungen oder eine angemessene Warneinrichtungen (z. B. ein Warnhinweis) vorgesehen werden.

9.2.6 Funktionsprüfungen

Abschließend ist die Funktion der Maschine zu prüfen. Dabei ist besonderer Wert auf die der Sicherheit dienenden Einrichtungen zu legen.

Die bestimmungsgemäße Funktion der instandgesetzten Baugruppe oder des Maschinenteils ist ebenfalls zu prüfen. [23]

9.2.7 Dokumentation

Die Prüfung ist zu dokumentieren. Dazu finden die in der Arbeitsanweisung vorgegebenen Prüfprotokolle Anwendung.

de BUCH
www.elektro.net

BASICS

Gregor Häberle, Heinz O. Häberle
Einführung in die Elektroinstallation

9., neu bearbeitete und erweiterte Auflage

Gregor Häberle, Heinz O. Häberle
Einführung in die Elektroinstallation
9., neu bearb. u. erw. Auflage 2019.
408 Seiten. Softcover. € 29,80 (D).
Fachbuch:
ISBN 978-3-8101-0471-7
E-Book/PDF:
ISBN 978-3-8101-0472-4

de FACHBUCH

Schritt für Schritt in die Grundlagen der fachgerechten Elektroinstallation. Aufgrund aktueller Änderungen in Normen und Bestimmungen wurde diese 9. Auflage neu bearbeitet und an den aktuellen Stand angepasst.

Neu hinzugekommen in dieser 9. Auflage sind:

- Informationen über die Referenzkennzeichnung von Objekten, verbunden mit Strukturaspekten,
- Video-Türsprechanlagen,
- Lichtmanagement mit DALI,
- Gebäudeautomation mittels Digitalstrom-Komponenten,
- Smart-Home-Anlagen,
- Smart Grids sowie
- Grundlagen und Installationsausführungen zu Photovoltaik-Anlagen.

IHRE BESTELLMÖGLICHKEITEN

- Fax: +49 (0) 89 2183-7620
- E-Mail: buchservice@huethig.de
- www.elektro.net/shop

Hier Ihr Fachbuch direkt online bestellen!

de das elektrohandwerk
www.elektro.net

Hüthig GmbH, Im Weiher 10, D-69121 Heidelberg,
Tel.: +49 (0) 800 2183-333

10 Prüfung von Betriebsmitteln nach Instandsetzung oder als Wiederholungsprüfung (DIN VDE 0701-0702)

Den Prüfungen von Betriebsmitteln ist ein eigenes Kapitel gewidmet. Die Prüfung von Betriebsmitteln bezieht sich dabei auf die Prüfung nach Instandsetzung genauso wie auf die Wiederholungsprüfungen auf Basis der Betriebssicherheitsverordnung und der DGUV Vorschrift 3.

Grundsätzlich ist bei der Instandsetzung zu beachten, dass ausschließlich die vom Hersteller zugelassenen Ersatzteile verwendet werden. Es dürfen keinerlei Veränderungen an den Betriebsmitteln gegenüber dem Originalzustand vorgenommen werden. Sollten Änderungen vorgenommen werden, weil Ersatzteile nicht mehr zur Verfügung stehen, so sind diese neuen Ersatzteile vom Hersteller als gleichwertig anerkannt und zum Einbau freigegeben. Eine Nichtbeachtung dieser Vorgaben führt unter Umständen dazu, dass der Instandsetzer als Hersteller gewertet werden muss und ihm die Produkthaftung gemäß ProdSG mit allen Konsequenzen auferlegt wird. Letztendlich folgt daraus auch eine neue CE-Kennzeichnung.

10.1 Allgemeines, Prinzip der Prüfung

10.1.1 Grundsätzliches

Die Reihenfolge der Prüfschritte ist in jedem Fall einzuhalten. Wird bei der Besichtigung ein Mangel erkannt, ist die Prüfung unverzüglich zu unterbrechen. Auch bei der nachfolgenden Schutzleiterprüfung und bei der Prüfung des Isoliervermögens ist ein unverzüglicher Abbruch der Prüfungen erforderlich, um eine Gefährdung des Prüfers auszuschließen.

10.1.2 Besichtigung

Durch Besichtigung soll festgestellt werden, ob die Geräteteile sowie deren Eigenschaften, die zur elektrischen Sicherheit beitragen, weder sichtbare Schäden aufweisen noch für das Gerät ungeeignet sind. Gegenstand einer Sichtprüfung sind, z. B.

- das Gehäuse und Schutzabdeckungen,
- die Anschlussleitung und andere äußere Leitungen,
- der Zustand der Isolierungen,
- der Zustand der Zugentlastungsvorrichtungen, des Knickschutzes und der Leitungsführung,
- die dem Betreiber zugänglichen Gerätesicherungshalter und Sicherungseinsätze,
- die Kühlluftöffnungen und Luftfilter,
- die Überdruckventile,
- die Befestigungen der Leitungen und aller anderen Teile sowie
- die Kennzeichnungen, die der Sicherheit dienen.

Auch solche erkennbaren Mängel, die zu einer mechanischen Gefährdung oder Brandgefahr führen können, müssen die sofortige Instandsetzung nach sich ziehen.

10.1.3 Schutzleiterdurchgang

Die Feststellung des Durchgangs der Schutzleiterverbindung (**Bild 10.1**) soll die Funktionsfähigkeit der Schutzmaßnahme bei Betriebsmitteln der Schutzklasse 1 garantieren. Hierzu
- darf das Betriebsmittel nicht auseinander geschraubt werden und
- muss die Anschlussleitung bei der Messung bewegt werden.

Insbesondere die Knickstellen an den Enden der Knickschutztüllen müssen bewegt werden, damit Aderbrüche festgestellt werden können.

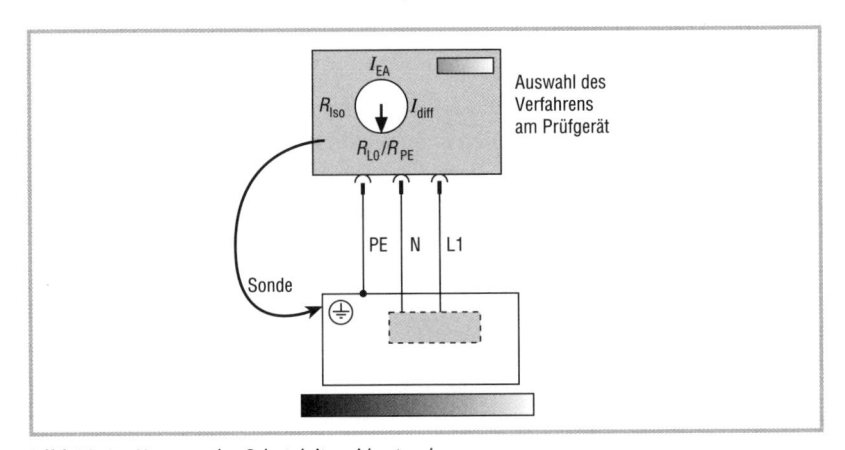

Bild 10.1 *Messung des Schutzleiterwiderstands*

10.1.4 Isolationsfähigkeit

Die Isolationsfähigkeit soll zeigen, dass der fließende Strom nicht über das Gehäuse oder über den Schutzleiter abfließen kann. Hierzu sind auch mögliche Überschläge bei Betriebsmitteln mit höherer Spannung als der Bemessungsspannung zu berücksichtigen. Die Verfahren zur Feststellung des Isoliervermögens sind stark abhängig von der Bauart der Betriebsmittel und der Montage. Möglichkeiten hierzu sind:

- Isolationswiderstandsmessung (**Bild 10.2** und **10.3**) und die
- Differenzstrommessung oder
- Ersatzableitstrommessung (**Bild 10.4**) oder
- Schutzleiterstrommessung.

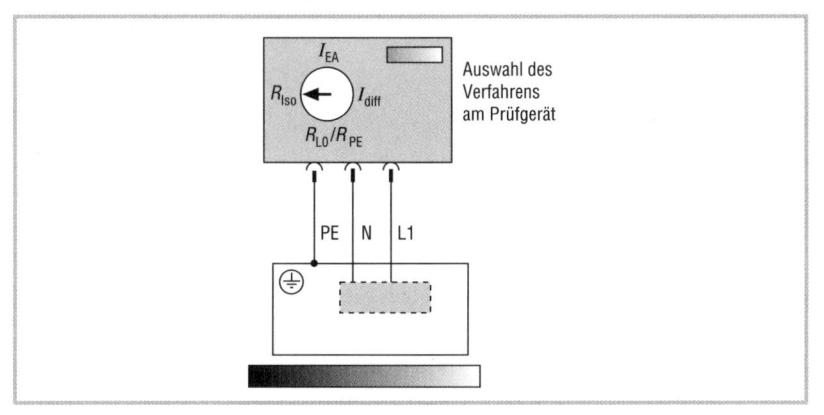

Bild 10.2 *Messung des Isolationswiderstands bei einphasigen Betriebsmitteln*

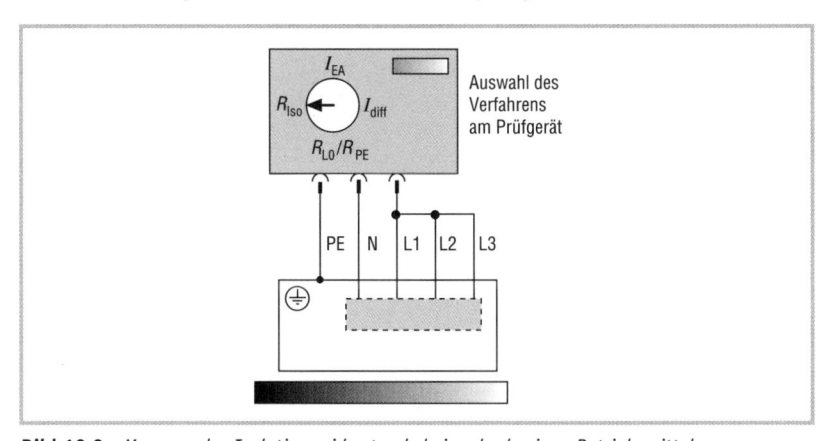

Bild 10.3 *Messung des Isolationswiderstands bei mehrphasigen Betriebsmitteln*

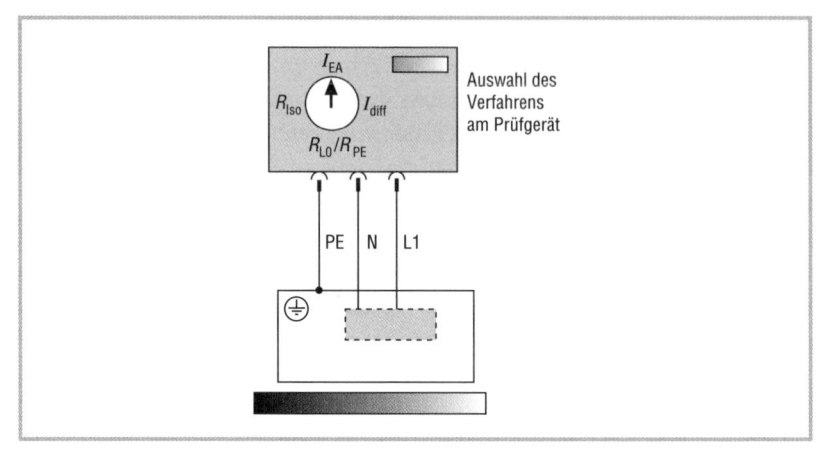

Bild 10.4 *Messung der Isolationsfähigkeit mit der Ersatzableitstrommessung*

Der Isolationswiderstand ist zwischen den aktiven Teilen und jedem berührbaren, leitfähigen Teil, einschließlich des Schutzleiters sowie bei der Instandsetzung/Änderung zwischen den aktiven Teilen eines SELV/PELV-Stromkreises und den aktiven Teilen des Primärstromkreises zu messen.

Dabei sind alle Schalter zu schließen, damit die Prüfspannung alle Stromwege erreichen kann. Das bedeutet aber auch, dass die Messung bei mehreren Schalterstellungen durchgeführt werden muss.

Die Anwendung der zur Auswahl stehenden Messverfahren hängt von der Art des Betriebsmittels ab. Grundsätzlich ist, sofern dies sinnvoll ist, der Isolationswiderstand zu messen. Dies ist z. B. nicht der Fall, wenn eine Relais-Schaltung dafür sorgt, dass der Stromweg in das Geräteinnere nur dann freigegeben wird, wenn das Gerät an die Netzspannung angeschlossen ist. Dies trifft bei Standby-Geräten meist zu. Zusätzlich ist eine der drei Messungen
- Ersatzableitstrommessung,
- Differenzstrommessung,
- Schutzleiterstrommessung

auszuführen.

Die Ersatzableitstrommessung ist in allen Standardfällen möglich, in denen keine netzspannungsabhängigen Schalteinrichtungen vorhanden sind und auch eine Isolationswiderstandsmessung zum Erfolg führt. Nur in den Fällen, in denen durch eine Isolationswiderstandsmessung keine Erkenntnisse gewonnen werden können, darf darauf verzichtet werden.

Die Differenzstrommessung (**Bild 10.5**) kann immer dann angewendet werden, wenn das Betriebsmittel eine Verbindung zu einem Erdpotentialbesitzt, die zur Messung nicht getrennt werden kann. Für die Messung kann neben den Prüfgeräten auch eine *Leckstromzange* Verwendung finden.

Die direkte Messung des Schutzleiterstromes (**Bild 10.6**) ist nur dann möglich, wenn das Betriebsmittel isoliert aufgestellt ist, also keine Verbindung zum Erdpotential besitzt.

Die Messung ist in beiden Steckpositionen des Schutzkontakt-Steckers durchzuführen.

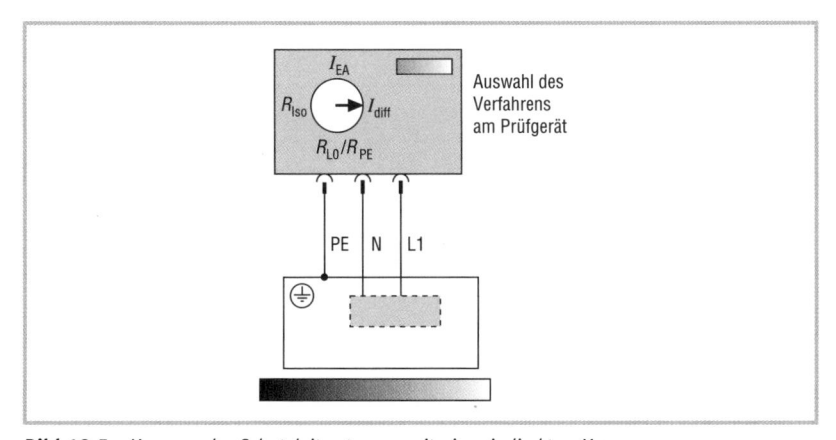

Bild 10.5 *Messung des Schutzleiterstromes mit einer indirekten Messung*

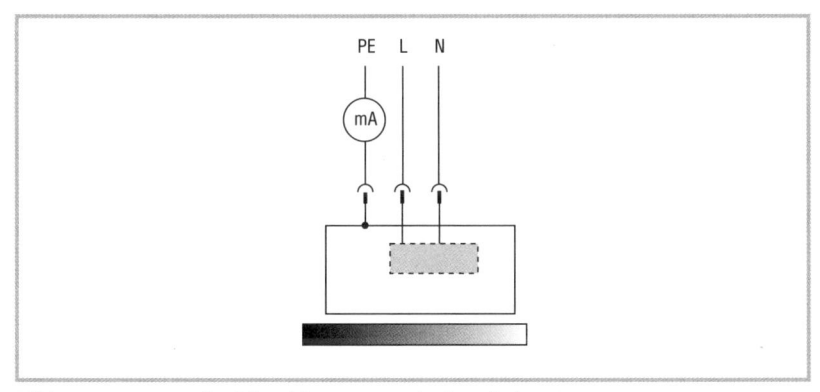

Bild 10.6 *Messung des Schutzleiterstromes mit einer direkten Messung.*

10.1.5 Berührungsstrommessung

An allen Teilen, die leitfähig und berührbar sind und nicht mit dem Schutzleiter in Verbindung stehen, ist der Berührungsstrom zu messen (**Bild 10.7**).

Bei Betriebsmitteln mit Schutzkontakt-Stecker ist die Messung in beiden Steckerpositionen durchzuführen.

Zur Messung des Berührungsstromes können folgende Messverfahren angewendet werden:

- die direkte Messung des Berührungsstromes und
- die Ersatzableitstrommessung.

Bei Betriebsmitteln der Schutzklasse 1 kann die Differenzstrommessung nicht durchgeführt werden, weil dabei auch Strom über den Schutzleiter in die Messung einfließt.

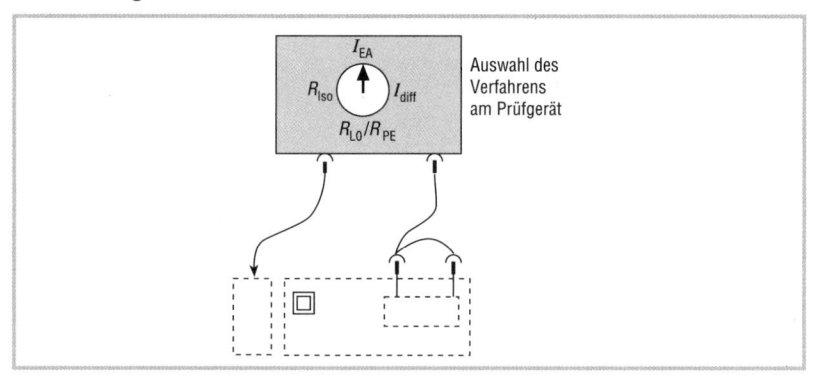

Bild 10.7 *Die Messung des Berührungsstromes ist bei einigen Betriebsmitteln auch mithilfe der Ersatzableitstrommessung möglich*

10.1.6 Prüfung der Aufschriften

Nahezu jedes Gerät besitzt notwendige, vom Hersteller aufgebrachte Aufschriften, die dem Bediener Sicherheitshinweise geben. Diese Aufschriften müssen vollständig vorhanden und lesbar sein. Zur Kontrolle der Vollständigkeit sind die Kenntnis des Originalzustands und der Bedienungsanleitung hilfreich.

10.1.7 Funktionsprüfung

Die Funktionsprüfung zeigt die Funktion der Sicherheitseinrichtungen und die Gesamtfunktion. Sie ist bei einigen Betriebsmitteln im Zusammenhang mit einer Werkstattüberprüfung nicht möglich. Ein Belastungstest ist jedoch sinnvoll.

10.1.8 Auswertung

Die Einhaltung der vorgeschriebenen Grenzwerte der einzelnen Messungen ist zu überprüfen. Dabei sind auch die jeweiligen Messfehler der Messverfahren und Messgeräte zu berücksichtigen.

10.1.9 Dokumentation

Die Prüfungen und Messungen sind in geeigneter Weise zu dokumentieren. Hierzu stehen bei vielen Herstellern automatisch dokumentierende Prüfgeräte zur Verfügung. Alternativ sind entsprechende Prüfprotokolle zu erstellen (**Bild 10.8**). Diese sind betriebsmittelspezifisch herstellbar. Das gilt insbesondere für die Sichtprüfung und die Art der Feststellung des Isoliervermögens.

PRÜFPROTOKOLL nach VDE 0701/0702	
Kunde	
Gerätetyp	
Fehlermeldung	
Geräteprüfung	
Spannung: V; Strom: A; Leistung: W; Schutzklasse:	
1. Sichtprüfung	i.O / Fehler
2. Anschlussleitung	i.O / Fehler
3. Schutzleiter	Ω
4. Isolationswiderstand	mΩ
5. Schutzleiterstrommessung mittels a) Ersatzableitstrom-Messung, b) Differenzstrom-Messung, c) direkter Messung	 mA mA mA
6. Berührungstrommessung mittels a) Ersatzableitstrom-Messung, b) Differenzstrom-Messung, c) direkter Messung	 mA mA mA
7. Aufschrifte	i.O / Fehler
8. Funktionsprüfung	i.O / Fehler
9. Stromaufnahme	A
10. Sonstiges	i.O / Fehler
Festgestellte Fehler: Prüfplakette erteilt: ☐ ja ☐ nein	
Ort Prüfdatum Unterschrift Prüfer	

Bild 10.8 *Prüfprotokoll nach VDE 0701/0702*

10.2 Grenzwerte

Bei der Überprüfung von Betriebsmitteln sind die in **Tabelle 10.1** aufgeführten Grenzwerte einzuhalten. Bei der Bewertung ist jedoch zu berücksichtigen, dass die tatsächlichen Werte weit oberhalb der Grenzwerte liegen. Das führt dazu, dass zum Beispiel bei einem vorliegenden Messwert des Isolationswiderstandes von 3 MΩ der Grenzwert eingehalten ist, das Gerät jedoch kurz vor einem Fehler steht, weil die üblichen Werte bei diesem Gerätetyp einen Isolationswiderstand größer 200 MΩ besitzen. Gleiches gilt auch für die Bewertung der übrigen Messwerte, bezogen auf den Grenzwert.

	Schutzklasse 1	**Schutzklasse 2**	**Schutzklasse 3**
Schutzleiterwiderstand	Allgemein < **0,3 Ω** bis 5 m bei längeren Leitungen + **0,1 Ω** je 7,5 m, **max. 1 Ω**		
Isolationswiderstand	Allgemein > **1,0 MΩ** **0,3 MΩ** oder Schutzleiterstrom bei Heizgeräten > 3,5 kW messen **2,0 MΩ** bei Teilen die nicht mit dem PE verbunden sind	**2,0 MΩ**	**2,0 MΩ** zwischen SELV /PELV-Stromkreis und Primärstromkreis **0,25 MΩ** zwischen den aktiven Teilen und berührbaren leitfähigen Teilen
Schutzleiterstrom	Allgemein **max. 3,5 mA** < 1 mA/kW Heizleistung bei Geräten mit Heizelementen **max. 10 mA**		
Ersatzableitstrom	≤ **3,5 mA** < 1 mA/kW Heizleistung bei Geräten mit Heizelementen **max. 10 mA**		
Berührungsstrom	**0,5 mA**, 0,25 mA	**0,5 mA** berührbare leitfähige Teile	Messung nicht erforderlich

Tabelle 10.1 *Grenzwerte*

10.2.1 Klassifizierung von Betriebsmitteln und die möglichen Prüfverfahren

1 Schutzklasse 1

   1.1 Ohne Spannungsversorgung zugänglich (z. B. Bohrmaschine)

      1.1.1 Von außen berührbare leitfähigen Teile, die mit dem PE verbunden sind

      1.1.2 Mit berührbaren leitfähigen Teilen, die nicht mit dem PE verbunden sind

1.1.3 fest mit dem PA verbunden
1.1.4 fest mit dem PA verbunden und mit berührbaren leitfähigen Teilen, die nicht mit dem PE verbunden sind
1.1.5 Ohne berührbare leitfähige Teile
1.2 Nur im eingeschalteten Zustand zugänglich (z. B. Standbygerät)
1.2.1 Von außen berührbare leitfähigen Teile, die mit dem PE verbunden sind
1.2.2 Mit berührbaren leitfähigen Teilen, die nicht mit dem PE verbunden sind
1.2.3 fest mit dem PA verbunden
1.2.4 fest mit dem PA verbunden und mit berührbaren leitfähigen Teilen, die nicht mit dem PE verbunden sind
1.2.5 Ohne berührbare leitfähige Teile

2 Schutzklasse 2
2.1 Ohne Spannungsversorgung zugänglich (z.b. Bohrmaschine)
2.1.1 Keine von außen berührbare leitfähigen Teile
2.1.2 Mit berührbaren leitfähigen Teilen
2.2 Nur im eingeschalteten Zustand zugänglich (z. B. Standbygerät)
2.2.1 Keine von außen berührbare leitfähigen Teile
2.2.2 Mit berührbaren leitfähigen Teilen

3 Schutzklasse 3

10.2.2 Prüfmatrix

Um die richtigen Prüfverfahren anzuwenden, die eine hinreichende Auskunft über die elektrische Sicherheit eines Betriebsmittels geben, ist nach der Klassifikation die Festlegung der einzelnen Prüfschritte erforderlich. Die Kenntnis der einzelnen Prüfschritte ist auch erforderlich, wenn automatisierte Prüfgeräte verwendet werden sollen. Diese sind mit den erforderlichen Prüfschritten für die einzelnen Betriebsmittel zu programmieren. **Bild 10.9** stellt einen Lösungsvorschlag dar.

Dabei ist zu beachten, dass jeder Prüfung eine Sichtprüfung vorangeht. Nach den Messungen erfolgt die Prüfung der Aufschriften, die Funktionsprüfung sowie die Bewertung und die Dokumentation der Prüfung.

Klassifizierung	Sichtprüfung	Schutzleiterwiderstands-messung	Isolations-widerstandsmessung	Ersatz-Ableitstrom-messung	Schutzleiterstrom-messung	Berührungsstrom-messung
1.1.1						
1.1.2						
1.1.3						
1.1.4						
1.1.5						
1.2.1						
1.2.2						
1.2.3						
1.2.4						
1.2.5						
2.1.1						
2.1.2						
2.2.1						
2.2.2						
3						

X = notwendig
0 = nicht möglich
a = alternative Messungen möglich

Bild 10.9 *Möglichkeit einer Prüfmatrix. In der Übungsaufgabe 10.10 wird diese Prüfmatrix ausgefüllt.*

10.3 Übungsaufgaben

(Die Lösungen zu den Aufgaben finden Sie im Anhang.)

Aufgabe 10.1
Nennen Sie mindestens zwei Prüfungen, die unter die Ordnungsprüfungen nach TRBS 1201 fallen.

Aufgabe 10.2
Nennen Sie mindestens zwei Prüfungen, die unter die technischen Prüfungen nach TRBS 1201 fallen.

Aufgabe 10.3
Wer darf elektrotechnische Betriebsmittel in einem Privathaushalt prüfen?

Aufgabe 10.4
Welche Anforderungen werden an einen verantwortlichen Prüfer gestellt, der technische Prüfungen in einem Gewerbebetrieb eigenverantwortlich durchführen soll?

Aufgabe 10.5
Unter welchen Voraussetzungen darf eine EUP Prüfungen durchführen?

Aufgabe 10.6
Was sagen die drei Schutzklassen über elektrische Betriebsmittel aus?

Aufgabe 10.7
Welche Möglichkeiten kennen Sie, um den Ohmschen Widerstand eines Betriebsmittels zu ermitteln?

Aufgabe 10.8
Ein Betriebsmittel, das Sie zur Prüfung vorliegen haben und dessen Funktion Sie prüfen wollen, trägt unter anderem auf dem Leistungsschild folgende Angaben: 230 V; 2.500 W. Mit welcher Stromaufnahme müssen Sie bei der Funktionsprüfung rechnen?

Aufgabe 10.9

Sie sind mit der Prüfung einer elektrischen Handbohrmaschine beschäftigt, an die Sie soeben eine neue Anschlussleitung montiert haben. Erstellen Sie ein stichpunktartiges Prüfprotokoll in der Reihenfolge der notwendigen Arbeitsschritte.

Aufgabe 10.10

Ergänzen Sie die Prüfmatrix aus Bild 10.9

Literaturverzeichnis

Hinweis

Die in diesem Buch zitierten Normen und die Art der beschriebenen Arbeiten beziehen sich auf den zum Zeitpunkt der Erstellung des Manuskripts aktuellen Normen-, Regel- und Gesetzesstand. Der Anwender ist verpflichtet, den zum Zeitpunkt der Ausführung gültigen Stand als Grundlage für seine Arbeit zu verwenden. Dieser ist bei folgenden Stellen erhältlich:

VDE-Vorschriftenwerk:
VDE-Verlag GmbH, Bismarckstaße 33, 10625 Berlin, www.vde-verlag.de

DIN-Normen:
Beuth-Verlag, Beuth Verlag GmbH, Burggrafenstraße 6, 10787 Berlin, www.beuth.de

Unfallverhütungsvorschriften:
Deutsche Gesetzliche Unfallversicherung, Mittelstraße 51, 10117 Berlin, www.dguv.de oder den jeweiligen Berufsgenossenschaften

Arbeitsschutz:
Bundesanstalt für Arbeitsschutz und Arbeitsmedizin, Friedrich-Henkel-Weg 1–25, 44149 Dortmund, www.baua.de

Normen und Gesetze

[1] DGUV Grundsatz 303-001 Ausbildungskriterien für festgelegte Tätigkeiten im Sinne der Durchführungsanweisung zur BG-Vorschrift „Elektrische Anlagen und Betriebsmittel"
[2] Arbeitsschutzgesetz
[3] Betriebssicherheitsverordung
[4] TRBS 1203
[5] DGUV Vorschrift 3 (bisher BGV A 3) Unfallverhütungsvorschrift elektrische Anlagen und Betriebsmittel, vom April 1979 in der Fassung vom 01. Januar 1997. Aktuelle Ausgabe: Januar 2005
[6] DGUV Information 203-006 Auswahl und Betrieb elektrischer Anlagen und Betriebsmittel auf Bau- und Montagestellen
[7] DIN VDE 1000-10 (VDE 1000-10):2009-01: Anforderungen an die im Bereich der Elektrotechnik tätigen Personen
[8] DIN VDE 0105-100 (VDE 0105-100)
[9] DIN VDE 0100-410 (VDE 0100-410):2018-10; Abschnitt 411.3.3
[10] DIN 40400 Elektrogewinde für D-Sicherungen; Grenzmaße; Ausgabedatum: 1981-12

[11] DIN 49689 Lampensockel EX10; Ausgabedatum: 1986-10
[12] DIN VDE 0292 System für Typkurzzeichen von isolierten Leitungen; Deutsche Fassung HD 361 S3:1999 + A1:2006
[13] DIN VDE 0293-308 Kennzeichnung der Adern von Kabeln/Leitungen und flexiblen Leitungen durch Farben; Deutsche Fassung HD 308 S2:2003-01
[14] DIN VDE 0298-4 Verwendung von Kabeln und isolierten Leitungen für Starkstromanlagen – Teil 4: Empfohlene Werte für die Strombelastbarkeit von Kabeln und Leitungen für feste Verlegung in und an Gebäuden und von flexiblen Leitungen: 2013-06
[15] DIN VDE 0276-603 Starkstromkabel – Teil 603: Energieverteilungskabel mit Nennspannungen U_0/U 0,6 kV/1 kV; Deutsche Fassung HD 603 S1 Teile 1, 3G und 5G: Ausgabedatum: 2010-03
[16] IEC 60906 Leitfaden für die Verwendung harmonisierter Niederspannungsstarkstromleitungen; Deutsche Fassung HD 516 S2:1997 + A1:2003 + A2:2008
[17] IEC System of plugs and socket-outlets for household and similar purposes. Particular requirements for SELV plugs and sockets 6, 12, 24, 48 V, a. c. and d. c., 16 A. Technical requirements
[18] IEC 60320 Gerätesteckvorrichtungen für den Hausgebrauch und ähnliche allgemeine Zwecke
[19] DIN EN 60204-1 Sicherheit von Maschinen – Elektrische Ausrüstung von Maschinen – Teil 1: Allgemeine Anforderungen (IEC 60204-1:2005, modifiziert); Deutsche Fassung EN 60204-1:2018
[20] TRBS 1201
[21] DIN VDE 0100-510 Errichten von Starkstromanlagen mit Nennspannungen bis 1.000 V – Teil 5: Auswahl und Errichtung elektrischer Betriebsmittel; Kapitel 51: Allgemeine Bestimmungen (IEC 60364-5-51: 1994, modifiziert) Deutsche Fassung HD 384.5.51 S2: 1996
[22] DIN VDE 0100-100 (VDE 0100-100):2009-06 – Errichten von Niederspannungsanlagen – Teil 1: Allgemeine Grundsätze, Bestimmungen allgemeiner Merkmale, Begriffe (IEC 60364-1:2005, modifiziert); Deutsche Übernahme HD 60364-1:2008
[23] DIN EN 60204-1 (VDE 0113-1):2007-06 – Sicherheit von Maschinen – Elektrische Ausrüstung von Maschinen – Teil 1: Allgemeine Anforderungen (IEC 60204-1:2005, modifiziert); Deutsche Fassung EN 60204-1:2007-6

Formelsammlung

Gleichung 3.1: Ohmsches Gesetz
$$R = \frac{U}{I}$$

Gleichung 3.2: Umstellung des Ohmschen Gesetzes
$$I = \frac{U}{R}$$
$$U = R \cdot I$$

Gleichung 3.3: Leiterwiderstand (Variante 1)
$$R = \rho \cdot \frac{l}{A}$$

Gleichung 3.4: Leiterwiderstand (Variante 2)
$$R = \frac{l}{\chi \cdot A}$$

Gleichung 3.5: Ersatzwiderstand der Reihenschaltung
$$R_E = R_1 + R_2 + R_3$$

Gleichung 3.6: Ersatzwiderstand der Parallelschaltung
$$\frac{1}{R_E} = \frac{1}{R_1} + \frac{1}{R_2} + \frac{1}{R_3}$$

Gleichung 3.7: Parallelschaltung gleicher Widerstände
$$R_E = \frac{R}{n}$$

Gleichung 3.8: Parallelschaltung von zwei unterschiedlichen Widerständen
$$R_E = \frac{R_1 \cdot R_2}{R_1 + R_2}$$

Gleichung 3.9: Scheitelwert einer Sinusspannung
$$\hat{u} = \sqrt{2} \cdot U$$

Gleichung 3.10: Strangspannung x Verkettungsfaktor = Leiterspannung
$$230\,\text{V} \cdot 1{,}73 = 400\,\text{V}$$

Gleichung 3.11: Leistung im Gleichstromkreis
$$P = U \cdot I$$

Gleichung 3.12: Leistung im Wechselstromkreis
$$P = U \cdot I \cdot \cos\varphi$$

Gleichung 3.13: Leistung im Drehstromkreis
$$P = \sqrt{3} \cdot U \cdot I \cdot \cos\varphi$$

Gleichung 3.14: Leistung mit Wirkungsgrad
$$P_{ab} = \eta \cdot P_{zu}$$

Gleichung 3.15: elektrische Arbeit
$$W = P \cdot t$$

Gleichung 3.16: Kosten
$$K = P \cdot t \cdot \text{Arbeitspreis}$$

Gleichung 5.1: Schleifenimpedanz
$$Z_s \leq \frac{2}{3} \cdot \frac{U_0}{I_a}$$

Gleichung 5.2: Maximaler Kurzschlussstrom bei einer Schleifenimpedanz Z_s
$$I_k = \frac{2}{3} \cdot \frac{U_0}{Z_s}$$

Gleichung 5.3: Abschaltstrom eines LS-Schalters Typ B in < 0,1 s
$$I_a = 5 \cdot I_N$$

Gleichung 5.4: Abschaltbedingung im TT-System
$$R_A = \frac{U_L}{I_{\Delta N}}$$

Lösungshinweise zu den Aufgaben

Kapitel 1

Lösung 1.1
Elektrofachkräfte und elektrotechnisch unterwiesene Personen.

Lösung 1.2
Alle Arbeiten, für die sie bestellt ist, darf die Elektrofachkraft für festgelegte Tätigkeiten eigenverantwortlich ausführen. Alle anderen Arbeiten dürfen nur unter Leitung und Aufsicht einer Elektrofachkraft ausgeführt werden.

Lösung 1.3
Nur die Arbeiten, für die sie ausgebildet ist, für die eine Arbeitsanweisung vorliegt und für die sie bestellt ist.

Lösung 1.4
Name des Bestellten und Name des Betriebs, der bestellt; Liste der Arbeiten, für die eine Arbeitsanweisung vorliegt, nach der bestellt wird. Bei Bedarf Abgrenzung der Arbeiten, Datum der Prüfung, die als Grundlage der Bestellung dient, Unterschrift des für die Bestellung Verantwortlichen.

Lösung 1.5
Anschließen von Betriebsmitteln an elektrotechnische Installationen eines Gebäudes, Auswechseln defekter Betriebsmittel, Installieren elektrotechnischer Komponenten an Maschinen, Einstellen von Sensoren, Prüfen von eigenen Betriebsmitteln und Arbeitsmitteln, Prüfen nach Fertigstellung elektrotechnischer Arbeiten

Lösung 1.6
Sie muss in ein Installateurverzeichnis eines Versorgungsunternehmens (VNB) eingetragen sein.

Kapitel 2

Lösung 2.1
Unterschriebene Teilnehmerlisten, Bescheinigungen von externen Weiterbildungen.

Lösung 2.2
Die befähigte Person muss eine elektrotechnische Ausbildung besitzen, sie muss Erfahrung in der Herstellung und Verwendung der betreffenden Arbeitsmittel haben, sie muss diese Erfahrung beim Prüfen haben und sie muss sich regelmäßig weiterbilden.

Lösung 2.3
Der Anlagenverantwortliche und der Arbeitsverantwortliche müssen Schaltungen in der Anlage sowie den Arbeitsplan für die geplanten Arbeiten miteinander abstimmen, bevor mit den Arbeiten begonnen werden darf.

Lösung 2.4
Unternehmer und Mitarbeiter sind für die Einhaltung der Unfallverhütungsvorschriften zuständig.

Lösung 2.5
Freischalten, gegen Wiedereinschalten sichern, Spannungsfreiheit feststellen, Erden und Kurzschließen, benachbarte, unter Spannung stehende Teile abdecken oder abschranken.

Lösung 2.6
Zum Beispiel Hauptschalter ausschalten, diesen mit einem Schloss abschließen, Spannungsfreiheit mit einem zweipoligen Spannungsprüfer prüfen, der vorher auf Funktion geprüft wurde.

Lösung 2.7
Auftrag, Werkzeuge, Material & Hilfsstoffe, Sicherheitsregeln, Arbeitsschritte – Bitte beachten, Prüfschritte (Prüfprotokoll mit Min/Max-Werten mit Hinweisen auf Sachverhalte, die besonders zu beachten sind), Abnahme (wer ist für die Abnahme verantwortlich und kann sie durchführen?).

Kapitel 3

Lösung 3.1
2,5 mA

Lösung 3.2
0,0185 A

Lösung 3.3
0,75 mA

Lösung 3.4
2,3 GV

Lösung 3.5
225 kWh

Lösung 3.6
25.000 Ω

Lösung 3.7
Wenn an einem Widerstand eine Spannung anliegt.

Lösung 3.8
1.264 Ω

Lösung 3.9
0,4 mA

Lösung 3.10
14 Ω

Lösung 3.11
$7{,}7\,\text{k}\Omega$

Lösung 3.12
Durch den kleinsten Widerstand fließt der größte Strom und durch den größten Widerstand fließt der kleinste Strom.

Lösung 3.13
Am kleinsten Widerstand liegt die kleinste Spannung am größten Widerstand liegt die höchste Spannung an.

Lösung 3.14
In der Parallelschaltung ist die Spannung an allen Widerständen gleich hoch.

Lösung 3.15
In der Reihenschaltung ist der Strom durch alle Widerstände gleich groß.

Lösung 3.16
$$R_E = \frac{R}{3}$$

Lösung 3.17
$$R_E = R_1 + R_2 + R_3$$

Lösung 3.18
$$\frac{1}{R_E} = \frac{1}{R_1} + \frac{1}{R_2} + \frac{1}{R_3}$$

Lösung 3.19
An zwei gleich großen Widerständen fällt die gleiche Spannung ab. Wird einem Widerstand ein zweiter parallel hinzugeschaltet, verringert sich der Ersatzwiderstand der beiden gegenüber dem Einzelwiderstand. Dadurch fällt in der Reihenschaltung an dem kleineren Widerstand eine kleinere Spannung ab. An dem unveränderten Widerstand erhöht sich die Spannung entsprechend.

Lösung 3.20
$$R_E = \frac{U_3}{I} = \frac{66\,\text{V}}{4\,\text{A}} = 16{,}5\,\Omega$$
$$U_1 = I \cdot R_1 = 4\,\text{A} \cdot 10\,\Omega = 40\,\text{V}$$
$$U_2 = I \cdot R_2 = 4\,\text{A} \cdot 30\,\Omega = 120\,\text{V}$$
$$U = U_1 + U_2 + U_3 = 40\,\text{V} + 120\,\text{V} + 66\,\text{V} = 226\,\text{V}$$

Lösung 3.21
$$R_E = \frac{R_1 \cdot R_2}{R_1 + R_2} = \frac{470\,\Omega \cdot 680\,\Omega}{470\,\Omega + 680\,\Omega} = 278\,\Omega$$
$$I_1 = \frac{U}{R_1} = \frac{12\,\text{V}}{470\,\text{A}} = 0{,}025\,\text{A} = 25\,\text{mA}$$

$$I_2 = \frac{U}{R_2} = \frac{12\,\text{V}}{680\,\Omega} = 0{,}0176\,\text{A} = 17{,}6\,\text{mA}$$

$$I = I_1 + I_2 = 25\,\text{mA} + 17{,}6\,\text{mA} = 42{,}6\,\text{mA}$$

Lösung 3.22
$$R = \rho \cdot \frac{l}{A} = 0{,}018\,\frac{\Omega\,\text{mm}^2}{\text{m}} \cdot \frac{18\,\text{m}}{1{,}5\,\text{mm}^2} = 0{,}216\,\Omega$$

Lösung 3.23
$$U_E = U_0 - I \cdot R = 230\,\text{V} - 6{,}5\,\text{A} \cdot 1{,}5\,\Omega = 220{,}25\,\text{V}$$

Lösung 3.24
$$I = \frac{P}{U} = \frac{2.000\,\text{W}}{230\,\text{V}} = 8{,}7\,\text{A}$$

Lösung 3.25
$$U = \sqrt{P \cdot R} = \sqrt{0{,}5\,\text{W} \cdot 68\,\Omega} = 5{,}83\,\text{V}$$

Lösung 3.26
$$\hat{u} = \sqrt{2} \cdot U = 1{,}414 \cdot 230\,\text{V} = 325\,\text{V}$$

Lösung 3.27
$$P = \sqrt{3} \cdot U \cdot I \cdot \cos\varphi \cdot \eta$$

$$I = \frac{P}{\sqrt{3} \cdot U \cdot \cos\varphi \cdot \eta} = \frac{4.000\,\text{W}}{\sqrt{3} \cdot 400\,\text{V} \cdot 0{,}85 \cdot 0{,}75} = 9{,}1\,\text{A}$$

Kapitel 4

Lösung 4.1
Bei Arbeiten in der Nähe von unter Spannung stehenden aktiven Teilen kann die Berührung von zwei aktiven Teilen unterschiedlichen Potentials, z. B. zwei Außenleitern zu einer gefährlichen Körperdurchströmung führen. Zusätzlich besteht die Gefahr eines Lichtbogens.

Lösung 4.2
Stulpenhandschuh, Gesichtsschutz.

Lösung 4.3
Die maximal zulässige Wechselspannung beträgt 50 V und die maximal zulässige Gleichspannung 120 V.

Lösung 4.4
Die Abschaltung muss im TN-System spätestens in 0,4 s erfolgen, im TT-System gilt 0,2 s.
Ist die Steckdose allgemein für Laien zugänglich innerhalb von 40 ms.

Lösungshinweise zu den Aufgaben

Lösung 4.5
Rettungsdienst alarmieren und Atemspende mit äußerer Herzdruckmassage solange durchführen, bis Rettungssanitäter oder ein Arzt den Verunfallten übernehmen.

Kapitel 5

Lösung 5.1
1-e, 2-b, 3-f, 4-c, 5-a, 6-d

Lösung 5.2
Körperschluss, Erdschluss.

Lösung 5.3
Isolieren, Abdecken, Umhüllen.

Lösung 5.4
a) Art der Erdung des Erzeugers,
b) Art der Erdung des Betriebsmittels,
c) Art der Verbindung des PE- und N-Leiters zum Sternpunkt des Erzeugers.

Lösung 5.5
0,4 s

Lösung 5.6
Bild 5.8

Lösung 5.7
$$R_E = \frac{U_B}{I_{\Delta N}} = \frac{6\,\text{V}}{0,3\,\text{A}} = 20\,\Omega$$

Lösung 5.8
Bei direktem Berühren durch den Menschen mit seinen 1.000 Ω Körperwiderstand löst er innerhalb so kurzer Zeit aus, dass kein relevanter Schaden entsteht.

Lösung 5.9
$$R_E = \frac{U}{I_F} = \frac{230\,\text{V}}{0,03\,\text{A}} = 7\,667\,\Omega = 7,7\,\text{k}\Omega$$

Lösung 5.10
Damit keine Spannungsverschleppung eintreten kann.

Lösung 5.11
Doppelte oder verstärkte Isolierung, SELV, Schutztrennung mit einem Verbraucher.

Lösung 5.12
$$R_E = \frac{U_B}{I_{\Delta N}}$$

Lösung 5.13
Sie dürfen nicht in Steckvorrichtungen anderer Spannungen passen und keinen Schutzleiterkontakt besitzen.

Lösung 5.14
Es kann kein Stromkreis über die Erde geschlossen werden, weil kein aktiver Leiter geerdet ist.

Lösung 5.15
Schutzklasse beschreibt die Maßnahmen an Betriebsmitteln zum Schutz gegen elektrischen Schlag, Schutzart beschreibt die Maßnahmen zum Schutz gegen eindringende Fremdkörper, eindringendes Wasser und den Berührungsschutz.

Kapitel 6

Lösung 6.1
NH-System, DO-System.

Lösung 6.2
In welcher Zeit die Sicherung bei welchem Strom auslöst.

Lösung 6.3
Klasse gG oder in der alten Bezeichnung gL.

Lösung 6.4
Er muss spätestens beim 1,45-fachen des Bemessungsstromes anschalten.

Lösung 6.5
Maximal 16 A.

Lösung 6.6
Der Leitungsschutzschalter schützt die Anlage gegen Kurzschluss und Überlast, der Fehlerstromschutzschalter schützt die Anlage gegen Erdschluss und Körperschluss.

Lösung 6.7
Er schützt den Motor vor Überlastung, bei Kurzschluss und bei Zwei-Phasen-Lauf.

Lösung 6.8
Die Leitung ist harmonisiert und für eine Spannung von 450 V/750 V gegen Erde und 750 V zwischen zwei Leitern verwendbar. Für einen Drehstromanschluss in einer Umgebung, die keine Haushaltsumgebung darstellt, können wir nur die Leitung H05VV-F 5G1,5 verwenden.

Lösung 6.9
Es handelt sich um eine Gummischlauchleitung mit drei Adern, deren Querschnitt 2,5 mm^2 beträgt. Eine Ader ist grün-gelb markiert, als Zeichen für den PE-Leiter.

Lösung 6.10
Es wird H = 5VV F 5G1,5 verwendet.

Lösung 6.11
Verlegeart, Anzahl der belasteten Adern, Umgebungstemperatur.

Lösung 6.12
Zum Beispiel eine Leitung in einem Lehrrohr in einer wärmegedämmten Wand, in einem Kabelkanal auf der Wand, unter Putz.

Lösung 6.13
Mindestquerschnitt für Cu-Leitungen $1,5\,mm^2$, $16\,mm^2$ bei Aluminiumleitungen. Bei Maschinen können die Werte abweichen.

Lösung 6.14
„M" in einem Kreis.

Lösung 6.15
Leistung/notwendige Absicherung des Motors, Schleifenwiderstand zur Abschaltung im TN-System, Leitungslänge für den Spannungsfall

Kapitel 7
Lösung 7.1
- Qualität der Betriebsmittel
- Eigenschaften der Betriebsmittel
- Position der Betriebsmittel
- Funktion der Anlage
- Koordination mit anderen Einrichtungen
- Einhaltung gesetzlicher Anforderungen

Lösung 7.2
Die Betriebssicherheitsverordnung gibt über die Gefährdungsbeurteilung vor, dass von den Arbeitsmitteln keine Gefahr ausgehen darf. Das schließt eine Prüfung nach Änderung und Instandsetzung ein. Die DGUV Vorschrift 3 schreibt Prüfungen nach Änderung und Instandsetzung vor der Wiederinbetriebnahme vor. Die anerkannten Regeln der Technik schreiben nach Änderung und Instandsetzung Prüfungen vor.

Lösung 7.3
Alle Teile, die durch die Arbeiten beeinträchtigt werden könnten. Das gilt auch für eine geschleifte Steckdose in Stromflussrichtung hinter der ausgewechselten Steckdose, weil der Schutzleiter bei Einbau abbrechen könnte.

Lösung 7.4
Messen ist die Erfassung einer physikalischen Größe, *Prüfen* das Vorhandensein eines Zustands.

Kapitel 8
Lösung 8.1
Prüfungen sind in vielen Gesetzen und den anerkannten Regeln der Technik gefordert. Nur nach einer Prüfung wie sie in den Normen vorgschrieben ist, kann die Sicherheit der Anlage bestätigt werden.

Lösung 8.2
Montieren eines Betriebsmittels, Auswechseln einer Steckdose, Aufbau und elektrischer Anschluss einer Maschine.

Lösung 8.3
Er ist befähigte Person oder arbeitet als EUP unter Leitung und Aufsicht einer Elektrofachkraft, die als befähigten Person bestellt ist.

Lösung 8.4
Anschließen einer Maschine
- Besichtigung: Soll-Wert den anerkannten Regeln der Technik und den Herstellervorgaben entsprechend
- Ist-Wert entspricht den anerkannten Regeln der Technik und den Herstellervorgaben.
- Schutzleiterdurchgang: Soll-Wert, entsprechend der Leiterlänge und der zu erwartenden Übergangswiderstände Ist-Wert z. B. $0,6\,\Omega$ durch Messung ermittelt
- Isolationswiderstand: Soll-Wert Minimum $1\,M\Omega$, üblich $> 20\,M\Omega$, Ist-Wert $> 20\,M\Omega$ durch Messung ermittelt
- Abschaltung im Fehlerfall: Soll-Wert F_I löst bei Bemessungsdifferenzstrom $< 0,2\,s$ aus und die Fehlerspannung ist $< 50\,V$ Ist-Wert: Auslösung erfolgt mit $5\,V$ Fehlerspannung
- Funktionsprüfung: Soll-Wert: Rechtsdrehfeld an der Maschine, Spannung $400/230\,V$ Ist-Wert: Rechtsdrehfeld vorhanden, Spannung $400/230\,V$

Lösung 8.5
Tabelle 8.4: Auslöseströme und Mindestgrößen von Kurzschlussströmen und Schleifenimpedanzen zur Auslösung von Leitungsschutzschaltern, Zeile 5 Spalte 4 maximaler Schleifenwiderstand für $16\,A = 1,92\,\Omega$. Damit löst ein B 16A LS-Schalter oder ein Schalter mit einem kleineren Bemessungsstrom in $0,4\,s$ aus.

Lösung 8.6
Besichtigung, Schutzleiterdurchgang, wenn möglich Isolationswiderstand, Funktion der Schutzmaßnahme zum Beispiel die Abschaltung des FI-Schutzschalters im Fehlerfall, Funktionsprüfung.

Lösung 8.7
Der Sollwert des Leiterwiderstands beträgt mit den Werten aus Tabelle 7.1 ca. $17 \cdot 12\,m\Omega = 0,2\,\Omega$. Einschließlich der Übergangswiderstände ist ein realistischer Wert in der Anlage $0,4$ bis $0,6\,\Omega$.

Lösung 8.8
Funktion der Schutzmaßnahme zur Abschaltung im Fehlerfall an der Anschlussstelle vor Beginn der Anschlussarbeiten, Sichtprüfung, Schutzleiterdurchgang von berührbaren, leitfähigen Teilen, die an den PE angeschlossen sind, zum PE der Anlage oder zur Haupterdungsschiene führen, wenn möglich und ohne Schäden durchführbar: Isolationswiderstandsmessung nach Fertigstellung des Anschlusses.

Kapitel 10

Lösung 10.1
Prüfung ob:
- die erforderlichen Unterlagen vorhanden und schlüssig sind
- der Prüfgegenstand gemäß Ergebnis der Gefährdungsbeurteilung/ sicherheitstechnischen Bewertung eingesetzt und verwendet wird
- die von der Behörde gegebenenfalls geforderten Auflagen im Erlaubnis- oder Genehmigungsbescheid eingehalten sind
- die erforderlichen Prüfparameter definiert sind (Prüfumfang, Prüffrist)
- die technischen Unterlagen mit der Ausführung übereinstimmen
- die Beschaffenheit oder die Betriebsbedingungen seit der letzten Prüfung geändert worden sind

Lösung 10.2
Äußere oder innere Sichtprüfung, Funktions- und Wirksamkeitsprüfung, Prüfung mit Mess- und Prüfmitteln, labortechnische Untersuchung, zerstörungsfreie Prüfung und Prüfung mit datentechnisch verknüpften Messsystemen (z. B. Online-Überwachung).

Lösung 10.3
Die Elektrofachkraft oder die EUP unter Leitung und Aufsicht einer Elektrofachkraft.

Lösung 10.4
Er muss befähigte Person sein.

Lösung 10.5
Sie muss eingewiesen sein, die Prüfaufgabe muss einfach sein, und sie muss unter Leitung und Aufsicht einer Elektrofachkraft stehen.

Lösung 10.6
Sie geben die Art des Schutzes gegen elektrischen Schlag an.

Lösung 10.7
Multimeter mit Messbereich Ohm, Voltmeter und Amperemeter mit der Berechnung des Widerstands aus Strom und Spannung.

Lösung 10.8
$$I = \frac{P}{U} = \frac{2.500\,W}{230\,V} = 10,9\,A$$

Lösung 10.9
Sichtprüfung der Maschine und der Anschlussleitung, Schutzleiterwiderstand, Isolationswiderstand, Ersatzableitstrom, Prüfung der Aufschriften, Funktionsprüfung, Dokumentation des Prüfergebnisses.

Lösung 10.10
Ergänzung der Prüfmatrix aus Bild 10.9

	Klassifizierung	Sichtprüfung	Schutzleiterwiderstandsmessung	Isolationswiderstandsmessung	Ersatz-Ableitstrommessung	Schutzleiterstrommessung	Berührungsstrommessung
1.1.1	X	X	X	a	a		0
1.1.2	X	0	X	0	a		X
1.1.3	X	X	X	0	0		0
1.1.4	X	X	X	0	a		X
1.1.5	X	0	X	a	a		0
1.2.1	X	X	0	0	a		0
1.2.2	X	0	0	0	a		X
1.2.3	X	X	0	0	0		0
1.2.4	X	X	0	0	0		X
1.2.5	X	0	0	0	a		0
2.1.1	X	0	0	0	0		0
2.1.2	X	0	X	a	0		X
2.2.1	X	0	0	0	0		0
2.2.2	X	0	0	0	0		X
3	X	0	X	a	a		0

X = notwendig
0 = nicht möglich
a = alternative Messungen möglich

Stichwortverzeichnis

A
Abdeckungen 107
Ableiter 125
Abschaltung 106
Aderzahl 147
aktive Teile 103, 104, 125
Anlagenerder 114
Anlaufkondensator 186
Anlaufstromhöhe 185
Anschlussleitungen 38
Arbeitsabläufe 48
Arbeitsanweisung 13, 48
Arbeitsschutz 21
Arbeitsschutzgesetz 48, 191
ArbSchutzG 48
Atom 59
AuS 39
Auslösekennlinien 146
Auslösespule 139
Außenleiter 98

B
Basisschutz 105, 106, 117
Baustellen 38
Bearbeitungsmaschinen 211
befähigte Person 14, 23, 30
Befestigungsabstände 147, 159
Belastbarkeit von Leitungen 156
Bemessungsdifferenzstrom 115
Bemessungsstrom 139
Berufsausbildung 31

Berufserfahrung 31
Berufsgenossenschaften 13, 35
Berührungsspannung 95, 115, 207
Besichtigung 195, 217
Betriebsanweisung 47
Betriebsklassen 132
Betriebskondensator 186
Betriebssicherheitsverordnung 48, 217
BetrSichV 48
BGR 36
Biegeradius 147, 159
Blitzschutzanlage 124
Blitzschutzpotentialausgleich 124
Brandgefahr 175

C
CE-Zeichen 106
CEE-Steckverbindungen 165

D
D-Sicherungssystem 132
Diazed-System 132
Differenzstrommessung 219
Dokumentationen 196
doppelte Isolierung 117
Drehfeld 80, 208
Drehstrom 180
Drehstromgenerator 78
Drehstrommotor 183

E
Effektivwert 77
EFK 53
EFKfT 52
Einstellbereiche 146
Eisenkern 139
Elektrofachkraft 38
Elektrofachkraft für festgelegte Tätigkeiten 13, 33, 39
elektromagnetischer Schnellauslöser 143
Elektronen 59
Endstromkreise 201
Entladezeit 215
Erden 44
Erdungswiderstand 209
Erproben und Messen 195
Errichternorm 191
Ersatzableitstrommessung 219
Ersatzwiderstand 75
Erstprüfungen 191
EUP 52
europäische Richtlinien 192

F
Farbe 107
Farbkennzeichnungen 154
Fehlerarten 103
Fehlerschutz 105
Fehlerstrom-Schutzeinrichtung 38, 138, 139
Fehlerstromkreis 114, 120
Fremdkörper 125

Frequenz 76
Funktionsklassen 132
Funktionsprüfung 222

G
Gefährdung 22
Gefährdungsanalyse 23
Gefährdungsbeurteilung 22
Gefahren 91
Gefahrstoffe 47
Gefahrstoffverordnung 47
Generatoren 176
Geräteanschlussdosen 167
gesetzliche Unfallversicherung 34
Gleichspannungsquellen 64

H
Hauptkontakte 169
Heißgerätesteckverbindungen 164
Heißleiter 171
Heizungsmaschinen 211
Herzkammerflimmern 91
Hilfskontakte 170

I
Installateurverzeichnis 158
Installationstester 115
Isolationsfähigkeit 201
Isolationswiderstand 202, 209, 214, 219
Isolierband 107

K
Kabel 147
Kaltgerätesteckverbindungen 164
Kaltleiter 172
Kennzeichnungen 218
Kernbuchstaben 148
Knotenpunktregel 71
Kondensatormotoren 186
Konformitätserklärung 106
Körperschluss 111
Korrekturfaktoren 158
Korrosionserscheinungen 201
Kosten 87
Kurzschließen 44
Kurzschluss 135
Kurzschlussauslösung 135
kurzschlussfest 143
Kurzschlussläufer 183
Kurzschlussschutz 185
Kurzschlussstrom 111

L
Ladungsdifferenz 61
Ladungsträger 59, 60
Ladungstrennung 60
Laiendefibrillator 100
landwirtschaftliche Betriebsstätten 175
Leistung 83, 87
Leistung im Drehstromkreis 85
Leistung im Wechselstromkreis 84
Leistungsschild 180
Leiterschleife 62
Leitungen 147
Leitungsschutzschalter 135
Leitungstypen 150
Leuchtenklemmen 173
Lichtbogen 60, 91, 96
Loslassgrenze 94
Loslassschwelle 91
Lüftungsmaschinen 211
Lüsterklemmen 173

M
Magnetfeld 62, 139
magnetischer Auslöser 135
Maschinen 158, 211
Messfehler 201
Mindestquerschnitte 147, 158
Montageanleitung 49
Motoren 62, 176
Motorschutzrelais 144, 146
Motorschutzschalter 143
Motorvollschutz 146
MSR-Technik 62

N
Netzsysteme 109
Neutralleiter 147, 167
NH-Sicherungen 133
Niederspannungsrichtlinie 34
Not-Aus-Taster 168

O
Öffner 170
Ohmsches Gesetz 66
Ordnungsprüfungen 29
ortsfeste Betriebsmittel 37

P
Passring 133
Passschraube 133
PE-Leiter 138
PELV-Stromkreise 119
Periodendauer 76
Phasenwender 166
Polzahl 166
Potentialausgleich 122
Potentialtrennung 63
Produktnorm 191

Stichwortverzeichnis

Prüfarten 29
Prüfen 29
Prüffristen 38
Prüftaster 140
Prüfumfang 192
Prüfungen nach Instandsetzung 191

R
Rechtsdrehfeld 166
Reparaturschalter 168
Restspannung 214
Rohrleitungssystem 200

S
Schaltpläne 196
Schaltungsunterlagen 197
Scheitelwert 76
Schleifenimpedanz 204, 209
Schließer 170
Schmelzeinsätze 132
Schraubkappe 133
Schrumpfmuffen 107
Schukosteckverbindungen 161
Schutzarten 34, 107, 125
Schütze 169
Schutzklassen 34, 127
Schutzklasse 1 161
Schutzklasse 2 163
Schutzleiter 119, 150
Schutzleiterstrommessung 219
Schutzleitersystem 213
Schutzleiterverbindung 218
Schutzleiterwiderstand 200
Schutzmaßnahmen 34, 38, 103, 106
Schutzpotentialausgleich 122

Schutztrennung 117
selbstregulierende Heizbänder 171
SELV-Stromkreise 119
Sicherheitsanforderungen 196
Sicherheitstransformatoren 119
Sicherungssysteme 131
Sichtprüfung 213, 217
Spaltpolmotor 185, 186
Spannungen 170
Spannungsprüfung 214
Spannungsquellen 64
Spartransformator 177
spezifische Leitfähigkeit 70
Stand der Technik 21
statische Aufladung 60
Staub 125
Staubablagerung 175
Sternpunkt 97
Steuerspannung 179
Steuertransformatoren 179
Strom 65
Stromaufnahme 183
Strombelastbarkeit 147, 156
Stromkreise 196
Summenstromwandler 139

T
technische Prüfungen 29
technische Stromrichtung 66
Temperaturanstieg 154
thermischer Auslöser 135
thermischer Überstromauslöser 143
Transformatoren 62, 176

TRBS 91, 92
TREI-Lehrgang 20
Trenntransformator 118
TT-System 114

U
Überlast 135
Überstromauslösung 135
Umgebungstemperaturen 154, 156, 157
Umhüllungen 107
Unfallverhütungsvorschrift 35, 217
Universalmotor 187
unterwiesene Person 30

V
VDE-Vorschriften 91
VDE-Vorschriftenwerk 46
vEFK 53
verantwortliche Elektrofachkraft 33
Verbrennungen 96
Verfahrensanweisungen 46
Verkettung 85
Verkettungsfaktor 80
verstärkte Isolierung 117
Verteilungsnetzbetreiber 19
Vorschaltgeräte 173

W
Wahrnehmungsschwelle 94
Wärme 83
Warmgerätesteckverbindungen 164
Wasser 125
Wechselspannung 76
Wechselstromkreis 167

Wechselstrommotoren 185
Weiterbildung 32
Werkstätten 38
Widerstandslegierungen 170
Widerstandsnetzwerke 75
Wiederholungsprüfungen 191
Wind- oder Solarenergie 63

Z
zusätzlicher Schutzpotentialausgleich 123
Zusatzschutz 105

Notizen

Notizen